GONGYE QIYE DITAN JIENENG JISHU

# 工业企业低碳节能技术

王文堂　邓复平　吴智伟　编

化学工业出版社
·北京·

本书介绍了168项工业企业碳减排、节能领域的先进适用技术，包括煤炭燃烧节能低碳技术、油气燃烧节能低碳技术、工艺过程低碳技术、二氧化碳回收利用技术、节电技术、热力节能低碳技术、低碳能源技术等，涵盖石油石化、化工、钢铁、有色金属、建材、机械、纺织等高排放、高耗能行业。每项技术均有企业应用案例及碳减排、节能效果的计算。全部技术均适于工业企业选用。

本书可供重点碳排放单位、万家企业的碳减排和节能管理人员、技术负责人以及准备从事节能低碳工作的人员参考阅读。

**图书在版编目（CIP）数据**

工业企业低碳节能技术/王文堂，邓复平，吴智伟编．—北京：化学工业出版社，2017.10（2021.8重印）

ISBN 978-7-122-30362-2

Ⅰ.①工…　Ⅱ.①王…②邓…③吴…　Ⅲ.①工业企业-节能-研究-中国　Ⅳ.①TK01

中国版本图书馆CIP数据核字（2017）第183859号

---

责任编辑：傅聪智

责任校对：宋　玮　　　　装帧设计：刘丽华

---

出版发行：化学工业出版社（北京市东城区青年湖南街13号　邮政编码100011）

印　　装：天津盛通数码科技有限公司

787mm×1092mm　1/16　印张14½　字数316千字　2021年8月北京第1版第3次印刷

---

购书咨询：010-64518888　　　　售后服务：010-64518899

网　　址：http://www.cip.com.cn

凡购买本书，如有缺损质量问题，本社销售中心负责调换。

---

**定　　价：58.00元**

# 前言 FOREWORD

继中央提出2030年中国单位国内生产总值二氧化碳排放比2005年下降60%～65%的目标后，在国家“十三五”规划中又列入约束性发展指标：2020年，单位国内生产总值二氧化碳排放比2015年下降18%，能源消耗量降低16%。节约能源、减少碳排放是万家企业、重点碳排放单位不得不认真面对的问题。在企业持续完成“十一五”“十二五”节能减碳目标，节能低碳管理措施已经比较完善的情况下，未来十年节能减碳将主要依赖技术措施。

根据重点碳排放单位、万家企业的行业分布情况，本书精取168项先进适用的碳减排、节能技术进行介绍，涵盖化工、石油石化、钢铁、有色金属、建材、机械、纺织等高排放、高耗能行业。每项技术均有企业应用案例及碳减排、节能效果的计算。

本书选取的低碳节能技术具有以下特点：

(1) 全部技术均适用于重点碳排放单位、万家企业。我们直接面向重点排放（用能）单位组织内容，强调实用性，尤其注重选择国家碳交易试点行业适用的碳减排技术。

(2) 技术成熟。本书介绍的技术完全选自在工业企业有实际应用的新技术，并附有企业应用案例及节能、碳减排效果。基于这一原则，有些先进技术因为尚无工业应用案例而未能入选本书。

(3) 覆盖碳减排技术的各个领域。由于碳排放的大部分是由能源使用产生的，因此碳排放与节能密不可分。但由于管理体制的原因，很多机构推荐的碳减排技术并不包括节能技术，因此，不能全面反映碳减排技术涉及的领域。本书根据企业碳排放核算方法，选取了涉及企业碳排放各领域的先进技术，包括煤炭燃烧节能低碳技术、油气燃烧节能低碳技术、工艺过程低碳技术、二氧化碳回收利用技术、节电技术、热力节能低碳技术、低碳能源技术。

(4) 每项技术均有碳减排效果。我们根据碳核算标准或核算指南，对各项技术实施后的碳减排效果进行核算，供企业选择应用该项技术时参考。

本书中碳减排技术的应用案例数据源于北京万企龙节能低碳技术研究院的《万家企业节能低碳技术数据库》，碳排放量数据与读者当地情况可能有差别，建议读者参考技术应用后减排的燃料、电力、热力及 $CO_2$ 回收量等数据按企业当地适用的排放因子重新计算。

本书编写过程中，在万家企业节能低碳网、《万家企业节能低碳》周刊发布征集技术启事后，收到很多企业碳减排管理人员的反馈信息，在此表示衷心的感谢！北京万企龙节能低碳技术研究院专家委员会、苏州节能管理进修学院、北京和碳环境技术有限公司的专家在本书编写过程中提出了很多建议，并提供了部分资料，在此一并致谢！

由于作者水平有限，书中难免有错误和不妥之处，恳请读者批评指正。

编者

2017 年 5 月

# 目录

CONTENTS

# 第1章 绪　言

中国经济经历三十多年快速发展，温室气体排放也在快速增加，中国已成为世界温室气体排放第一大国。因此，在全球共同进行碳减排的过程中，中国面临更大的压力，需要承担更多的减排责任。

2009年哥本哈根气候变化领导人会议上，中国政府宣布：到2020年单位国内生产总值二氧化碳排放比2005年下降40%～45%，并将此作为约束性指标纳入国家“十二五”发展规划。2015年，中国再次提出到2030年单位国内生产总值二氧化碳排放比2005年下降60%～65%的宏伟目标。在国家“十三五”规划中列入约束性发展指标：2020年，单位国内生产总值二氧化碳排放比2015年下降18%，能源消耗量降低16%。

节能低碳目标已经确定，如何实现这一目标是摆在企业，尤其是万家企业（重点排放单位）面前的现实问题。国务院印发的《“十三五”控制温室气体排放工作方案》（国发[2016] 61号），对温室气体减排行动进行了具体部署，将强化保障各项政策措施的落实，包括淘汰落后产能、推动传统产业改造升级、扶持战略性新兴产业发展、建立全国统一碳市场等。企业需结合自身情况，确定应采取的措施。企业在采取管理措施、结构调整措施的同时，技术措施将在“十三五”节能减碳中发挥重要作用。

根据碳排放核算情况，企业减少碳排放的主要技术措施有以下六个方面：

（1）*减少燃料燃烧碳排放的技术*。企业所用燃料包括煤炭、焦炭、兰炭、燃料油、汽柴油、液化气、天然气、焦炉气、煤层气等。影响燃料消耗及碳排放的主要因素是工艺过程，但在燃料的购入储存、加工转换、终端利用等环节仍有很多减少碳排放的先进技术，如提高燃料的能量利用效率，减少燃料中的有机成分损失，使用的燃料应符合锅炉等燃烧设备的设计要求，减少燃烧过程的能量浪费等。

（2）*工艺过程碳减排技术*。不同的生产工艺产生的温室气体排放不同，工艺过程还可能有$CO_2$等温室气体的直接排放，或$CO_2$的再利用，可以采取技术措施，减少碳排放。

在碳排放核算过程中，工艺过程碳排放不包括燃料燃烧、外购电力热力产生的碳排放。但工艺过程对整个企业（或产品）的碳排放起着关键性作用，通过工艺过程的改进，可以大幅降低燃料消耗量，节约能源、减少碳排放。

（3）*减少外购热力的碳减排技术*。相关技术包括保温保冷技术、热能梯级利用技术、余热回收技术等。

（4）*减少外购电力的减排技术*。外购电力引起的碳排放占企业碳排放的比例是比较大的，碳减排的潜力也比较大。

(5) $CO_2$ 回收利用技术。$CO_2$ 回收利用量即是碳减排量。

(6) 低碳能源技术。低碳能源是指为人类提供能量的同时不产生或很少产生碳排放的能源，如太阳能、风能、核能、生物质能等。“十二五”期间我国太阳能、风能的应用得到快速发展，但其发电成本仍然偏高，且受到电力稳定性的影响。核能应用主要受到安全性能的影响，尤其是日本核电站造成核污染后给人们造成的心理影响，将是影响核能发展的重要因素。目前的低碳能源技术正在不断取得进展，“十三五”将是低碳能源快速发展的时期。

本书选取以上六个方面的先进技术进行介绍，并对企业应用后的节能、减碳效果进行核算，供读者参考。

碳减排的效果是依据各项技术措施实施后产生的实际效果计算的。本书中各项技术措施的碳减排量是燃料、电力、热力、二氧化碳及其他温室气体的减排量之和，即

$$E=E_{燃料}+E_{电力}+E_{热力}+E_{CO_2}+E_{其他温室气体}$$

式中，燃料消耗降低产生的碳减排量 $E_{燃料}$、节电产生的减排量 $E_{电力}$、减少热力消耗产生的减排量 $E_{热力}$ 均为实物减排量与相应排放因子的乘积，二氧化碳直接减排量 $E_{CO_2}$ 及其他温室气体的减排量 $E_{其他温室气体}$ 为实物减排量与全球变暖潜势的乘积。

本书案例计算碳减排时采用的排放因子如下：

原煤排放因子：1.75t$CO_2$/t；

柴油：3.15t$CO_2$/t；

汽油：3.04t$CO_2$/t；

燃料油：3.05t$CO_2$/t；

天然气：21.62 吨 $CO_2$/万立方米；

焦炭：3.07t$CO_2$/t；

炼厂干气：2.82t$CO_2$/t；

热力排放因子：0.11t$CO_2$/GJ；

1t 标准煤按 2.6t$CO_2$ 计算。

计算电力消耗减少所产生的碳减排量，所用排放因子为国家发改委公布的 2012 年区域电网排放因子，如表 1.1 所示。

**表 1.1 中国区域电网排放因子**

| 区域电网 | 覆盖的地理范围 | 2012 年排放因子 /[t$CO_2$/(MW·h)] |
|---|---|---|
| 华北区域电网 | 北京市、天津市、河北省、山西省、山东省、内蒙古西部(除赤峰、通辽、呼伦贝尔和兴安盟外的内蒙古其他地区) | 0.8843 |
| 东北区域电网 | 辽宁省、吉林省、黑龙江省、内蒙古东部(赤峰、通辽、呼伦贝尔和兴安盟) | 0.7769 |
| 华东区域电网 | 上海市、江苏省、浙江省、安徽省、福建省 | 0.7035 |
| 华中区域电网 | 河南省、湖北省、湖南省、江西省、四川省、重庆市 | 0.5257 |
| 西北区域电网 | 陕西省、甘肃省、青海省、宁夏自治区、新疆自治区 | 0.6671 |
| 南方区域电网 | 广东省、广西自治区、云南省、贵州省、海南省 | 0.5271 |

# 第2章 煤炭燃烧节能低碳技术

## 2-1 大推力多通道燃烧节能技术

### 一、技术介绍

大推力多通道燃烧器（图 2.1）是由内部的旋流通道、中间的煤流通道、外部的轴流通道以及最外部的冷却风通道构成的燃烧器。煤粉从多通道燃烧器喷出燃烧，除空气输送煤粉本身就是煤粉与风的预混合外，还经过多次扰动、混合。外部的轴流风通道将高压空气从通道中送出，使局部的出口空气风速接近风速，在此高速气流的卷吸作用下，大量二次风进入燃烧区域，极大地提高了煤粉的燃烧速度和温度。在较小的一次风量（8%以内）条件下获得更高的火焰温度，从而达到节能降耗的目的。同时，对不同煤质的适应性也大大提升，能使用 4200kcal/kg（1kcal＝4.18kJ）的低热值无烟煤。另外，在轴流风外侧布置冷却风道对设备运行进行技术保护，延长设备使用寿命。

图 2.1　大推力多通道燃烧器

### 二、应用情况

大推力多通道燃烧节能技术适用于建材、化工、冶金、有色等行业回转窑和燃烧炉等，对燃料适应性强，可烧烟煤、褐煤、劣质煤和无烟煤，实现多种燃料混烧，也可用于新建厂和老厂的设备改造，其主要性能指标达到国际先进水平。目前已在全国各地多家水泥窑、活性氧化钙窑、氧化铝窑、冶金球团窑、镍铁窑等推广应用，并出口国外。

**三、节能减碳效果**

大推力多通道燃烧器一次用风量较传统燃烧器低 4%～7%，熟料热耗比传统燃烧器降低 0.5%～1%。

河北某水泥公司 5500t/d 水泥生产线窑头燃烧器改造，采用大推力多通道燃烧器，改造后熟料产量由 5700t/d 提高到 6150t/d，吨熟料热耗降低 3.6kgce[1]，年实现节能 6160tce，年减碳量 16016t$CO_2$，年节能经济效益约 620 万元。

**四、技术支撑单位**

合肥水泥研究设计院。

## 2-2 大容量高参数褐煤煤粉锅炉技术

**一、技术介绍**

大容量高参数褐煤煤粉煤锅炉采用 π 型或塔式布置，切圆或前后墙对冲燃烧方式，配中速磨煤机或风扇磨煤机制粉系统的低 $NO_x$ 燃烧技术，利用先进的控制技术，根据褐煤锅炉燃料特点实现不同燃料情况下锅炉的稳燃及传热特性。该锅炉技术指标先进，运行安全可靠，能有效降低煤耗和污染物排放，有良好的经济和社会效益。其关键技术包括：

（1）*炉膛定制设计技术*。根据不同种类褐煤煤质特性，制定褐煤燃烧特性判别标准及不同参数褐煤锅炉炉膛选型导则。

（2）*与褐煤煤质相适应的锅炉性能监控技术*。通过对进煤特性进行检测，并根据煤质特性调整送风、配风及引风机流量，实现燃烧处于最佳工作点。

（3）*大容量褐煤锅炉防结渣、高燃烧效率、低污染物排放设计技术*。通过炉膛结构优化设计和温度控制实现炉膛的高效率燃烧，避免炉膛结渣；通过改进配风系统减少局部高温，降低污染物的生成。

**二、应用情况**

大容量高参数褐煤锅炉的应用能够解决我国褐煤在火电领域利用的难题，大量节省优质的烟煤资源，使我国煤炭资源利用结构更加合理。此外，高性能高参数褐煤锅炉的开发应用可进一步提高火电机组效率，降低煤耗和污染物排放。目前该锅炉产品已在国内市场推广应用，并出口印度、菲律宾、老挝等国。

**三、节能减碳效果**

内蒙古某电厂建设 2 台 600MW 超临界褐煤锅炉，利用周边拥有的丰富的褐煤资源，2 台机组每年实现节能量 21.6 万吨标准煤，减碳量 56.2 万吨 $CO_2$。

**四、技术支撑单位**

哈尔滨锅炉厂有限责任公司。

---

[1] ce 是 consumed energy 的缩写，指能源消耗量，用标准煤表示，kgce 意指千克标准煤，tce 意指吨标准煤。

## 2-3 锅炉富氧燃烧技术

### 一、技术介绍

富氧燃烧主要是指用比普通空气（含氧21%）的含氧浓度高的富氧空气进行燃烧，它是一项高效燃烧技术。目前富氧制备方法主要有深冷分析法、变压吸附法、膜分离法等，富氧燃烧的形式可分为微富氧燃烧、纯氧燃烧、氧气喷枪、空-氧燃烧等。与采用普通空气燃烧相比，富氧燃烧具有以下优势：

（1）提高火焰温度。辐射换热是锅（窑）炉换热主要方式之一，按气体辐射特点，只有三原子和多原子气体具有辐射能力，原子气体几乎无辐射能力，传统空气燃烧中，$N_2$ 在烟气中占有很大比例，其他 $CO_2$ 和 $H_2O$ 三原子气体仅占约20%，而在富氧条件下，因氮气量减少，空气量及烟气量均显著减少，三原子气体所占比例高达95%，使得烟气的辐射能力提高，故火焰温度随着燃烧空气中氧气比例的增加而显著提高，进而提高火焰辐射强度和强化辐射传热。

（2）加快燃烧速度，促进燃烧完全。燃料在空气中和在纯氧中的燃烧速度相差甚大，如氢气在纯氧中的燃烧速度是在空气中的4.2倍，天然气则达到10.7倍左右。故采用富氧空气助燃后，能够提高燃烧强度，加快燃烧速度，获得较好的热传导。同时由于温度提高，有利于燃烧反应完全。而且，加快燃烧反应速率也可以提高燃烧设备的工作效率，提高企业生产能力，为企业创造更多效益。

（3）降低燃料燃点温度和减少燃尽时间。燃料的燃点温度随燃烧条件变化而变化，燃料的燃点温度不是一个常数，如CO在空气中为609℃，在纯氧中仅388℃，因此采用富氧燃烧能降低燃料燃点、提高火焰强度、增加释放热量。

（4）减少燃烧后的烟气量。随着富氧空气中含氧量的增加，理论空气需要量减少，烟气量减少，从而可以降低排烟热损失，提高热效率。

（5）增加热量利用率。富氧燃烧对热量的利用率有所提高，如采用普通空气助燃，当加热温度为1300℃时，其可利用的热量为42%，而用26%的富氧空气时，可利用的热量可达56%。

（6）减少污染物排放。富氧燃烧烟气量减少，使燃烧废气中的污染物浓度增加，可使废气处理更有效率。同时 $N_2$ 减少可减少热力型 $NO_x$ 生成量。

此外，富氧燃烧能将排烟中的 $CO_2$ 浓度提高到95%，有利于对 $CO_2$ 进行分离、回收，对于实施 $CO_2$ 捕集和封存，控制温室气体排放具有一定的积极作用。

### 二、应用情况

富氧燃烧技术对所有燃料（包括气体、液体、固体）和工业锅（窑）炉均适用，目前在玻璃、冶金、水泥等行业及热能工程领域均有广泛应用。

以江苏某企业为例，将膜法富氧生产装置应用于WGC20/3182-Ⅰ型燃煤蒸汽锅炉，主要工艺为：空气经净化除尘后送至富氧发生器，制备含氧体积分数为28%～30%的富氧空气，然后经汽水分离器、脱湿罐和稳压罐，脱除气体中的水分，由增压风机将富氧空气增压至3000～4500Pa后进入富氧预热器，该预热器安装于锅炉空预器和省煤器之间的烟道内。富氧空气加热至大于80℃后分为两路，一路通入炉排下面的二、三风室，由导风器、富氧均化喷头横向均匀地高速喷入炉内煤层进入炉膛，使该燃烧区内的火焰温度升高，并增强火焰刚性；另一路由后拱前端通过具有扩散角的“富氧高温喷嘴”喷入火焰上部，使火焰中的未完全燃烧物达到完全燃烧，并获得消烟除尘、提高火焰温度的效果。某企业膜法富氧制取装置流程简图如图 2.2 所示。

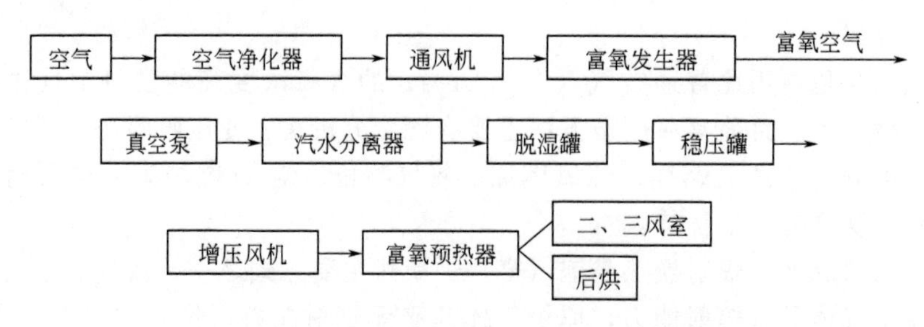


图 2.2　某企业膜法富氧制取装置流程简图

该工艺的安装不改变锅炉原有结构和工作状态，仅预热系统和富氧喷嘴与锅炉接触，对锅炉的性能和安全无任何影响。根据改造后两年多的运行效果，富氧燃烧改造实现了提高吨煤产汽量，节煤、节电，提高锅炉出力的效果。此外，由于提高了燃烧效率，烟气中的烟尘量明显下降，大大降低了除尘器负荷。

### 三、节能减碳效果

某公司 20t/h 燃煤锅炉采用膜法富氧燃烧技术进行改造，改造后实现提高锅炉出力 10%左右，直接取得年节电 712 万千瓦·时、节煤 2142t 的节能效果，实现年减碳量 10045t$CO_2$，年经济效益 74133 万元。

### 四、技术支撑单位

山东烟台华盛燃烧设备工程有限公司，中国建筑材料科学研究总院。

## 2-4　锅炉燃烧温度测控及性能优化技术

### 一、技术介绍

锅炉燃烧温度测控及性能优化技术是以先进的测控技术和仪器进行数据采集，以煤-风-温度合理匹配为基础，优化锅炉系统燃烧，提高锅炉整体效率，降低锅炉煤耗。该技术通过对烟气温度、煤粉细度等进行在线监测，采集锅炉运行数据并储存到数据库，根据数据库已有实际运行数据设计优化方案，进行由单变量到多变量的锅炉试验。试验后由经济运行系统建立锅炉的数学模型，同时采用自训练方式不断对锅炉模型进行完善优化，以达到最优方案选择进而进行锅炉调试，调试结果可通过部分闭环控制，或发布运行指导意见以达到优化燃烧的目的。此外，系统在运行期间会不断进行补充验证，从而优化实验模型，实现模型的动态管理。具体流程如图 2.3 所示。

### 二、应用情况

锅炉燃烧温度测控及性能优化技术可应用于各种工业燃煤锅炉，目前已经进行大范围推广，在华电、国电、大唐等多家电厂的多台亚临界、超临界等燃煤锅炉（6MW～600MW）和循环流化床锅炉得到成功应用。

以黑龙江某电厂 2×300MW 热电联产机组锅炉性能优化改造为例，主要技改包括：安装火电机组智能运行优化及管理系统、安装小指标绩效考核软件、安装远红外炉膛出口烟气温度监控装置、安装性能优化服务器等。优化后使锅炉热效率得到提高，有效降低供电煤耗。同时由于增加了关键点运行参数控制，实现实时在线监测炉膛出口烟温，预防和控制锅

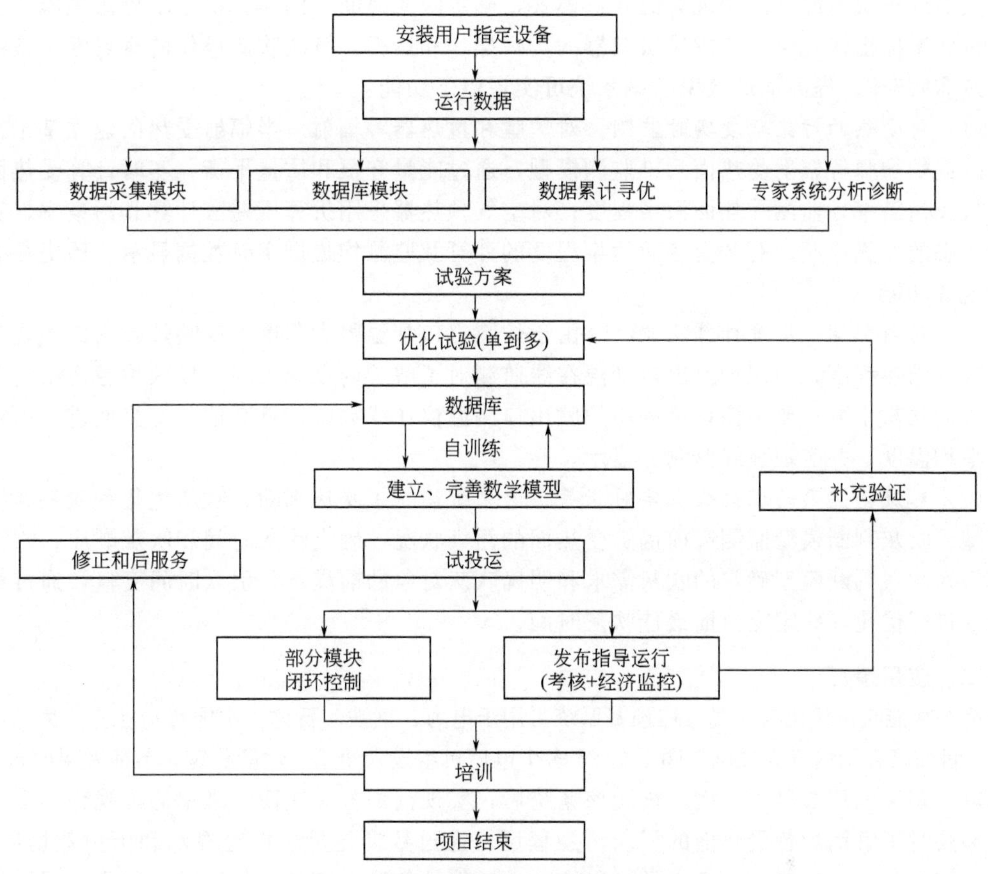


图 2.3　锅炉节能检测及系统优化流程图

炉结焦；控制过热器与再热器的管壁温度，降低过热器和再热器的等效强制停机率；延长锅炉部件使用寿命，降低锅炉维修费用和可用率等，间接经济效益也非常可观。

### 三、节能减碳效果

锅炉燃烧温度测控及性能优化技术可提高锅炉效率 0.3% 以上，降低供电煤耗 1gce/(kW·h) 以上。

某电厂对其 2×300MW 热电联产机组锅炉采用该技术进行优化改造，每年实现节能量 4099tce，年减碳量 10657t$CO_2$，年节能经济效益 266 万元。

### 四、技术支撑单位

天津鹰麟节能科技发展有限公司。

## 2-5　锅炉智能吹灰优化与在线结焦预警技术

### 一、技术介绍

锅炉智能吹灰优化与在线结焦预警系统，以能量守恒定律、传热学和工程热力学原理为基础，建立软测量模型、统计回归、模糊逻辑数学及人工神经网络等分析运算体系，将锅炉水冷壁、过热器、再热器、省煤器“四管”及省煤器后尾部烟道空预器污染程度进行量化处理和图像转换，显示实时参考画面和污染数据，使各受热面的污染率“可视化”，从而确定各受热面的积灰情况，改变现有的吹灰模式，确定吹灰时间。同时，根据临界污染因子及机组运行状况提出优化策略，指导吹灰器的实际操作和运行，解决吹灰操作的盲目性，最终实现“按需吹灰”，提高锅炉效率。该系统可实现以下功能：

（1）对受热面污染程度实时监测。对炉膛和过热器等辐射、半辐射受热面建立基于神经网络的锅炉炉膛等辐射受热面污染监测模型，通过能量守恒和质量平衡，实时计算受热面传热系数及污染率，监测受热面污染程度；对空气预热器采用折算压差法计算其污染率，实现积灰状态的在线监测；对各受热面污染程度的计算及监测均提供实时数据显示、历史数据查询及统计功能。

（2）对内部烟气温度计算及监测。由于炉膛出口烟温很大程度上反映炉膛内的燃烧工况及积灰、结焦程度，实现炉膛出口烟温在线监测对了解炉内燃烧工况、反映炉膛污染情况和实现智能吹灰十分重要，该系统利用炉膛出口测温仪在线数据计算其他各受热面进、出口的烟气平均温度，并实现在线监测、显示。

（3）对流受热面的优化吹灰实时指导。该系统建立了吹灰判断、吹灰优化和吹灰经济分析模型。吹灰判断模型监测当前锅炉受热面的污染状况，确定吹灰时间和吹灰顺序；吹灰优化模型在吹灰判断模型确定的吹灰需求和明确吹灰对象的前提下，引入时间变量，通过对目标函数进行优化，确定受热面最佳吹灰时间。

## 二、应用情况

锅炉智能吹灰优化与在线结焦预警系统可用于电力、钢铁、石化、水泥等行业火力发电机组锅炉，目前已在国内五大发电集团下属20多个电厂机组投入使用，性能稳定，节能效果明显。

以山东某电厂2号炉为例，投运该系统后，实现锅炉各受热面污染率的可视化，运行人员能够及时了解锅炉各受热面的积灰污染程度。通过数据显示、报警提示和历史数据储存、查询、综合分析等功能，运行人员可以统计总结何种负荷下容易积灰，可以监测到锅炉效率及排烟热损失，为吹灰提供判据准则。从而指导锅炉燃烧状况的调整，减少吹灰蒸汽量，降低“四管”泄漏的概率。该系统投运前后一个时间段平均参数详见表2.1、表2.2。

**表2.1 某电厂吹灰预警系统投运前一定时间段的部分参数**

| 发电负荷/MW | 省煤器后烟温/℃ | 排烟温度/℃ | 大气温度/℃ | 各吹灰器吹灰次数 | 吹灰总计时间 |
|---|---|---|---|---|---|
| 260 | 407.81 | 131.10 | 18.42 | 16次 | 约16.7h(1000min) |
| 200 | 393.17 | 124.31 | 19.62 | 1～12号动作16次 | |
| 186 | 392.30 | 121.28 | 19.68 | 13～16号动作16次<br>17、18号动作7次 | |
| 170 | 382.55 | 114.06 | 15.28 | 19～30号动作8次 | |

**表2.2 某电厂吹灰预警系统投运后一定时间段的部分参数**

| 发电负荷/MW | 省煤器后烟温/℃ | 排烟温度/℃ | 大气温度/℃ | 各吹灰器吹灰次数 | 吹灰总计时间 |
|---|---|---|---|---|---|
| 260 | 403.46 | 128.97 | 20.52 | 8次 | 约8.3h(500min) |
| 200 | 390.69 | 122.74 | 23.23 | 1～12号动作7次 | |
| 186 | 387.20 | 119.73 | 22.27 | 13～16号动作4次<br>17、18号动作4次 | |
| 170 | 382.55 | 115.16 | 20.78 | 19～30号动作5次 | |

根据实际运行数据对比，系统投运前后整体吹灰次数减少 27%，吹灰时间减少 28.9%，从而减少了因不合理吹灰带来的管壁摩擦和蒸汽消耗损失。同时，优化吹灰使锅炉效率平均提高 0.24%，可降低煤耗约 1g/(kW·h)。

### 三、节能减碳效果

锅炉智能吹灰优化与在线结焦预警系统主要能够降低锅炉“四管”吹损及吹损泄漏造成的非正常停机概率，同时改善锅炉性能指标：平均降低锅炉排烟温度 2～6℃，减少吹灰次数 20%～60%。

山东某电厂 2×300MW 机组锅炉采用该技术系统实施改造，每年可节约原煤 1700t，实现年减碳量 2975t$CO_2$，节约燃煤费用 68 万元。

### 四、技术支撑单位

泓奥电力科技有限公司。

## 2-6　锅炉煤粉复合燃烧技术

### 一、技术介绍

锅炉煤粉复合燃烧技术主要是为了强化炉内燃烧过程，提高锅炉燃烧效率及煤种适应性。从锅炉燃烧理论可知，保持炉膛足够高的温度是保证锅炉良好燃烧的首要条件，炉温高则燃煤在炉内干燥、干馏顺利，达到着火温度的时间短，着火容易。炉温越高，对煤的着火越有利，煤种适应性也就越好。在现有燃煤锅炉的燃烧方式中，煤粉炉的炉温最高，煤种适应性最好，而且燃烧比较完全，热效率高。链条锅炉加煤粉复合燃烧的机理是将链条炉排和煤粉这两种不同燃烧方式有机结合，共用在一台炉上，互为辅助、互为利用、扬长避短，在燃烧过程中，煤粉靠炉排火床点燃，煤粉燃烧形成的高温火焰提高了炉膛温度，为链条炉排上的煤层着火提供丰富的热源，改变链条炉单纯依靠炉拱热辐射引燃的状况，大大改善链条炉排上新煤的着火条件。同时，稳定燃烧的火床又是煤粉气流着火的可靠热源，可以保证煤粉及时稳定地着火。

复合燃烧方式不仅保留了链条炉负荷适应性好，负荷调节方便的优点，而且还具有煤粉炉煤种适应性好、燃烧效率高的优点，从而使锅炉在负荷多变特别是改烧一般劣质煤情况下均能达到稳定高效燃烧。锅炉粉煤复合燃烧流程简图见图 2.4。

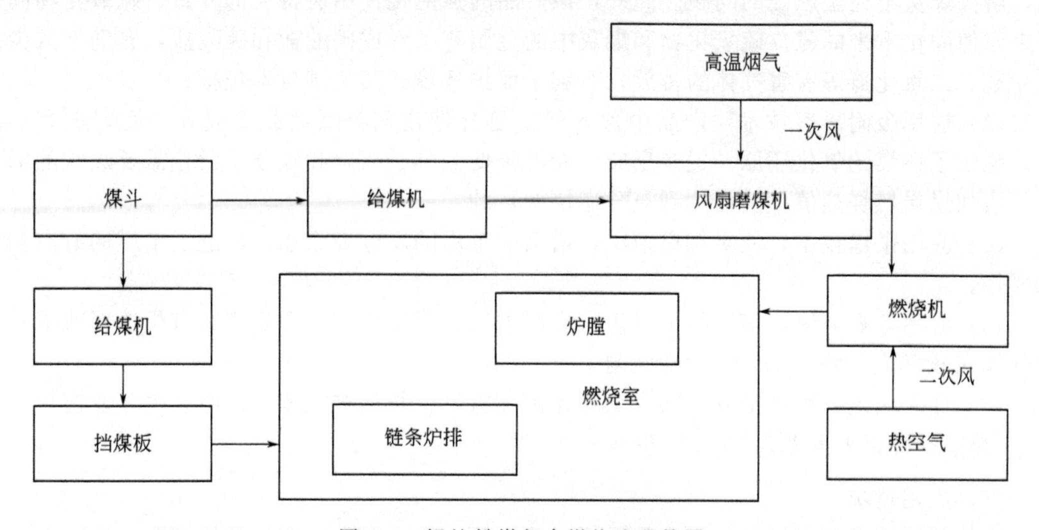


图 2.4　锅炉粉煤复合燃烧流程简图

### 二、应用情况

锅炉煤粉复合燃烧技术主要适用于链条锅炉、抛煤机链条炉、快装锅炉、往复推动炉排锅炉等，如锅炉实际出力不足或需增容也可采用该技术对其进行改造，以提高锅炉出力及热效率。

以某啤酒厂为例，对其一台10t/h锅炉进行加煤粉复合燃烧技术改造，改变锅炉现有燃烧方式，将单一链条炉排层状燃烧改为复合燃烧。改造主要包括增设一套风扇磨煤机直吹式制粉系统，煤粉采用炉烟干燥；锅炉本体炉墙设煤粉燃烧器、抽烟口及防爆门，炉膛增加辐射受热面；给水系统改造；更换引风机，基础重新捣制，电气系统改造；煤斗增设振动器等。改造后有效提高热效率，降低吨蒸汽耗煤量，并提高锅炉出力。

### 三、节能减碳效果

某啤酒厂采用锅炉煤粉复合燃烧技术对10t/h锅炉进行改造，改造后实现吨蒸汽煤耗下降约8%，热效率提高10%左右，年节约燃煤1758t，实现年减碳量3076t$CO_2$，年节能效益39.1万元。

### 四、技术支撑单位

山东聊城华宝节能科技有限公司。

## 2-7 高效节能环保型燃煤催化剂技术

### 一、技术介绍

高效节能环保型燃煤催化剂选用稀土矿物质、特殊乳化剂、分散剂、缓释剂与渗透剂等原料，采用先进催化、改性等物理、化学技术复配而成，其中的稀土复合物可以利用窑炉内的火焰光，产生强催化作用，能够加快氧分子变形并迅速断开它的双键变成氧原子的速度。与此同时，碳原子被活化，活化了的碳原子和氧原子迅速结合生成$CO_2$（煤炭在常规燃烧中，需要消耗一定的能量才能破坏碳环化学键），降低碳的活化能，相应增加了燃煤的发热量。在微爆作用下，燃煤大分子有机物裂解加速，煤炭燃点降低，燃烧速度加快，使煤炭稳定、充分地燃烧，提高燃烧热效率，从而达到大幅度节煤效果。

该产品可以渗入煤层内部，靠催化剂和有机体释放氧与可燃物充分接触，减少还原气氛，解决煤炭不完全燃烧的问题。此外，该产品的强催化作用能将大部分氮、硫氧化物固化下来，使固化下来的氮、硫氧化物和煤灰中的金属离子形成硝酸盐和硫酸盐，有助于减少二氧化硫、二氧化氮等有害气体的排放，有利于保护环境。其关键技术包括：

(1) 应用吸附离解技术，产品中加入稀土复合催化剂等活性载体成分，使燃煤燃点降低，强化了燃煤的氧化还原、置换反应。能够降低氧分子离解和碳原子活化需要吸收的活化能，增加煤炭燃烧热值，从而达到充分燃烧的目的。

(2) 应用微爆技术，使炭粒更细小，增大了煤炭的反应表面积，促进了未燃的游离炭粒的燃烧。

(3) 应用富氧方法，该产品可以渗入煤层内部，靠催化剂、助催剂和有机体释放氧和可燃气体充分燃烧，解决不完全燃烧问题。

(4) 加入固硫、脱硝组分，减少二氧化硫和氮氧化物的排放量，同时解决工业窑炉“结焦”，热效率降低的问题。

### 二、应用情况

高效节能环保型燃煤催化剂产品适用于热电厂、水泥厂、冶炼厂等燃煤锅（窑）炉，目前已经应用于化工、水泥、电力等行业。该产品在辽宁省得到推广应用，其中在水泥行业应用约10%，热电行业约3%。

### 三、节能减碳效果

根据工业应用，高效节能环保型燃煤催化剂产品节煤率为6%～15%。

该产品具体应用效果有：①应用于方大锦化化工科技股份有限公司热电厂，每年平均节煤率为9%，脱硫、脱硝率为30%，年节煤2.5万吨，年减碳量4.38万吨$CO_2$；②应用于朝阳山水东鑫水泥有限公司2500t/d新型干法水泥生产线，平均节煤率为6.5%左右，年节煤1.0万吨，年减碳量1.75万吨$CO_2$；③应用于赤峰山水远航水泥有限公司两条2500t/d新型干法水泥生产线，熟料实物煤耗降低8.5kgce左右，年节煤2.1万吨，年减碳量3.68万吨$CO_2$；④应用于济南东岳水泥有限公司两条2500t/d熟料新型干法水泥生产线，熟料实物煤耗降低8.0kgce左右，年节煤2.0万吨，年减碳量3.5万吨$CO_2$。

### 四、技术支撑单位

辽宁鑫隆科技有限公司。

## 2-8 回流区分级着火燃烧技术

### 一、技术介绍

回流区分级着火燃烧技术通过深入研究钝体的稳燃机制，揭示了钝体后方的回流区及其尾流恢复区的热流特性对燃烧过程所起的重要作用，并对粉煤燃烧钝体稳定机理做了重大的修正；在此基础上提出钝体开缝的新思想，以便向回流区送入少量的粉气，使煤粉在最有利的着火区域首先着火，形成起始的着火源，再扩展去点燃主流的“回流区分级着火燃烧机制”。回流分级着火燃烧机制的主要功能在于，在钝体后方的回流烟气加热的基础上，又加上一个高温燃烧热源，以明火点燃主流，从而拥有更为强大的稳燃能力。该技术具有如下优势：

(1) 对回流区，在低负荷时送入少量粉气，强化燃烧稳定火焰；高负荷时送入冷风，推迟着火防止结焦；克服了低负荷稳焰与高负荷抑制结焦之间的矛盾。

(2) 发展的三级分级着火燃烧技术，进一步强化了燃烧机制，可稳定地燃用洗煤厂的废弃物煤泥和灰分高达50%～65%的煤矸石，形成低品位燃料非流态化燃烧的粉煤燃烧技术，为大量消化低品位能源开辟途径。

(3) 将点火小油枪的油雾与少量粉气一并送入回流区，以小的油雾火焰点燃少量粉气，再点燃煤粉主流，形成油雾火焰在回流区对煤的分级、即时点燃，可节约80%的锅炉冷态启动的暖炉用油。

(4) 该技术同样可应用于低热值高炉煤气的强化燃烧，同时解决了燃用高炉煤气所带来的要求炉膛换热的强化问题，煤、气混烧炉改为全烧高炉煤气可免于扩大40%的炉膛容积，既简化工程，又大幅度增烧高炉煤气。

图2.5为开缝钝体燃烧器的结构示意图。

### 二、应用情况

回流区分级着火燃烧技术可用于气、固、液三态燃料的各类燃烧器，适用于直流、旋流两大类燃烧方式；并使燃烧强度可控，对燃料的适应性强，特别是对于低品位燃料的有效利用，具有很好的经济效益和生态效益。目前该技术在大型电厂煤粉炉中应用较为广泛。

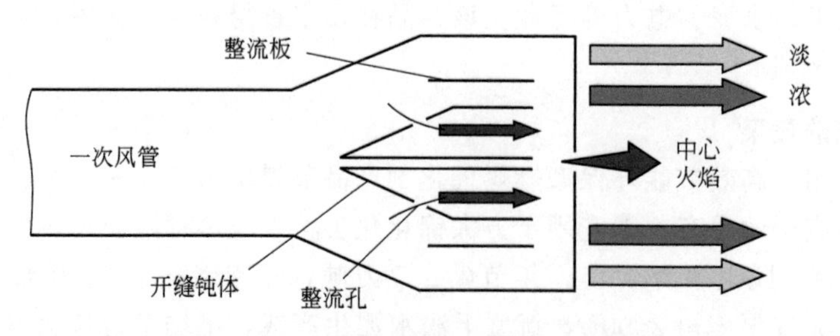


图 2.5 开缝钝体燃烧器的结构示意图

以某公司 220t/h 煤粉锅炉改造为例，根据锅炉特点和煤质状况，对新型燃烧器结构进行理论研究和数值模拟，分析计算确定各级风的合理配比。通过风道改造对一次、二次、三次风各级配风比例进行调整，并在锅炉调试中对配风进行优化，形成煤粉在着火初期有适量的一次风，后期燃烧也能及时得到足够的二次风和三次风，从而在保证稳定燃烧的同时，避免炉内缺氧和 CO 的生成，降低飞灰含碳量，提高锅炉的热效率。改造后锅炉的运行情况测试分析结果见表 2.3、表 2.4。

**表 2.3 220t/h 煤粉炉改造后不同工况飞灰取样分析结果**

| 机组负荷/(t/h) | 排烟温度/℃ | 排烟中氧的质量分数/% | 飞灰中碳的质量分数/% | 炉渣中碳的质量分数/% |
|---|---|---|---|---|
| 220 | 154.6 | 6.8 | 3.55 | 6.87 |
| 200 | 141.3 | 6.1 | 4.78 | 5.94 |
| 180 | 142.7 | 7.1 | 4.11 | 5.52 |

**表 2.4 220t/h 煤粉炉热效率试验结果汇总**

| 名　　称 | 单位 | 工况 1 | 工况 2 | 工况 3 |
|---|---|---|---|---|
| 机组负荷 | t/h | 220 | 200 | 180 |
| 排烟损失($q_2$) | % | 6.57 | 5.88 | 6.29 |
| 化学未完全燃烧损失($q_3$) | % | 0.00 | 0.00 | 0.00 |
| 机械不完全燃烧损失($q_4$) | % | 2.70 | 3.18 | 2.82 |
| 散热损失($q_5$) | % | 0.76 | 0.83 | 0.93 |
| 物理显热损失($q_6$) | % | 0.13 | 0.12 | 0.12 |
| 锅炉效率 | % | 89.84 | 89.98 | 89.84 |
| 大修前锅炉效率 | % | 87.46 | 88.27 | 88.53 |
| 大修后锅炉效率提高 | % | 2.38 | 1.71 | 1.31 |

改造后锅炉可以稳定燃用低劣质煤，燃烧稳定，带负荷能力增强，在入炉煤低位发热量不低于 19000kJ/kg、干燥无灰基挥发分不低于 18%、收到基灰分不高于 35%的情况下，锅炉蒸发量可达 240～250t/h。同时在一定程度上避免了炉内缺氧和 CO 的生成，降低飞灰含碳量并提高锅炉热效率。此外，还减少了风道阻力，降低风机电耗率，抑制氮氧化物的生成，减少了烟气中污染物的排放。

## 三、节能减碳效果

某企业 220t/h 煤粉锅炉采用该回流区分级着火燃烧技术实施改造，改造后锅炉效率提高 1.17%以上，年节约燃煤 1700t，实现年减碳量 2975t$CO_2$，年节能创效 119 万元。

**四、技术支撑单位**

华中科技大学。

## 2-9 基于流态重构的低能耗 CFB 锅炉燃烧技术

**一、技术介绍**

基于流态重构的低能耗 CFB 锅炉燃烧技术是基于对循环流化床内气固两相流化状态、燃烧、传热的深入研究，以及 CFB 锅炉“定态设计”理论而提出的从循环流化床内的流态优化角度着手，解决厂用电率高、磨损大和可利用率低等问题的技术，其关键在于对循环流化床（CFB）锅炉的流态进行优化选择，通过提高床料质量（即降低炉内物料平均密度和改善粒度分布）、优化降低床存量（指床料量）实现流态重构，达到减少能耗和减轻磨损的目的。其中床料存量的优化可依据 CFB 锅炉流态图谱进行，通过优化无效床料存量，能够实现在依然维持炉膛上部快速床流化状态，保证传热性能要求的前提下，避免多余存料量引起的不必要的风机能耗和受热面磨损，降低二次风机区域物料浓度，增强二次风穿透扰动，改进炉膛上部气固混合效果，提高燃烧效率。同时，床存量降低后可降低锅炉一、二次风机的压头，进而降低风机电耗以及锅炉机组的厂用电率。此外，炉膛下部物料浓度大幅度降低，可以减轻炉膛下部浓相区特别是防磨层与膜式壁交界处的磨损，提高锅炉机组的可用率并降低相应的检修维护费用。

**二、应用情况**

基于流态重构的低能耗 CFB 锅炉燃烧技术既能应用于新的节能型循环床锅炉，也可对传统循环床锅炉实施节能改造，在保持原有煤种适应性强和污染排放控制成本低的同时，从根源上解决传统 CFB 锅炉厂用电高、磨损大、燃烧效率和可用率低等问题。目前该技术已经广泛应用于各种 CFB 锅炉。

以山西某公司 UG240/9.8-M2 型高温高压循环流化床锅炉改造为例，针对锅炉存在连续运行时间短、尾部膜式省煤器和膜式水冷壁炉膛下部水冷壁管与耐磨可塑料交接处磨损严重、飞灰含碳量高、锅炉燃烧效率低等问题，按照实际使用燃料煤质情况，进行性能核算，提出改造方案。改造前后锅炉的运行参数见表 2.5。

**表 2.5　240t/h CFB 锅炉改造前后参数变化**

| 运行参数 | 改造前 | 改造后 | |
|---|---|---|---|
| 主蒸汽流量/(t/h) | 200 | 220 | 240 |
| 主蒸汽温度/℃ | 514 | 535 | 537 |
| 主蒸汽压力/Pa | 8.00 | 8.78 | 9.21 |
| 风室风压/Pa | 9530 | 6950 | 7300 |
| 床温/℃ | 964 | 915 | 965 |
| 返料风压/kPa | 35.8 | 17.46 | 18.23 |
| 排烟温度/℃ | 130 | 123 | 126 |
| 氧含量/% | 22.7(表损坏) | 3.3 | 2.35 |
| 一次风机电流/A | 86.5 | 76.8 | 78.9 |
| 二次风机电流/A | 60 | 60.7 | 61.3 |
| 罗茨风机功率/kW | 45 | 15 | 15 |
| 引风机电流/A | 60.1 | 54.4 | 54.9 |

改造后风室压力为6500～7500Pa，较改造前降低1500Pa左右，一次风机电流降低5～10A左右，实现了低床压运行。同时增进了二次风的穿透力，提高了炉膛内燃烧中心的高度，提高了燃烧效率，更加均匀地平衡了锅炉整体的燃烧份额，即增加了锅炉的带负荷能力和锅炉运行的安全性。锅炉平均负荷为230t/h左右，比改造前提高30t/h左右。此外还降低了返料风机功率，改造后原3台45kW罗茨风机更换为3台15kW罗茨风机（正常运行启动2台风机），有效减少风机电耗。

### 三、节能减碳效果

某公司对其240t/h高温高压循环流化床锅炉采用该技术进行改造，改造后产汽电耗有效降低，飞灰含碳量和炉渣含碳量明显下降。经检测，锅炉效率由改造前的87.2%提高到90.31%。通过对改造前后各项数据分析对比，改造后每日实现节煤42.72t、节电10341kW·h，每年可实现节煤12816t，节电310万千瓦·时，实现减碳量25169t$CO_2$，年经济效益695万元。表2.6中列出了240t/h CFB锅炉改造前后的主要经济指标。

**表2.6 240t/h CFB锅炉改造前后的主要经济指标**

| 主要技术经济指标 | 改造前指标数据 | 改造后指标数据 |
|---|---|---|
| 产汽电耗/(kW·h/t) | 12.5 | 10.45 |
| 一电场飞灰含碳量/% | 12 | 7.53 |
| 炉渣含碳量/% | 2 | 0.9 |
| 过热汽温/℃ | 520 | 535±5 |
| 锅炉效率/% | 87.2 | 90.31(第三方测试结果) |

### 四、技术支撑单位

清华大学。

## 2-10 煤粉锅炉给粉计量自控节能技术

### 一、技术介绍

煤粉锅炉给粉计量自控节能系统由粉体均匀给粉、给粉速度测量、粉体密度静态测量、粉流通断检测、粉体在线校验及数据采集处理等装置组成。该系统采用集成研发与单体技术研发相结合的方法，利用DCS原理，将粉体均匀给粉、粉体密度静态测量、给粉速度测量、粉体在线校验、粉流通断检测技术系统融合为一体，克服了现有仓储式粉煤锅炉给粉控制的弊端，实现智能自动化计量给粉控制。该系统解决了以下问题：

（1）解决了煤粉锅炉因粉煤仓煤粉位置变化而引起的煤粉密度变化问题，最大限度保证锅炉在尽可能大的负载变化范围内叶轮给粉机的线性；同时解决了因煤种、煤质变化引起的煤粉密度变化问题，大大提高计量准确度。

（2）能够精确计量单位时间内供粉体积，通过计量单位时间内给粉机计量叶轮的总体积，在叶轮给粉机轴上安装速度测量装置，准确测量计量叶轮的脉冲数量，即可进行速度测量，从而测量出供粉体积。

（3）采用正运算方法实现分粉浓度在线监测，能够根据煤质、煤种和煤粉量的数值来合理配风，优化燃烧，扩大负荷范围。还可用入炉煤粉量作为锅炉操作运行的主要控制参数，建立锅炉效率实时监测系统。

（4）采用DCS技术和组态软件、数据库技术，创建煤粉热值和密度关系数据库，利用粉煤静态测量装置测量出密度值建立回归控制模型，实现粉煤发热量供粉的正平衡计算控制和锅炉优化燃烧控制。

### 二、应用情况

煤粉锅炉给粉计量自控节能系统主要应用于火力发电企业煤粉锅炉单炉（路）煤粉计量控制，亦可用于建材、冶金等行业的窑（高）炉煤粉计量控制，还可应用于环保行业的干法脱硫工艺的脱硫粉体的计量控制。目前该技术已应用于 50 余台煤粉锅炉，在已投用的发（热）电企业中，解决了煤粉锅炉现在普遍存在的供粉不均匀、堵管、煤粉板结、煤粉自流、燃烧不稳定、配风不合理、无法实现给粉量的实时计量、小指标考核等问题。

### 三、节能减碳效果

煤粉锅炉给粉计量自控节能系统在线计量误差小于±0.50%，能够实现正平衡的锅炉效率在线监控，可提高锅炉效率 3%以上。根据投用的 50 余台煤粉锅炉应用统计，一般可节约燃煤 1%～3%。

山东某公司热电厂 YG-22/98-M 锅炉采用给粉计量自控节能系统，通过改造前后各项指标对比测试得出，改造后实现节燃料率 5.32%，节电率 23.98%，年实现综合节能量 7491tce，年减碳量 19477t$CO_2$，每年可节约资金 780 余万元。

### 四、技术支撑单位

山东天能电力科技有限公司。

## 2-11　燃煤锅炉等离子煤粉点火技术

### 一、技术介绍

等离子是继固态、液态和气态之后的第四种物质形态，等离子体对外呈中性，单个等离子体内有许多带电的阳离子和阴离子，形成一个 4000～10000℃的高温以及温度梯度的超高温区。该技术原理是在直流强磁下产生高温空气等离子气体来局部点燃煤粉。其工作流程为：等离子发生器利用空气作等离子载体，用直流接触引弧放电方法制造功率达 150kW 的高温等离子体，热一次风携带煤粉通过等离子高温区域被点燃，形成稳定的二级煤粉的点火源保证煤粉稳定燃烧。

等离子点火系统由等离子燃烧器及其输粉系统，直流供电及控制系统，辅助系统和热工监控系统组成。其中等离子发生器是等离子点火系统的核心部分，用来产生高温等离子电弧，其原理是在一定的磁场强度下，通过给特定结构的电极加特定的直流电源，通过电极的前后运动使电极之间的压缩空气在大电流、强磁场的作用下电离，形成高温等离子弧，将高温等离子弧置于粉煤管道中，粉煤以一定的风速一定的浓度经过电弧时，粉煤颗粒受高温迅速破裂，析出挥发分，从而使粉煤迅速燃烧。图 2.6 为等离子点火系统构成示意图。

### 二、应用情况

目前，等离子点火及稳燃技术已成功应用于贫煤、烟煤和褐煤。机组容量包括 50MW、100MW、125MW、135MW、150MW、200MW、330MW、600MW 和 1000MW 各等级的机组锅炉，燃烧方式涵盖切向燃烧直流燃烧器和墙式燃烧旋流燃烧器，制粉系统包括中间储仓式、双进双出钢球磨直吹式、中速磨直吹式和风扇磨直吹式等各种类型。该技术不仅可以使火电厂免除重油消耗，减少机械不完全燃烧损失，提高燃料的利用率和发电设备的可靠性，而且可以降低有害物质（氮、硫氧化物）的排放量，有利于环境保护和改善生态环境。

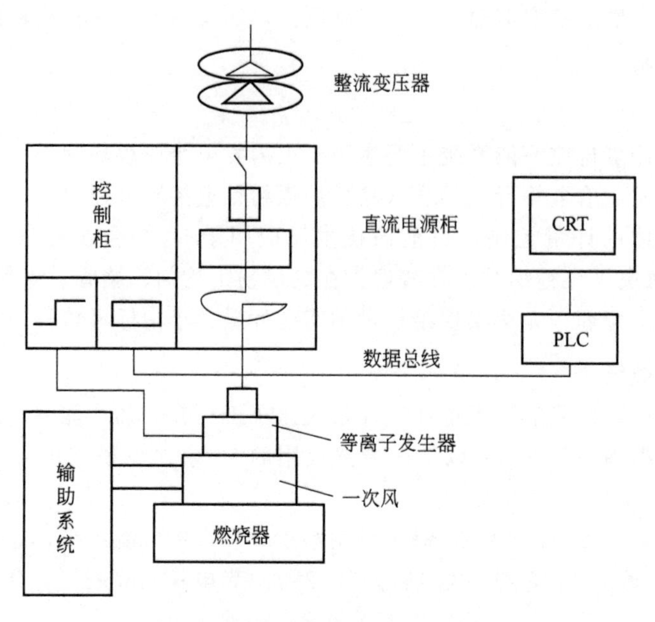


图 2.6　等离子点火系统构成示意图

### 三、节能减碳效果

内蒙古某电厂 2×600MW 机组锅炉采用等离子点火系统，经检测，机组投入生产后，采用等离子点火装置一次冷态启动可节省燃油 98t，2 台机组每年可节省燃油 980t，实现年减碳量 3087t$CO_2$，年节能经济效益达 500 万元。

### 四、技术支撑单位

烟台龙源电力技术股份有限公司。

## 2-12　燃煤催化燃烧节能技术

### 一、技术介绍

煤燃烧催化剂按在煤炭催化燃烧过程中的功能可以分为 4 大类：

(1) 渗透类组分。该组分主要帮助催化剂在煤炭中渗透分散，尤其是在煤核的大量空隙中分散，能保证催化剂更大程度上与煤炭内外表面接触，最大程度地发挥产品催化作用。

(2) 含氧游离基类组分。该组分在较低温度下能够释放出大量的含氧游离基，与煤中的可燃物结合，降低反应活化能，促进燃烧、改善工况和降低污染物排放。

(3) 催化裂解类组分。该组分主要是一些过渡金属有机螯合物，随着燃烧的进行，煤中大分子的有机物越来越不容易燃烧，而过渡金属有机螯合物作为催化裂解的催化剂能够快速让大分子碳链发生裂解，同时利用煤中固有水分提供氢原子，完成加氢过程，最后产生较多低分子量或小分子量的碳氢化合物（类似煤变油的中间态），使煤核继续爆裂、燃烧更加容易，从而提高燃烧效率。不仅如此，在温度大于 350℃的气氛中，该组分还能催化裂解省煤器等位置的类焦油类物质，达到除焦的目的，提高换热效率。

(4) 功能表面类组分。该组分的存在保证了燃烧过程中使煤核保持高的空隙率和高的比表面积，在燃烧过程中热量能及时扩散均匀，避免炉内局部温度过高，从而保证碱土金属氧化物的活性，使得能够最大限度地和 $SO_x$ 进行反应，最终使其以硫酸根的形式固化在灰渣中，达到脱除 $SO_x$ 的目的。

该产品通过提高炉内燃煤燃烧速率使燃烧更充分，达到节能减碳目的；优化燃煤颗粒的表面性能，促进煤中灰分与硫氧化物反应，达到脱硫目的，并有效减少燃煤锅炉焦垢的生成并除焦、除垢，改善燃烧器工作状况。

### 二、应用情况

该燃煤催化剂产品可应用于各种工业燃煤锅炉，目前已经在重庆、山东、安徽、江苏、浙江等地企业进行应用，效果显著。

### 三、节能减碳效果

该产品能够实现节煤 2%～3%，以重庆某公司 75t/h 循环流化床为例，采用该燃煤催化剂，实现年节煤约 2000t，年减碳 3500t$CO_2$，经济效益约 100 万元。

### 四、技术支撑单位

北京金源化学集团有限公司。

## 2-13 四通道喷煤燃烧节能技术

### 一、技术介绍

四通道喷煤燃烧节能技术采用一种煤粉燃烧设备，通过控制燃烧器不同通道内的风速，使燃烧所用的煤粉及助燃所用的空气达到合理配置。该设备具有用风量比例低、燃烧推力大的显著技术特点，其高速的出口射流，大大强化了煤粉气流和二次热风的混合，最大限度地消除不完全燃烧，减少不必要的热损失，有利于降低热耗和利用劣质燃料；同时，火焰形状可调，可随时满足窑内工况变化需求，有利于建立合理的煅烧制度，提高回转窑的煅烧能力，发掘设备潜在能力以增加产量。

该燃烧设备结构如图 2.7 所示，采用四个通道，由内向外依次为中心风、旋流风、煤风、直流风通道。从头部看其直流风通道喷口采用 12 个周向分布的小喷嘴，提高了直流风的喷射速度；外部还有一略向前伸的套管，可以避免火焰过早发散；旋流风通道的两层套管通过两套调整螺杆可以前后相对伸缩；改变旋流风出口的几何形状，有利于调节火焰形状；中心风则通过在中心稳焰板边缘分布的小孔流出，其流量约为总燃烧空气量的 0.03%～

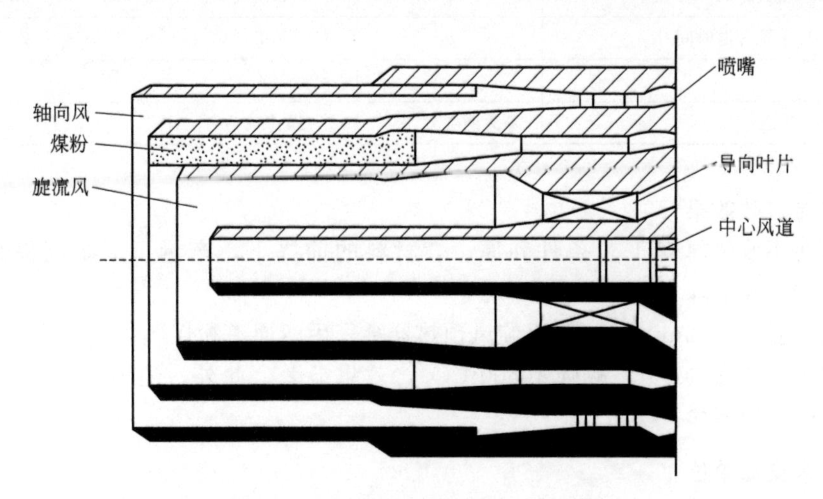


图 2.7 四通道煤粉燃烧器通道示意图

0.05%。该设备通过减少一次风使用量以及控制良好的火焰形状达到节煤的效果，具有以下特点：

（1）采用高压风机，燃烧器可以使用较少的一次风量来获得更大的动能，降低窑头一次风使用量，从而减少能耗。

（2）通过采用周向均匀分布的小孔结构，获得周向均匀分布的旋流风和高速轴流风，使煤的燃烧更加充分，提高火焰的形状和强度，节约用煤。

（3）降低 $NO_x$ 的排放，满足国家环保要求。

## 二、应用情况

四通道喷煤燃烧设备适用于建材、冶金、有色行业的回转窑，可用于新建厂和老厂的设备改造，其总体性能达到国际多通道煤粉燃烧器水平。

以河南某水泥厂 $\Phi$32m×52m 五级旋风预热器窑为例，改造前为三通道燃烧器，燃烧效果不理想，窑头温度低，黑火头长，燃烧不充分，熟料结粒大；加大旋流风则火焰粗短，窑砖寿命短。采用四通道粉煤燃烧器，针对窑、冷却机等主辅机装备及原燃料状况进行燃烧器定向设计，并进行改造优化，包括调整风机使用参数；重新制作煤粉喷射泵，改变燃烧器支承方式；调整煤粉细度及水分控制指标等。实施改造后燃烧情况大为改观，火焰亮度高、活泼有力，燃烧充分稳定，黑火头短，窑头温度提高，烧成带长度适宜，窑皮平整无结圈且料结粒细小。该预热窑改造前后对比详见表 2.7。

**表 2.7 水泥厂改用四通道燃烧器前后主要技术指标对比**

| 项目 | | 原用三通道 | 改用四通道 | 改造效果/% |
|---|---|---|---|---|
| 节煤 | 热耗/(kJ/kg) | 5062 | 4239 | |
| | 节煤/(t/a) | | 6000 | 13.7 |
| 台时熟料量/(t/h) | | 24.65 | 26.62 | 8 |
| 熟料质量 | 3d 强度平均/MPa | 29.7 | 32.3 | 8.7 |
| | 28d 强度平均/MPa | 50.4 | 54.4 | 7.9 |
| | fCaO | 1.36 | 0.8 | 41 |
| | 熟料合格率/% | 92.7 | 98.6 | 6.4 |
| 点火升温时间 | 点火时间/h | 1.5 | 1.2 | 20 |
| | 系统升温时间/h | 8 | 6 | 25 |
| 挂窑皮时间/d | | 3～8 | 3 | |
| 燃烧器操作灵活性 | | 无明显效果 | 操作灵活 | |

## 三、节能减碳效果

该技术在不改变原有工艺条件和原、燃材料的前提下，产量可大幅度提高，增幅为10%～18%，煤耗下降 10%～15%。

某水泥企业对 $\Phi$32m×52m 五级旋风预热器窑采用四通道粉煤燃烧器，并对辅助设备优化改造，实现年节煤 6000t，减碳 10500t$CO_2$，效果显著。此外，还可提高了窑的运转率，延长耐火砖的使用寿命。

## 四、技术支撑单位

武汉理工大学。

## 2-14 卧式循环流化床锅炉技术

### 一、技术介绍

卧式循环流化床锅炉是针对立式循环流化床燃烧设备而提出的一种基于循环流化床特征的燃烧设备，能广泛应用于各种特种燃料的燃烧，具有较高的燃烧效率和较低的污染排放。该锅炉与传统的立式循环流化床锅炉相比，改单级炉膛为三级炉膛，将一级灰循环改为两级灰循环，将高温分离改为中温分离。一方面加大了炉膛的有效燃烧高度，增加燃料燃烧时间，并采用两级物料循环结构，使燃料燃烧更为充分，增加燃料的适应性；另一方面将锅炉的高温分离改变为中温分离，避免了分离器的结焦。

卧式循环流化床锅炉结构如图 2.8 所示，包括多段燃烧室、分离器、尾部受热面等部分。在主燃室顶部开口，烟气从此进入副燃室，燃烧室之间以炉墙相隔；分离器安置在燃尽室后端，尾部根据实际需要可安装省煤器等受热面；燃料和床料经过主燃室进入副燃室后，靠惯性分离和烟气夹带作用，一部分床料返回主燃室，另一部分从副燃室右底部进入燃尽室，经分离器分离后返回主燃室，由此形成两级或两级以上的物料循环。

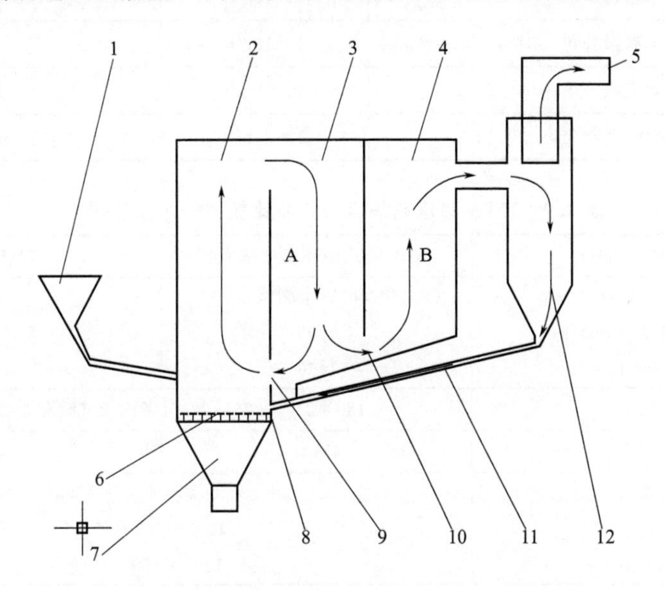


图 2.8 卧式循环流化床锅炉结构示意图

1—料斗；2—主燃室；3—副燃室；4—燃尽室；5—分离器出口；6—风帽；7—风室；8—分离器回料口；9—一次物料循环入口；10—水平炉膛 2 至炉膛 3 入口；11—分离器料腿；12—分离器

### 二、应用情况

卧式循环流化床锅炉燃料种类适应性广，适用于烟煤、褐煤、无烟煤，以及贫煤、煤矸石等劣质燃料，还可应用各类生物质燃料。目前在企业应用达 70 多套，并出口国外，取得显著的社会效益和经济效益。部分企业应用汇总见表 2.8。

### 三、节能减碳效果

以某供暖项目为例，采用 7MW 热水锅炉，通过对一个采暖季实际运行统计分析，与原 7MW 链条炉相比，一个供暖季实现节约燃煤 1293t，减碳量 2263t$CO_2$，节约费用 45 万元，见表 2.9。

表 2.8　部分企业卧式循环流化床锅炉项目汇总

| 序号 | 企业项目 | 规模 | 燃料种类 |
| --- | --- | --- | --- |
| 1 | 内蒙古太仆寺旗东驿热力有限公司 | 4×40t/h | 褐煤 |
| 2 | 内蒙古苏尼特右旗盛利热力有限公司 | 2×40t/h | 褐煤 |
| 3 | 华能集团扎赉诺尔煤业有限公司 | 2×10t/h+1×4t/h | 褐煤 |
| 4 | 山东东营佳昊化工有限公司 | 1×35t/h | 褐煤 |
| 5 | 台湾力鹏集团 | 1×40t/h | 褐煤 |
| 6 | 台湾华夏集团 | 1×25t/h | 褐煤 |
| 7 | 内蒙古昌盛泰房地产开发公司 | 2×10t/h+1×40t/h | 烟煤 |
| 8 | 呼和浩特新城供暖所 | 1×10t/h | 烟煤 |
| 9 | 江西省南康市有色金属有限公司 | 1×15t/h | 贫煤 |
| 10 | 云南后谷咖啡有限公司 | 1×6t/h | 贫煤 |
| 11 | 杭州特纸有限公司 | 1×12t/h | 贫煤 |
| 12 | 浙江华圣纸业有限公司 | 1×16t/h | 贫煤 |
| 13 | 河南一林纸业有限公司 | 1×15t/h | 生物质 |
| 14 | 中粮米业(绥化)有限公司 | 1×20t/h | 生物质 |

表 2.9　7MW 热水锅炉运行分析比较（一个采暖季）

| 序号 | 项目名称 | 7MW 卧式循环流化床锅炉 | 7MW 链条炉 |
| --- | --- | --- | --- |
| 1 | 锅炉效率 | 82.8%(实测值) | 65% |
| 2 | 煤的发热量/(kcal/kg) | 5000 | 5000 |
| 3 | 耗煤量/(kg/h) | 1456 | 1855 |
| 4 | 每年供暖时间/h | 180×24×0.75=3240(考虑天气暖和非满负荷供暖) | |
| 5 | 采暖季耗煤量 | 4717t | 6010t |
| 6 | 耗煤量差值 | 6010−4717=1293t | |
| 7 | 节煤率 | 1293÷6010=21.5% | |
| 8 | 运行费用节省 | 1293×350=45 万元 | |

## 四、技术支撑单位

北京热华能源科技有限公司。

# 2-15　循环流化床锅炉煤灰复燃节能技术

## 一、技术介绍

循环流化床锅炉炉内必须有循环灰参与运行，循环灰一般由两部分组成，一是炉膛内的灰在炉膛中心升至一定高度后又沿四周水冷壁下降到料层中，称为内循环；另一部分是被旋风分离器分离下来而由返料器返回炉膛内的灰，称为外循环。这两个循环灰的作用有两个，一是在循环过程中将未燃尽的煤炭进行二次燃烧，充分利用其热量；二是提高炉膛内的灰浓度，灰浓度对锅炉至关重要，只有在适度的灰浓度下锅炉才能正常运行，灰浓度偏小则不能达到应有负荷，无法在经济状态下运行；灰浓度大，传热系数就高，即受热面吸收热量多，则会提高蒸汽产量，提高锅炉负荷。

该技术主要是利用飞灰再循环系统将煤灰重新送回炉膛进行二次燃烧，重新燃烧利用飞灰中的碳，同时相对提高了锅炉分离器的效率，从而提高炉膛内的灰浓度，进而提高传热系数，增加锅炉负荷，达到节能效果。该技术具有如下特点：

(1) 节约大量石灰石。在炉内脱硫循环流化床锅炉正常投运石灰石工况下，飞灰再循环不仅是飞灰的回送再燃烧，还可实现未反应的 CaO 回送再利用。

(2) 该系统提出"提高锅炉循环倍率自动控制到最佳经济灰浓度"的理念，将锅炉除尘器下的煤灰有选择性地输送至炉膛内部，利用煤粉浓度控制器，控制炉膛煤粉的合理经济浓度，进而提高传热系数，增加锅炉热效率，达到节能效果。

(3) 减少环境污染。一是锅炉用煤量少则污染物减少，二是提高炉内脱硫剂的脱硫效果，节约脱硫成本。

## 二、应用情况

循环流化床锅炉煤灰复燃节能技术目前已被多家电厂采用，均收到良好效果。

以河北某热电厂 220t/h 循环流化床锅炉飞灰复燃技术改造为例，改造工艺流程图如图 2.9 所示，将电除尘器第一电场收集的飞灰（含碳量 10%左右）通过气力输送，返送到锅炉炉膛，经多次重复燃烧，降低飞灰含碳量并提高锅炉热效率，达到节能减排目的，同时提高锅炉带负荷能力。其工艺路线为：除尘器第一电场收灰斗→仓泵→中间灰仓→星形给料机→气固引射泵→高压离心风机→管道→锅炉二次风口→锅炉炉膛。

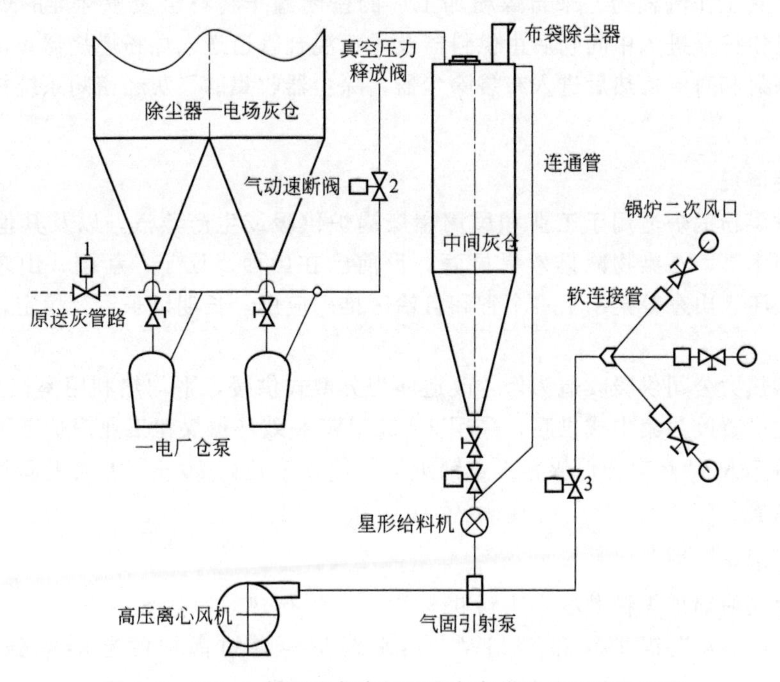


图 2.9　220t/h 循环流化床锅炉飞灰复燃改造工艺流程图

据统计，该电厂三台 220t/h 循环流化床锅炉 2011 年度平均飞灰含碳量为 9.11%，2012 年最好状态时为 7%～8%，2013 年 2# 炉飞灰再循环系统投运后，与改造前相比，同条件下锅炉带负荷得到改善，飞灰含碳量降至 7%，降幅达 12.5%，燃烧效率显著提高。同时，系统在回送飞灰的同时也将未完全反应的氧化钙送回炉膛，提高了石灰石的利用率，节省了脱硫剂费用。

### 三、节能减碳效果

根据应用经验，循环流化床锅炉采用煤灰复燃节能技术，节煤效果一般在3%以上。

某电厂对220t/h循环流化床锅炉实施飞灰再循环系统改造，改造后其飞灰含碳量由9.11%降至7%，每小时7t灰可再利用的发热量达1134000kcal，相当于每小时节标准煤0.162t，单炉每年有效运行时间为4600h，单炉年可节约标准煤745t，年减碳量1937t$CO_2$。此外，还可节省脱硫剂等费用，实际年产生经济效益78.84万元。

### 四、技术支撑单位

淄博弘科电力设备有限公司。

## 2-16 新型高效煤粉工业锅炉系统技术

### 一、技术介绍

新型高效煤粉工业锅炉采用煤粉集中制备、精密供粉、空气分级燃烧、炉内脱硫、锅壳（或水管）式锅炉换热、高效布袋除尘、烟气脱硫脱硝和全过程自动控制等先进技术，实现了燃煤锅炉的高效运行和洁净排放。

新型高效煤粉工业锅炉系统包括了煤粉接受和储备（或炉前煤粉制备）、煤粉输送、煤粉燃烧及点火、锅炉换热、烟气净化、烟气排放、粉煤灰排放等单元，是以锅炉为核心的完整技术系统。其工作流程为：来自煤粉加工厂的密闭罐车将符合质量标准的煤粉注入煤粉仓，仓内的煤粉按需进入中间仓后由供料器及风粉混合管道送入煤粉燃烧器，燃烧产生的高温烟气完成辐射和对流换热后进入布袋除尘器，除尘器收集的飞灰经密闭系统排出，并集中处理和利用。

### 二、应用情况

新型高效煤粉锅炉适用于工业和民用燃煤锅炉供暖或生产蒸汽，以及其他供暖供汽系统，能源利用率高，污染物减排效果显著。目前已在山西、辽宁、新疆、山东、甘肃、云南、河北、天津、山东等全国十多个省和自治区推广应用，长期以来运行稳定，节能减排效果显著。

以山西某热力公司供暖改造为例，改造前为分散式供暖，平均热利用率仅为60%左右，通过将分散式供暖改为集中式供暖，采用2×58MW高效环保煤粉工业锅炉系统技术及成套装备，改造后58MW高效环保煤粉工业锅炉运行热效率达到90%，大大提高热利用率，节能环保效果显著。

### 三、节能减碳效果

新型高效煤粉锅炉煤粉燃尽率达到98%以上，运行热效率达88%以上，与常规链条锅炉相比，40t/h（蒸汽锅炉）和58MW（热水锅炉）煤粉锅炉的节能率分别为18.7%和19.8%。

某小区采用新型高效煤粉锅炉为120万平方米建筑物冬季供暖，其规模为：2×14MW+2×29MW，每年（一个采暖季）节煤约7200t，实现减碳量12600t$CO_2$。

### 四、技术支撑单位

山西蓝天环保设备有限公司。

# 油气燃烧节能低碳技术

## 3-1 预混式二次燃烧节能技术

### 一、技术介绍

预混式二次燃气燃烧系统主要由混气管（预混合装置）、燃气与供风管路（送气管道）、燃烧体（扩散式燃烧装置）三大部件构成，其主要机理是通过采用可燃气体与空气进行预混后再高速喷射燃烧产生紫红色外焰短火焰，短火焰在炉膛中受喷射的推力沿着炉腔的火道形成旋流喷射，使热辐射能量及烟气在炉膛中螺旋式推进，从而延长热能在炉膛中的停留时间，增加热能与工件热交换，降低排烟速度和排烟温度。图 3.1 为预混式二次燃烧工艺流程示意图。

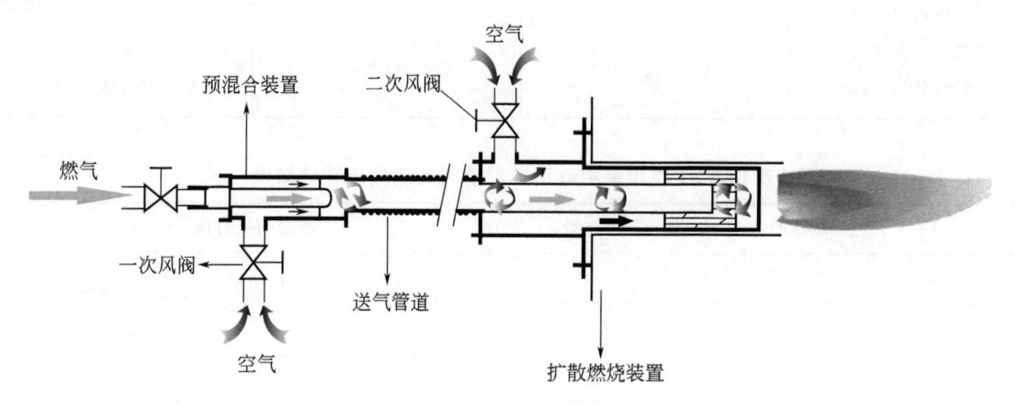


图 3.1　预混式二次燃烧工艺流程示意图

预混式二次燃烧混气原理是一部分空气与燃气在预混合腔内进行预混和碰撞，形成含氧的可燃气体后喷出燃烧，二次空气可以调节热气流的射程，同时也可以使未燃尽的燃气完全燃烧。该技术可以有效控制燃料和空气的配比，将空气过剩系数控制在 1.05～1.20 范围内，有效降低排烟量，减少热损失。该燃烧系统具有以下优势：

（1）燃烧器同时具有全预混、半预混二次助氧和扩散式三种燃气燃烧方式，可用于轧钢、石油、化工、有色金属熔炼、陶瓷等行业的工业锅炉或窑炉。

（2）燃烧器可根据不同燃气成分，改变喷气板的孔径，调整鼓风进气量，可满足压花石油气、天然气、人工煤气、水煤气等多种燃气燃烧。

(3) 燃烧器可改善燃烧条件，有利于燃气的完全燃烧，提高火焰温度，延长火焰在炉膛中的停留时间。

(4) 通过二次空气补偿，可使热气流的射程可调，使炉膛温度均匀。

(5) 可有效控制空气过剩系数，降低排烟温度，减少热量散失，同时减少有害气体（CO、$SO_2$、$NO_x$）的排放。

## 二、应用情况

预混式二次燃烧节能技术目前已经应用于部分陶瓷企业，也可用于采用燃气燃烧加热的耐火材料、有色金属熔化、保温的窑炉；黑色金属的轧制、锻打、热处理窑炉和石油、化工等的工业炉窑及生活、工业锅炉等。其典型用户有广东蒙娜丽莎陶瓷公司和苏州渭塘压铸有限公司等。

## 三、节能减碳效果

预混式二次燃烧节能技术应用于陶瓷J线辊道窑炉和熔铝炉，并优化工艺控制，经测试，节能率分别达到9.41%和20.54%，详见表3.1。通过对陶瓷窑炉烟气进行检测，$SO_2$和$CO_2$排放量也大幅度减少，详见表3.2。

表3.1 耗气量改造前后实测数据统计结果

| 系统\应用 | 改造前耗气量 | 改造后耗气量 | 有效节能量 |
|---|---|---|---|
| 陶瓷窑炉（气耗——发生炉煤气）（蒙娜丽莎陶瓷公司） | $8.83m^3/m^2$（$1.875kgce/m^2$、118.13kgce/t瓷） | $8.00m^3/m^2$（$1.676kgce/m^2$、107.01kgce/t瓷） | $0.83m^3/m^2$（$0.199kgce/m^2$）节能率可达9.41% |
| 熔铝炉（气耗——天然气）（渭塘压铸公司） | $73m^3/d$（88.33kgce/d） | $58m^3/d$（70.18kgce/d） | $15m^3/d$（18.15kgce/d）节能率可达20.54% |

表3.2 J线辊道窑改造前后烟气实测数据统计结果

| 项　目 | 燃烧器改造前 | 燃烧器改造后 | 改造前后对比 |
|---|---|---|---|
| $SO_2$含量/$10^{-6}$ | 387 | 233 | $SO_2$减排率：$\frac{387\times16.0-233\times11.7}{387\times16.0}=55.97\%$<br>$CO_2$减排率：$\frac{6.79\times16.0-6.75\times11.7}{6.79\times16.0}=27.31\%$ |
| $CO_2$含量/% | 6.79 | 6.75 | |
| 烟气流速/(m/s) | 16.0 | 11.7 | |

蒙娜丽莎陶瓷公司对14条陶瓷辊道窑利用预混式二次燃烧节能技术进行改造，改造后每年可节能5300tce，年减碳量13780$tCO_2$，年节能经济效益477万元。

## 四、技术支撑单位

北京万企龙节能低碳技术研究院。

# 3-2 聚能燃烧技术

## 一、技术介绍

聚能燃烧技术以全预混燃烧为基本原理，通过对预混、燃烧结构的创新，提高燃气燃烧效率。同时，采用三元催化技术，使燃烧产生的烟气中CO、HC（碳氢化合物）和$NO_x$等含量均大幅度下降。另外，还采取了以辐射换热为主的换热方式，利用抛物球聚能反射和低光辐射原理，热损失较少，换热效率高。该技术具有以下特点：

（1）全预混燃烧。全预混燃烧是将燃烧所需的空气通过引射一次性吸入燃烧腔内，并与燃气稳定、充分地预混后再进行燃烧。

（2）无焰燃烧。聚能燃烧能够按照稳定的空-燃混合当量进行燃烧，燃烧在火道内瞬间完成，火孔外的空气无法参与燃烧，不存在扩散燃烧，因此不产生火焰，并且形成稳定高温区、热效率高，故称无焰燃烧。

（3）低空气系数。全预混燃烧具有低空气系数，能在该空气系数（通常$\alpha=1.05\sim1.30$）下达到完全燃烧。由于其高温烟气少，燃烧时烟气带走的热量也相应减少，因此热效率高。

（4）催化燃烧。聚能燃烧采用催化燃烧的方式，燃气在燃烧前与所需空气充分预混，燃气燃烧充分。同时催化剂将燃烧产生的CO、HC（碳氢化合物）和$NO_x$等有害气体通过氧化和还原作用转变为无害的$CO_2$、$H_2O$和$N_2$。该催化可同时将废气中的三种有害物质转化为无害物质，故称三元催化。

（5）低$NO_x$排放燃烧。聚能燃烧采用全预混燃烧，在空气系数很小的情况下达到完全燃烧，燃烧产物中剩余的氧浓度很低，从而$NO_x$生成量降低。同时，由于燃烧速度很快，火焰很短，燃烧产物的滞留时间也极为短暂，也使$NO_x$生成量较低。

（6）抛物球聚能反射。聚能燃烧器火孔面的组合形式为抛物球面，向上辐射热量时，其辐射方向为该球面的球心点，因而可以减少周围方向辐射传热，有效聚焦热量，具有明显的节能效果。

（7）聚能燃烧器的燃烧完全在金属发热体的内部进行，高温燃烧产物与金属发热体孔壁之间进行强烈的对流换热，将金属发热体迅速加热到850～950℃，激发高能红外线辐射传热。

（8）低光辐射。由于燃烧几乎没有明火，即几乎没有能量转化为可见光，燃烧产生的大多数能量都转化为具备强烈热效应、可迅速吸收的红外线，光辐射损失小。

图3.2为聚能燃烧炉具设备示意图。

## 二、应用情况

聚能燃烧技术可应用于燃气灶、燃气热水器、家用采暖等家用燃气具产品与设备，以及工业制造中的工业燃烧加热工序，如锅炉制暖系统、红外线热水系统、陶瓷窑炉、熔铝炉、固碱炉、工业锅炉等。目前在燃气炉具应用较多，在有色、陶瓷、化工等行业也均有应用。

## 三、节能减碳效果

根据有关应用统计，聚能燃烧技术应用于有色金属熔化工艺可节能17.6%，应用于陶瓷烧制工艺可节能26.82%，应用于化工固碱提炼工艺可节能11.38%。

重庆某公司对其16768台燃烧炉具进行改造，将大气式燃烧的炉具更改为聚能燃烧的炉具，改造后每台炉具每天节省约0.23kgce，总节能量3856.64kgce。每年节能量达1157tce，年减碳量3008t$CO_2$，年节能经济效益500万元。

## 四、技术支撑单位

中山华帝燃具股份有限公司。

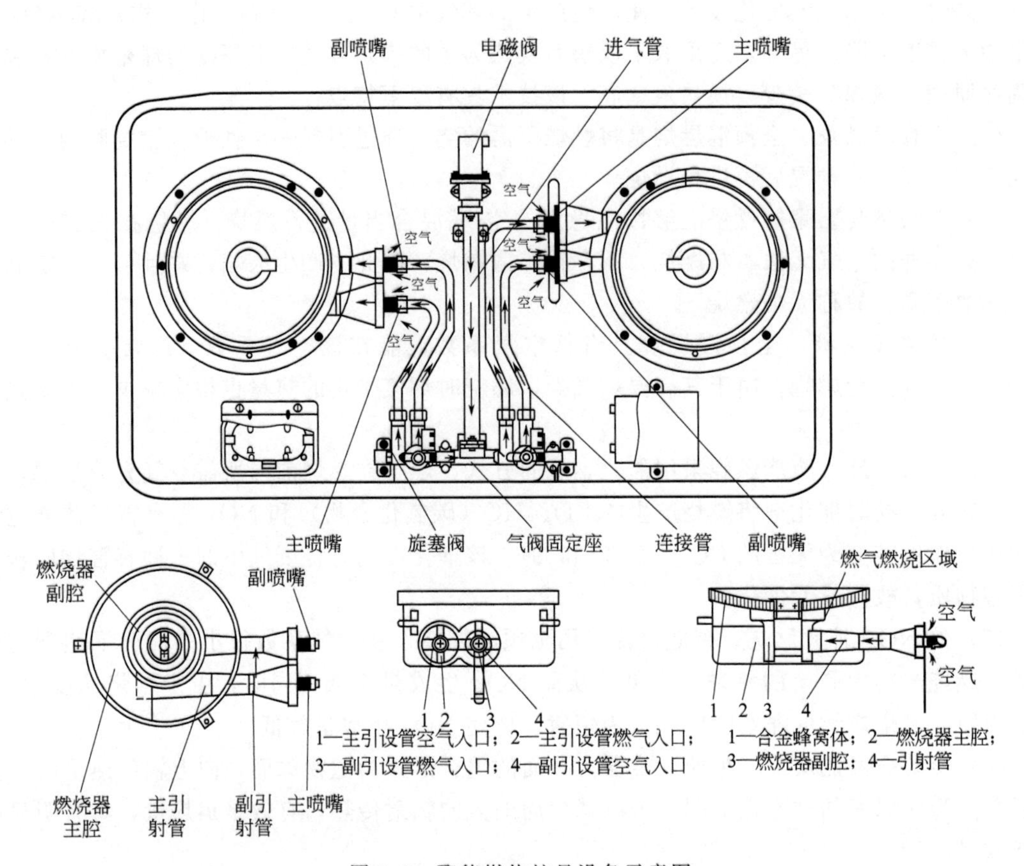


图 3.2　聚能燃烧炉具设备示意图

## 3-3　超低浓度煤矿乏风瓦斯氧化利用技术

### 一、技术介绍

超低浓度煤矿乏风瓦斯利用技术主要是采用逆流氧化反应技术（不添加催化剂）对煤矿乏风中的甲烷进行氧化反应处理，也可将低浓度抽排瓦斯兑入乏风中一并氧化处理，提高乏风的利用效率。其氧化装置主要由固定式逆流氧化床和控制系统两部分构成，通过排气蓄热、进气预热、进排气交换逆循环，实现通风瓦斯周期性自热氧化反应。该技术通过采用适合在周期性双向逆流冷、热交变状态下稳定可靠提取氧化床内氧化热量的蒸汽锅炉系统，产生饱和蒸汽用于制热或产生过热蒸汽发电。该技术的特点为：

（1）采用立式结构，避免因自然对流带来的温度分布不均匀问题。

（2）不使用催化剂，避免因矿井乏风中含有硫化氢引起的催化剂中毒问题。

（3）多种蜂窝陶瓷组合氧化床结构，以提高乏风瓦斯氧化效率，保障氧化装置稳定运行，并降低气体流动阻力，延长氧化装置使用寿命。

（4）采用气体进出口分配技术，利用导流器调节各处进出氧化床的气体流量，以保证乏风均匀地进入氧化床。

（5）外部热源选用燃烧器的方式，与传统的电加热相比，可节约大量电能。

（6）利用恒温的高温热源与换热器换热来生产过热蒸汽，从而避免过热蒸汽参数的波动，提高蒸汽质量。

(7) 高可靠性计算机监控系统，将装置的各子系统集中控制，进行系统性协调，保证热逆流氧化装置安全正常运行。

图3.3为乏风氧化装置工艺流程图。

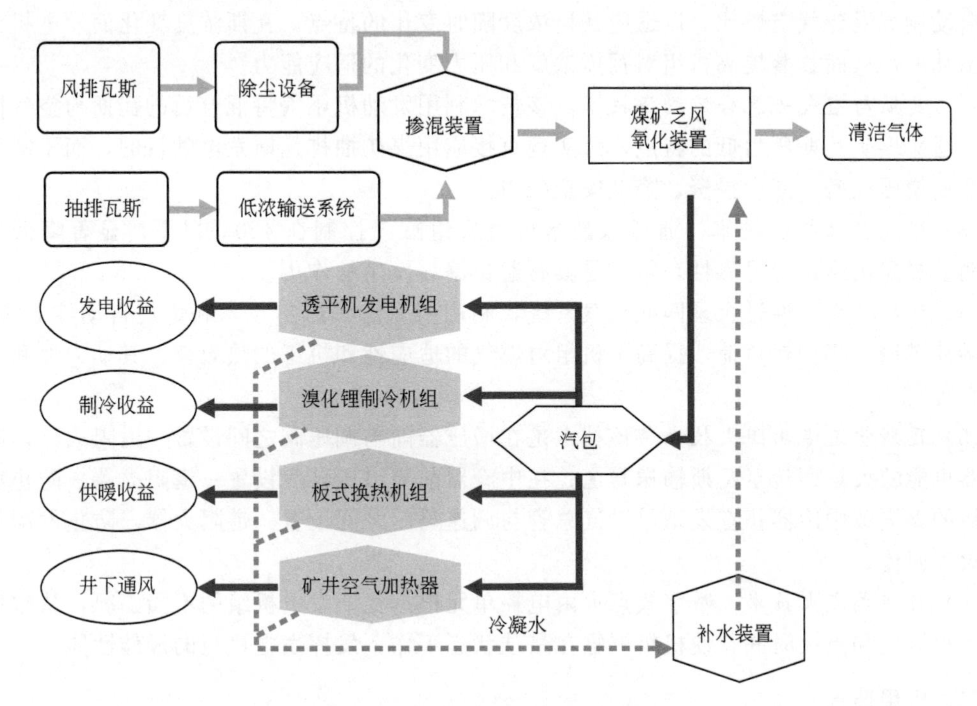


图3.3 乏风氧化装置工艺流程图

## 二、应用情况

超低浓度煤矿乏风瓦斯利用技术目前已经应用于多家煤矿，如陕煤化集团大佛寺煤矿10×60000$m^3/h$氧化装置配套2×4.5MW发电机组、潞安矿业高河煤矿12×90000$m^3/h$氧化装置配套300MW发电机组、邯郸矿业聚隆煤矿1×40000$m^3/h$乏风氧化装置等。

## 三、节能减碳效果

根据实际生产统计，1台40000$m^3/h$乏风氧化装置可实现每小时销毁乏风约4万立方米，生产蒸汽3t，发电510kW·h，设备年运行7200h，每年实现节能812.7tce，实现减碳量2113t$CO_2$，年收益150.9万元。

## 四、技术支撑单位

淄博淄柴新能源有限公司、胜利油田胜利动力机械集团有限公司。

# 3-4 煤矿低浓度瓦斯发电技术

## 一、技术介绍

一般瓦斯电站机组只能用浓度在30%以上的瓦斯发电，否则不易稳定燃烧，且低浓度瓦斯易发生爆炸，输送安全难以保证。煤矿低浓度瓦斯发电技术针对以上问题，通过多级阻火器和水雾输送系统保证输送安全，并在发电机组中，通过过氧燃烧达到利用瓦斯能量发电的目的。

该技术主要工艺流程为：瓦斯气→抽采泵站→湿式放散阀→水位自控式水封阻火器→瓦

斯管道专用阻火器→水雾输送系统→溢流式脱水水封阻火器→发电机组→发电。其关键技术主要包括：

（1）电控燃气混合技术。该技术采用电子控制技术，通过计算机实现发动机空燃闭环控制，自动调节混合气空燃比，以适应瓦斯浓度随时变化的特点，瓦斯浓度变化而发电机组稳定输出功率，从而显著提高机组对瓦斯浓度和压力变化的适应能力。

（2）瓦斯与空气先混合后增压技术。该技术利用发动机尾气将混合后的瓦斯与空气同时增压，适应煤矿瓦斯压力低的特点，可实现直接应用煤矿抽排瓦斯发电的目的，而不需要额外的瓦斯增压设备，减少投资、降低安全隐患。

（3）燃烧自动控制技术。通过该技术可将机组缸温控制在420℃以下，显著降低热负荷，明显提高机组运行可靠性，特别是具有避免爆震发生的作用。

（4）稀燃技术。通过合理匹配配气系统，利用新概念预燃室技术和燃烧自动控制技术，实现稀薄燃烧，降低热负荷，提高了机组对燃气的适应性和机组的热效率，其动力性和可靠性大大提高。

（5）瓦斯管道专用阻火技术。该技术是在增压器前与调压阀之间设置一道阻火器，防止增压器可能的火焰回传至瓦斯输送管道；在中冷器前与增压器后设置一道阻火器，防止增压器可能的火焰破中冷器；在发动机进气总管与调速蝶门之间设置一道阻火器，防止发动机燃烧室火焰回传。

（6）数字式点火技术。数字式点火由电控单元根据瓦斯发电机组的不同工况，从软件上调整点火能量和点火时间，使机组汽缸在最佳状态工作，发挥发电机组的最佳性能。

### 二、应用情况

煤矿低浓度瓦斯发电技术既节约能量又能够减少环境污染，减少温室气体排放，目前已在全国部分煤矿得到推广使用，在黑龙江、吉林、辽宁、河南、安徽、江西、重庆、贵州等产煤地区均有使用。

### 三、节能减碳效果

某煤矿采用该技术实施低浓度瓦斯发电项目，安装5台500GF1-3RW燃气发电机组（三开两备）及相关配套设置，项目投产后实现年减少纯瓦斯排放量235.1万立方米，发电机节约标准煤2646.7tce，余热回收利用节约标准煤450.95tce，共计节约标准煤3097.65tce，实现年经济效益248.05万元。

### 四、技术支撑单位

胜利油田胜利动力机械集团有限公司。

## 3-5 天然气全氧燃烧技术

### 一、技术介绍

全氧燃烧又称纯氧燃烧，即用纯氧来代替传统的空气做助燃，与燃料按照预定燃料比混合进行燃烧。

在传统的空气助燃中，只有21%的氧参加燃烧反应，约79%的氮气不参与燃烧，反而会吸收大量的燃烧反应放出的热，并从烟道排走，造成显著的浪费。采用全氧燃烧，由于没有大量氮气参与，燃料燃烧所需空气量减少，废气带走的热量下降，燃烧完全充分，利用率高，节能效果明显。同时，烟气携带的粉尘量相应减少，有利于达到环保要求。

### 二、应用情况

随着制氧技术的迅猛发展及电力成本的降低，全氧燃烧技术在现代工业中成为取代由空气、燃料组成的常规燃烧方式的更好的选择方案，该技术目前国内在冶金（钢铁、铜、锌、铅等）、电力（发电、热电）、化工（化肥、提炼）、建材（水泥、陶瓷、搪瓷）、热加工（金属加热炉、玻璃加热炉等）、玻璃熔化、加工等行业已经得到广泛的应用。

该技术应用于某公司600t/d浮法玻璃生产线，不仅节能效果显著，还使窑炉生产能力达到700t/d，产量提高16%，烟气中$NO_x$排放浓度从2200mg/m$^3$降至约1500mg/m$^3$，降低约32%；应用于某铝厂回转窑，烟气量减少，排烟热损失减少，并提高窑炉内火焰温度，提高燃料燃尽率，综合节能率达30%，同时有效降低$NO_x$排放量；应用于某公司低硼硅药用玻管窑炉，改造后窑炉熔化面积及产品工艺均保持不变，窑炉焦炉煤气消耗量从改造前的2.4万立方米/天变为改造后的1.6万立方米/天，节能率达33%。

### 三、节能减碳效果

以目前成功投产的600t/d全氧浮法玻璃熔窑为例，与同规模的普通浮法玻璃熔窑相比，每条全氧燃烧浮法玻璃熔窑，每年可节约天然气532.5万立方米，实现年减碳量11513t$CO_2$。

### 四、技术支撑单位

中国建材集团凯盛科技集团公司。

## 3-6 无引风机无换向阀蓄热燃烧节能技术

### 一、技术介绍

传统蓄热燃烧技术主要设备包括引风机、助燃风机、换向阀、燃料系统和蓄热系统等，存在耗电量和耗气量大、结构工艺复杂、换向阀寿命短、设备维护工作量大等问题，导致传统蓄热燃烧技术能源利用效率比较低。无引风机无换向阀蓄热燃烧节能技术则通过采用自吸式燃烧技术，显著降低助燃风机功率并提高燃烧器效率；采用新型双通道蓄热体实现无换向阀蓄热烘烤，热废气体的排烟温度显著降至100℃以下，节约燃气。同时，通过热废气进口（高温区）和排烟口（常温区）所造成的温度差，形成一定压力变化实现自动引风，并分出助燃风机的部分风量作为动力源形成引力，实现无引风机蓄热加热，节约电能。其工艺流程为：燃气通过管路进入自吸式燃烧器，被吸入的空气通过双通道蓄热体加热后进行燃烧，形成稳定火焰对加热对象进行烘烤。同时，热废气通过两个紧邻主火焰的外焰进口（温度高）进入，经过双通道蓄热体（对蓄热体进行加热）后由热废气排出口排出，从而省去了换向阀装置和引风机。具体结构见图3.4。

### 二、应用情况

无引风机无换向阀蓄热燃烧节能技术可用于冶金行业钢（铁）包、中间包烘烤器；加热炉、退火炉、淬火炉等；石油化工、电力行业火焰燃烧节能等领域，在国内首次应用于钢（铁）包、中间包加热领域。目前，已在国内多家大型钢铁企业成功应用，节能减碳效果显著。

### 三、节能减碳效果

根据应用统计，采用无引风机无换向阀蓄热燃烧技术，与原设备相比，节电量平均在50%以上；与原烘烤设备相比燃气节约率为20%～50%；烟气排放温度低于100℃；获得的

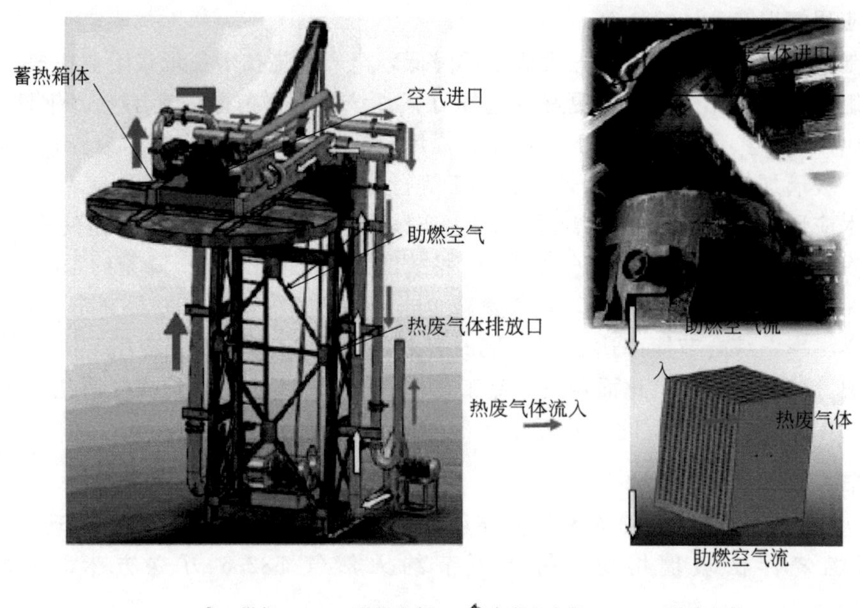


图 3.4　无引风机无换向阀蓄热烘烤装置

火焰温度比传统蓄热加热提高了 100℃以上。

江苏某钢铁公司一分厂（100t 钢包一台）、二分厂（100t 钢包一台）、特板分厂（150t 钢包一台），采用 3 台无引风机无换向阀蓄热烘烤器，项目对原有设备去掉引风机和换向阀，助燃风机功率从 18.5kW 降低至 11kW；去掉天然气消耗，用转炉煤气取代天然气作为常明火；更换加热系统；控制系统升级改造。改造实现年节能量 1142tce，年减碳量 2969t$CO_2$，年节能经济效益 773 万元。

**四、技术支撑单位**

洛阳沃达节能科技有限公司。

## 3-7　隧道窑高温助燃节能新技术

**一、技术介绍**

隧道窑高温助燃节能新技术是在隧道窑烧成带顶部设计独特的双层拱预热送风结构和采用新型耐高温风机（650℃），通过热风口位置的调节可将隧道窑烧成系统参与助燃的一次风温度提高至 600℃左右、二次风温提高至 900℃左右，并且一、二次风通过不同的送风方式可以更加有效地与燃气掺混，空气过剩系数接近于 1，从而明显提高燃烧效率，降低烧成热耗，减少窑内废气量、降低排烟损失，实现节能减碳增效的综合效果。

**二、应用情况**

隧道窑高温助燃节能新技术可应用于耐火材料生产企业新建隧道窑或对原有隧道窑进行技术升级改造，可有效降低产品的能耗和烧成成本。目前已经在国内建成示范工程项目，并进行局部推广。

**三、节能减碳效果**

隧道窑高温助燃节能新技术可以使得参与燃烧的热空气温度大幅度提高，并且与燃气掺混更高效，可以使产品烧成热耗下降，减少排烟损失。较传统隧道窑技术，在生产同类产品时吨产品降低烧成热耗15%以上，吨产品$CO_2$减排约25kg以上。

安徽海螺暹罗耐火材料有限公司128m、1800℃燃气高温隧道窑示范工程采用隧道窑高温助燃节能新技术，日产同类产品60t，吨产品耗天然气102$m^3$（135kgce）；国内东北同类隧道窑能耗在120$m^3$/t产品（160kgce）左右，其他省份同类隧道窑能耗在130～140$m^3$/t产品（173～186kgce）左右，采用该技术燃气消耗节约15%～28%。和国内较先进的东北隧道窑比较，吨产品节约天然气18$m^3$，吨产品实现减碳量38.92kg$CO_2$，年节约天然气费用为126万元。

### 四、技术支撑单位

中钢集团洛阳耐火材料研究院有限公司。

## 3-8 燃气锅炉减雾减霾热能回收装置技术

### 一、技术介绍

燃气锅炉减雾减霾热能回收装置通过两段换热和烟气冷凝水回收，极大降低燃气锅炉排烟温度，实现烟气余热的回收利用。该技术的主要工艺流程为：烟气首先通过一级换热装置，将温度降低至60℃以下，回收烟气中的显热；其次利用常温空气预热器进行冷却，将烟气温度降低至40℃以下，回收烟气中的显热及潜热；最后对微酸性冷凝纯水进行处理作为供暖系统的补充水，实现第三级余热回收。此外，该技术还配有废气再循环系统，通过改变锅炉燃烧方式，抑制氮氧化物的生成。图3.5为燃气锅炉热能回收系统工艺流程图。

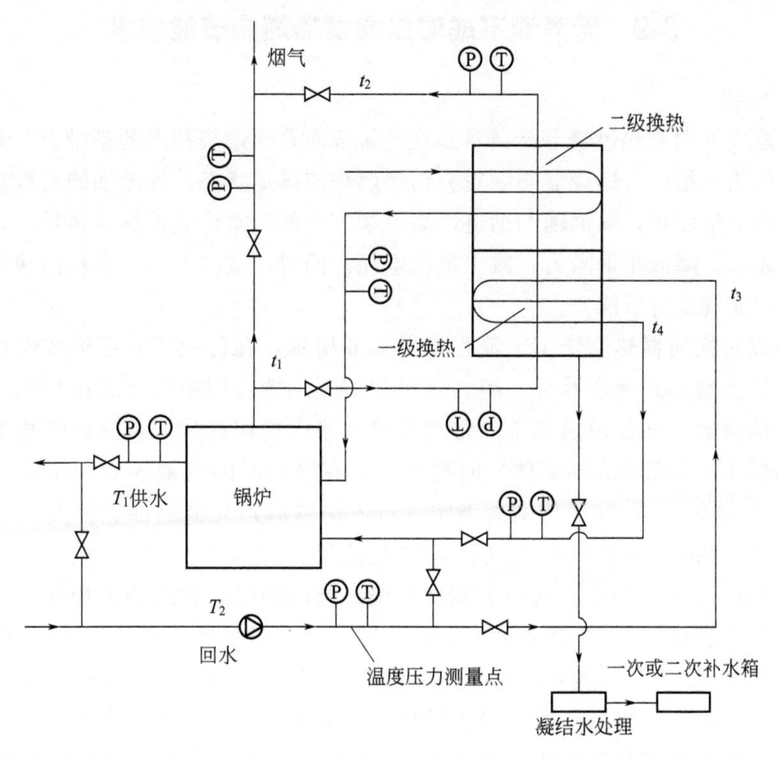


图3.5 燃气锅炉热能回收系统工艺流程图

该技术主要关键技术包括：

(1) 高性能换热组件设计及加工技术。将不锈钢板片冲压成凸槽、凹槽；两板之间凸槽的顶部相对，作为支撑点；凹槽的底部相对构成窄流道。

(2) 全位置焊接技术。采用全位置焊接技术将板束组安装在受压板壳内，不仅提高了组件的承压能力，还解决了传统管式换热器烟气泄漏的关键难题。

(3) 烟气再循环燃烧技术。该技术通过抽取部分废烟气再输送回燃烧器参与燃烧，降低炉膛内的局部温度，形成局部还原性氛围，抑制氮氧化物的生成。

### 二、应用情况

燃气锅炉减雾减霾热能回收装置自投入市场以来，在北京、重庆、陕西等地的企业得到应用，节能效果良好，目前已销售至全国各地。

### 三、节能减碳效果

根据实际应用，采用燃气锅炉减雾减霾热能回收装置与未加余热回收系统燃气锅炉相比，效能可提高4%～11%。

北京某单位1台14MW燃气热水锅炉采用该技术实施改造，通过增加余热回收装置，锅炉尾部排烟温度由80℃左右降至40℃以下，锅炉一次回水温度为40～60℃，热效率提高4.63%，锅炉节能率达到5.09%。一个采暖季节约天然气消耗量19.47万立方米，实现减碳量421t$CO_2$。同时，还回收凝结水2160t，锅炉烟气中氮氧化物排放浓度也大大降低。

### 四、技术支撑单位

北京京海换热设备制造有限责任公司。

## 3-9 无旁通不成对换向蓄热燃烧节能技术

### 一、技术介绍

无旁通不成对换向蓄热燃烧节能技术是在传统成对蓄热燃烧技术的基础上，采用3台以上蓄热式燃烧器作为一组，各燃烧器周期轮流切换燃烧或排烟状态，且排烟的台数多于燃烧的台数，加大了排烟通道面积，取消辅助烟道，高温烟气全部经蓄热室蓄热后再排出，可有效提高烟气余热的利用率，降低排烟阻力，减少风机电耗。同时，减少点火与保护冷风量，降低因冷风鼓入的降温，实现综合节能。

无旁通不成对换向蓄热燃烧工艺流程如图3.6所示，在传统成对蓄热式燃烧技术的基础上，采用3台以上蓄热式燃烧器为一组，各燃烧器周期轮流切换燃烧或排烟状态，且排烟的台数多于燃烧的台数。从鼓风机出来的常温空气由换向阀切换进入蓄热式燃烧器1后，在经过蓄热式燃烧器1（陶瓷球或蜂窝体）时被加热，在极短时间内被加热到接近炉膛温度（一般比炉温低100～150℃），被加热的高温空气进入炉膛后，卷吸周围炉内的烟气形成一股含氧量大大低于21%的稀薄贫氧高温气流，同时往稀薄高温空气中心注入燃料（燃油或燃气），燃料在贫氧（2%～20%）状态下实现燃烧；与此同时，炉膛内燃烧后的高温热烟气经过另外两个蓄热式燃烧器2、3排入大气，高温热烟气通过蓄热式燃烧器2、3时，将显热储存在蓄热式燃烧器2、3内，然后以低于150～200℃的低温烟气经过换向阀排出。经过一个周期（30～200s）后，再切换到燃烧器2燃烧，燃烧器1、3排烟，再经过一个周期（30～200s）后，再切换到燃烧器3燃烧，燃烧器1、2排烟，如此循环。工作温度不高的换向阀以一定的频率进行切换，使蓄热式燃烧器处于蓄热与放热交替工作状态，从而提高烟气余热利用率。

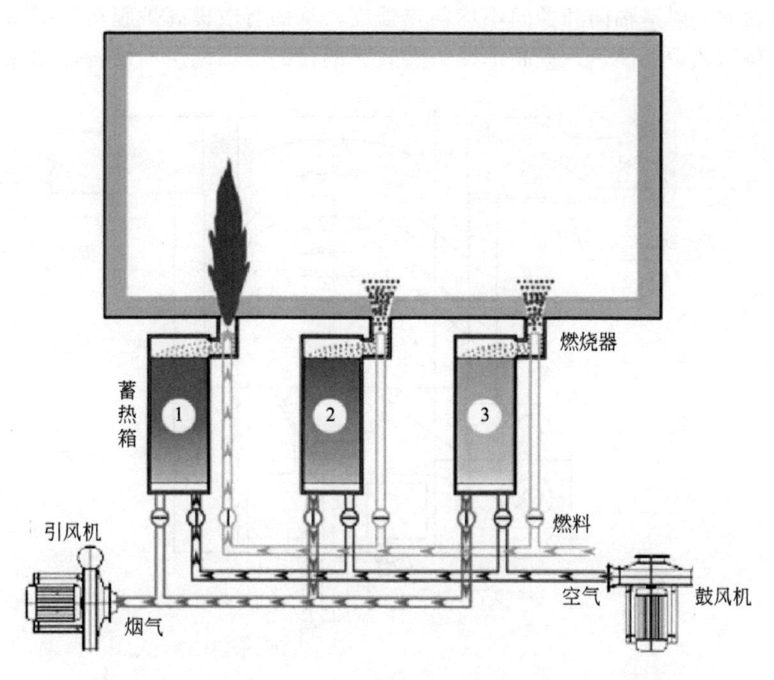


图 3.6　无旁通不成对换向蓄热燃烧节能技术工作原理图

**二、应用情况**

无旁通不成对换向蓄热燃烧技术适用于有色金属、钢铁、建材等行业工业炉窑，目前在再生铝熔炼行业和电线电缆生产行业应用较多，在钢铁、建材、石化、机械、陶瓷等行业也得到推广应用，前景广阔。

**三、节能减碳效果**

无旁通不成对换向蓄热燃烧技术可使总烟气余热回收率达到 90%以上，与传统成对蓄热式燃烧技术相比，可实现节能 20%～30%。

某公司熔炼炉燃烧系统改造项目，采用一套 300 型无旁通不成对换向型蓄热式燃烧系统对一台 30t 圆形反射炉的燃烧系统进行改造，改造后每年节能 2470tce，实现年减碳量 6422t$CO_2$，年节能经济效益 705 万元。

**四、技术支撑单位**

湖南巴陵炉窑节能股份有限公司。

## 3-10　新型强化传热燃烧器技术

**一、技术介绍**

新型强化传热燃烧器技术基于一种新型强化传热燃烧器，其设计突破了传统辐射加热炉炉膛固有的传热方式，采用文氏喉管效应原理，让燃料在预燃室充分预燃后，通过燃烧室出口文氏管效应极大地提高了火焰的喉口喷出速度，从而在辐射室底部区域形成较强的低压区。在上部高速火焰的射流和底部低压区的合力作用下，炉膛辐射室内的高温烟气形成一定的环状对流循环，由于高温烟气对流循环的形成，使炉膛内的气流更加均匀的同时延长了高温烟气在炉膛辐射室内的滞留时间，从而使加热炉辐射室的环流烟气团辐射传热比例大幅提高，较大程度上降低了传统加热炉辐射室轴向和径向不均匀热强度，从而有效提高炉膛热辐射室的传热效率和时间，达到提高加热炉总供热、提高加热炉热效率的目的。该燃烧器结构如图 3.7 所示。

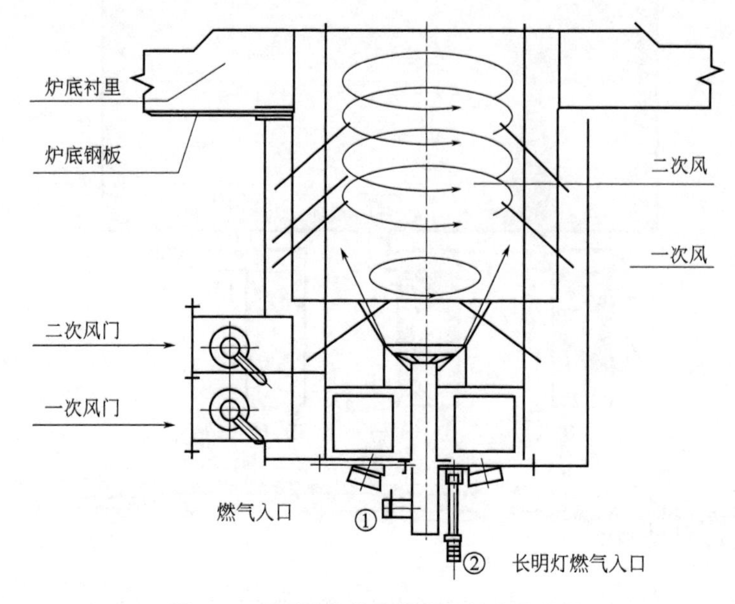


图 3.7 新型强化传热燃烧器结构示意图

该燃烧器有如下优势：

(1) 火焰收敛、刚劲有力、喷射速度高。

(2) 燃烧强度高、燃烧效率高。

(3) 既可单独烧油或天然气，也可油气混烧，而且燃料气喷枪的燃烧状况可调节，使各种负荷下的燃烧状况达到最佳。

(4) 安装方便，对原有加热炉基本不做改动，个别情况下也只需对原燃烧器风道接口处做细微调整。

## 二、应用情况

新型强化传热燃烧器适用于各种炼油装置加热设备，特别是常减压蒸馏装置的加热设备，如用作石化项目中类似歧化、芳构化装置的加热炉，以及各种常减压蒸馏装置中为介质预热、加热。目前已经在中国石油、中国石化的多家企业进行推广应用，效果良好。

## 三、节能减碳效果

根据工业应用案例，新型强化传热燃烧器应用于加热炉，能显著改善加热炉辐射室对流情况，使温度分布更加均匀，在提高加热炉操作弹性的同时提高炉管热强度，可提升热效率3%左右。

辽宁某石化公司在其常压炉中安装 12 套新型强化传热燃烧器，改造前后加热炉运行参数对比见表 3.3。

**表 3.3 改造前后加热炉运行参数对比**

| 序号 | 主要参数 | 改造前 | 改造后 |
|---|---|---|---|
| 1 | 物料(原油)处理量/(t/h) | 232 | 230 |
| 2 | 油品进炉流量/(t/h) | 221 | 219 |

续表

| 序号 | 主要参数 | 改造前 | 改造后 |
| --- | --- | --- | --- |
| 3 | 油品入炉温度/℃ | 301 | 298 |
| 4 | 油品出炉温度/℃ | 373 | 372 |
| 5 | 炉膛温度均值/℃ | 668 | 606 |
| 6 | 炉膛温差均值/℃ | 35 | 23 |
| 7 | 排烟温度/℃ | 215 | 180 |
| 8 | 烟气组分/% | | |
| 9 | $CO_2$(体积分数) | 11.85 | 12.33 |
| 10 | CO(体积分数) | 0.05 | 0.03 |
| 11 | $O_2$(体积分数) | 43 | 22 |

由表可知，改造后炉膛温度下降明显，在油品进料量相同的条件下，炉膛温度由668℃下降至606℃左右；改造后排烟温度下降显著，由改造前的215℃下降到180℃，大大减少烟气热损失。此外，炉膛平均温差减小，由于辐射室对流传热被强化，烟气更加平稳有效，改造后炉膛内部之间温差下降10～15℃，炉膛内热量分布更加均匀合理，提高了加热炉的操作弹性。采用新型燃烧器后，每年实现节约燃料气986.7t，实现年减碳量2782.49t$CO_2$，年经济效益169万元。

### 四、技术支撑单位

洛阳柯恒石化技术有限公司、辽宁省石油化工规划设计院有限公司。

## 3-11　富氧双强点火稳燃节油技术

### 一、技术介绍

富氧双强点火稳燃节油技术是利用纯氧强化燃油燃烧，强化煤粉燃烧，降低煤粉着火温度，并采用分级燃烧的方式引燃整个煤粉流，实现微油点燃全部一次风煤粉流，达到锅炉启停、稳燃、机组调试运行时节能的目的。其主要工艺流程为：在一次风煤粉流中通入纯氧气流，其中部分纯氧与燃油充分预混，强化油的燃烧并产生高温油火焰，其余纯氧在一次风局部位置与煤粉流充分预混，形成富氧煤粉流，富氧煤粉流穿过高温油火焰得到快速热解，燃烧所产生的热量引燃一次风煤粉实现微油直接点燃煤粉流，实现“以煤代油，以氧助燃”，并利用富氧燃烧的特性，提高锅炉燃烧效率，减少污染物排放，达到锅炉冷态热态点火与稳燃运行时有效节能减排的目的。该技术具有如下特点：

（1）煤种煤质适应性广泛。能高效燃烧包括无烟煤、贫煤、煤矸石等在内的所有煤种，实现煤粉锅炉低劣质煤的替代应用，有效降低发电成本。

（2）不停机全负荷调峰功能优异。具有超低负荷深度稳燃功能，在不停机的情况下全负荷调峰，可避免机组调峰运行时频繁停启，大量减少急速的调峰能耗与污染物排放，延长发电设备寿命，提高电网安全水平，节约电厂运行成本。

（3）确保烟气旁路取消后环保装置投运安全。由于具有油耗低、油燃尽率高的特点，在保证点燃一次风煤粉的同时，能够确保油煤不混烧，避免了旁路烟道取消后，由于油煤混烧、油燃烧不尽造成的静电除尘、脱硫、脱硝等环保装置被污染、催化剂中毒等现象，保证上述环保装置点火即可投运，提高环保装置的安全性，确保烟气排放达标。

(4) 防止燃烧器烧损、结焦。改造后的燃烧器可通过控制氧气供应量达到控制燃烧器内油和煤粉的燃烧，进而有效控制燃烧火焰对燃烧器的影响。同时，部分煤粉流在煤粉火焰外侧形成气膜冷却风，用于保护燃烧器壁面，从而防止发生燃烧器结焦以及燃烧器壁面超温烧损，提高锅炉安全性能。

(5) 适用炉型及燃烧器种类广泛。可用于四角切圆锅炉、对冲燃烧锅炉、W 形燃烧锅炉等炉型；运用于直流燃烧器、旋转燃烧器等各种燃烧器。

## 二、应用情况

富氧双强点火稳燃节油技术能够大幅降低电厂锅炉点火、稳燃、机组调试油耗，提高煤粉燃烧效率，降低发电煤耗，节约电厂运行成本。目前已应用于电厂 200MW 机组四角切圆燃烧锅炉、600MW 机组对冲燃烧锅炉、350MW 机组 W 形燃烧锅炉，300MW 机组四角切圆燃烧锅炉，节油效果显著。

## 三、节能减碳效果

富氧双强点火稳燃节油技术可大幅度节省燃煤发电锅炉的耗油量（调试、点火、稳燃、调峰用油等），与传统大油枪点火方式相比较，节油率可达 95%以上。

四川某电厂 600MW 机组对冲燃烧锅炉采用该技术实施改造，改造后冷态启动一次耗油量为 3～4t，节油率达到 95.6%，实现年节能达 1.16 万吨标准煤，年减碳量 3.02 万吨 $CO_2$。表 3.4 为该锅炉改造前后耗油量的对比。

**表 3.4　600MW 机组对冲燃烧锅炉改造前后耗油量对比**

| 时间段 | 点火状态 | 点火技术 | 耗油量 | 成本/万元 |
| --- | --- | --- | --- | --- |
| 富氧系统改造前 | 冷态 | 大油枪 | 60～80t | 40～55 |
| | 稳燃 | | 4t/(h·炉) | 2.8 |
| | 44h 机组调试 | | 200～250t | 140～175 |
| 富氧系统改造后 | 冷态 | 富氧点火 | 3～4t 油<br>12～20t 液氧 | 2～3<br>0.9～1.6 |
| | 稳燃 | | 200kg/(h·炉)<br>0.6t/(h·炉)液氧 | 0.14<br>0.048 |
| | 44h 机组调试 | | 13.5t 油<br>36t 液氧 | 9.5<br>2.88 |

## 四、技术支撑单位

重庆富燃科技股份有限公司、重庆九龙电力股份有限公司。

# 3-12　车用燃油清洁增效技术

## 一、技术介绍

车用燃油清洁增效技术是采用不含金属成分和灰分、特殊配方精炼的硝基化合物作为促燃原料，其分子结构主要由 R（$C_1$～$C_4$ 烷基）和 $NO_2$ 两个官能团组成，化学反应活性高，更易分解，在燃油燃烧过程中产生大量自由基，引发连锁的分子链段反应，可有效提高燃烧速度，促进燃料充分燃烧，提升燃油能效。其关键是根据不同燃油成分和品质，有针对性地采用低碳硝基化合物（硝基丙烷、硝基甲烷、硝基乙烷）、甲苯和油脂等为原料，通过调节各主要成分的比例，实现燃油的清洁高效燃烧。此外，配方中含有聚醚类物质以及其他润滑材料，可有效清理发动机的积炭，延长发动机的使用寿命，并减少污染物排放。图 3-8 为燃油清洁增效技术原理示意图。

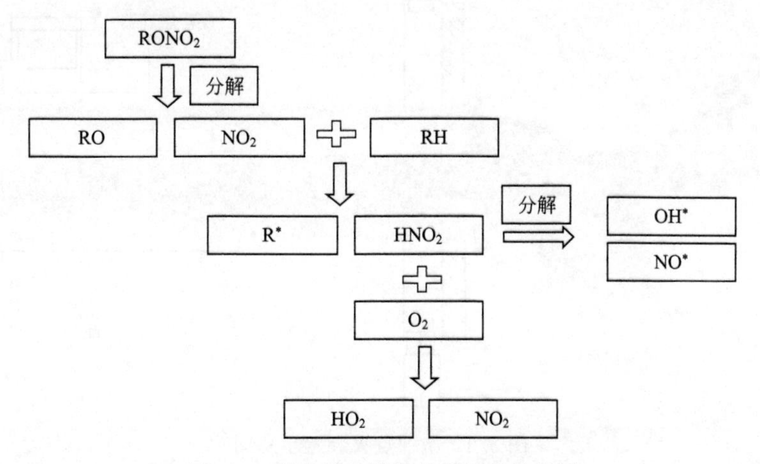


图 3.8　燃油清洁增效技术原理示意图

**二、应用情况**

车用燃油清洁增效技术适用于应用汽油、柴油、重油等液体燃料的各类机动车（汽油车、柴油车、摩托车等），内燃机为动力的船（客轮、货船、渔船、邮轮），内燃机为动力的发电设备（工地/隧道/油田），各类应用燃油的工程机械（施工/建筑/矿山）、工业炉窑等。目前该技术已陆续在石油化工、交通运输及工业炉窑等领域进行了推广和应用。

**三、节能减碳效果**

据监测，车用燃油清洁增效技术可实现节油率 2.21%～3%。

中国石油某批发油库燃油清洁增效项目，建设规模为 500t/a 的仓储及添加剂加注设备，采用以硝基化合物、醚类等为主要组分的清洁增效燃油添加剂。在燃油中加入燃油节能技术的产品，提升燃油燃烧性能，改进燃油品质，项目实现年节能量 31404tce，年减碳量 81650t$CO_2$，年创经济效益 12300 万元。烟台某公司的轮船柴油品质提升节油项目，年使用柴油 3000t，采用以聚异丁烯胺与聚醚胺等氨基聚合物为主要成分的清洁增效燃油添加剂，在码头油库中调和应用。项目实现年节能量 167tce，年减碳量 434t$CO_2$，年节能经济效益 84 万元。

**四、技术支撑单位**

北京长信万林科技有限公司、吉林省神力节能环保科技有限公司、山东吉利达能源科技有限公司。

## 3-13　燃煤锅炉气化微油点火技术

**一、技术介绍**

气化微油点火是采用小油枪，利用压缩空气的高速射流将燃油直接击碎，雾化成超细滴，在极短时间内完成油滴的气化蒸发，并进行点火燃烧，实现气化燃烧，产生的高温火焰在燃烧器内直接点燃煤粉，使喷入炉膛内的粉煤火焰具有极强的自稳燃能力，并继续进行燃烧，实现以煤代油。微油点火装置见图 3.9。

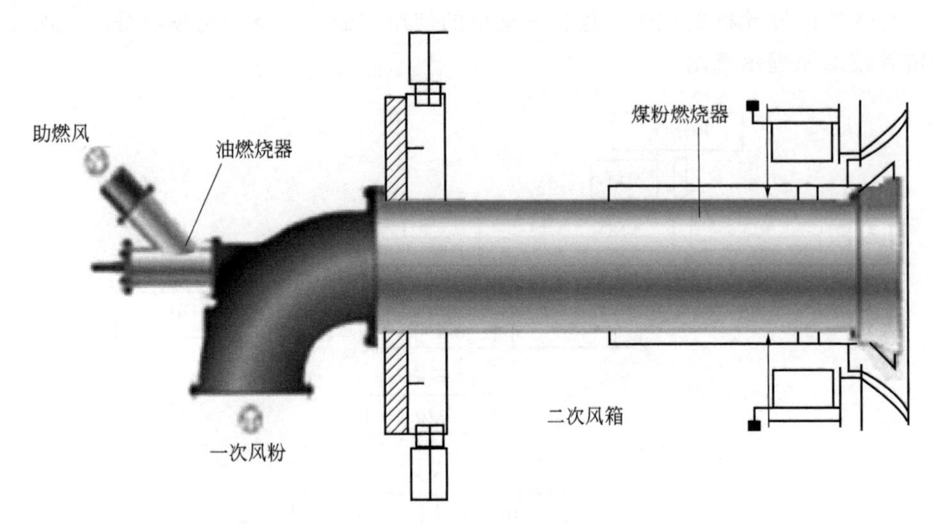


图 3.9 微油点火装置示意图

微油点火系统由煤粉燃烧器、高能气化油枪、燃油系统、高风压系统、气膜冷却风系统、送粉系统、辅助控制系统等组成。其工作原理是：微油气化油枪与高强度油燃烧室配合，燃烧后形成温度很高的油火焰，高温油火焰引入煤粉燃烧器一级燃烧区，当浓相煤粉通过气化燃烧高温火核时，煤粉温度急剧升高、破裂粉碎，释放出大量挥发分，并迅速着火燃烧；已着火燃烧的浓相煤粉在二次室内与稀相煤粉混合并点燃稀相煤粉，实现煤粉的分级燃烧，燃烧能量逐级放大，达到点火并加速煤粉燃烧的目的，大大减少煤粉燃烧所需的引燃能量，达到节油的目的，同时满足锅炉启、停及低负荷稳燃的需求。微油点火煤粉燃烧器示意图见图 3.10。

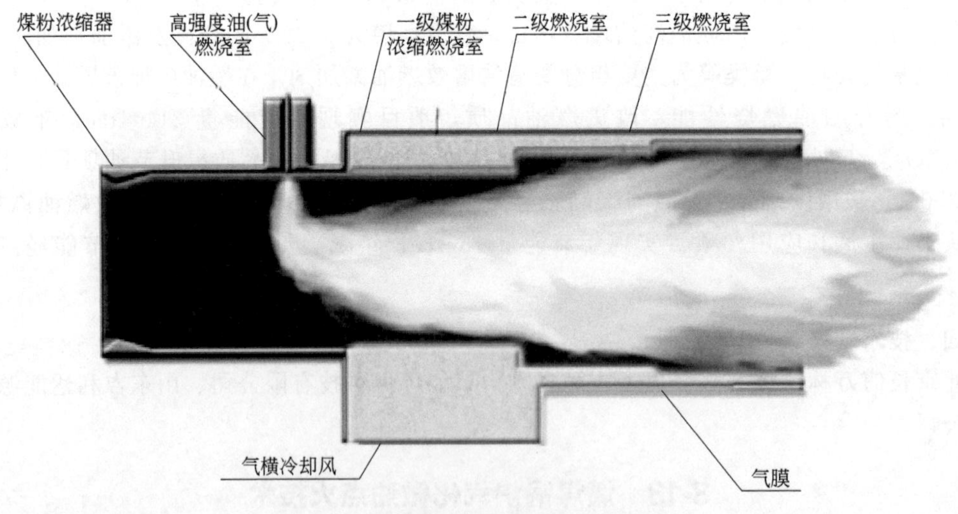


图 3.10 微油点火煤粉燃烧器示意图

## 二、应用情况

微油点火系统煤种适应性强，结构简单，自动化程度及可靠性高，能够大幅度减少电厂锅炉点火启动和助燃用油，大大降低发电成本，已在国内 135MW、200MW、300MW 及

600MW 等机组上得到应用。

广东某电厂 2×600MW 机组 1#、2# 炉采用该微油点火系统改造，将锅炉后墙最下层 A 磨对应的六只煤粉燃烧器改成微油点火煤粉燃烧器，不改变原有点火油枪系统及其油、气、汽等系统。该改造完全利用原有燃烧器的一次风的输粉系统，压缩空气系统、燃油系统也尽量利用原有的系统管路，方案简单，改造工作量小，成本低。改造后，微油点火燃烧器既可以作为点火以及低负荷稳燃燃烧器，又可以在高负荷时微油油枪退出运行后，作为主燃烧器使用，在实现锅炉气化微油冷炉启动和低负荷稳燃的前提下，确保原来主燃烧器的动量不变以及基本性能不变。同时，在微油枪燃烧效果不理想时，亦可投入点火油枪进行助燃，使煤粉更容易燃烧，燃尽率也更高。采用该技术改造后，成功取代原有的大油枪启动方式，大幅度降低锅炉冷炉点火启动、锅炉停运及低负荷稳燃时的用油量，同时能够避免发生炉膛爆燃、尾部烟道二次燃烧、燃烧器结渣等事故。另外，由于油枪油量小且气化燃烧完全，启动初期即可投入电除尘，解决了燃煤机组启动初期的污染物排放问题，减少环境污染。

**三、节能减碳效果**

气化微油点火技术同原来的点火油枪相比，节油可达 80%以上。

广东某电厂 2×600MW 机组锅炉采用微油点火装置，在锅炉冷、热态启动、停机维修维护及低负荷稳燃等方面均取得显著的节油效果，和微油点火改造前相比，全年机组节省燃油 1125.7t，实现年减碳量 3546t$CO_2$，节省费用 342 万元。

**四、技术支撑单位**

西安热工研究院有限公司。

# 第4章 工艺过程低碳技术

## 第1节　石油化工行业工艺过程低碳技术

### 4-1　顶置多喷嘴粉煤加压气化炉技术

**一、技术介绍**

顶置多喷嘴粉煤加压气化炉技术基本原理为：原料煤经磨煤干燥单元制备煤粉，密相输送系统将煤粉输送至气化炉顶部的三个煤粉烧嘴内，在烧嘴头部充分均匀混合并保证特有的旋转场，使气化炉内燃烧温度均匀分布，减少热损失，提高气化效率，粗合成气中的一氧化碳和氢气占比可达到90%以上，冷煤气效率可达80%以上，相比传统固定床气化技术进行合成氨生产实现节能。其关键技术主要包括：

（1）煤粉高压密相输送技术。通过特殊设计的流化盘和通气锥设备，使用氮气或二氧化碳气体将固体粉煤进行平稳流化。在此基础上，通过特殊设计的角阀，在压差的推动下，获得固体粉状物质连续稳定的高密度输送。

（2）顶置煤烧嘴及点火烧嘴设计技术。通过特殊的通道和夹层设计，使不同物料在各自通道中以不同的速度和旋转角度进行输送。特有的出口设计使不同物料在烧嘴头部进行充分均匀混合并保证特有的旋转场，使煤粉气化时能够拥有稳定的燃烧流场和回流场，保证气化炉内燃烧温度的分布均匀性。同时，通过通道和出口孔径数量的设计，使得点火烧嘴能够在常压到高压（4MPa）区间任意进行点火燃烧。

（3）水冷壁式气化炉反应器设计技术。通过盘管环绕方法设计制造气化炉反应器。反应器由水冷盘管构成并涂有耐火泥，外部承压设备为耐压的钢板壁。为达到水冷反应器内外压差一致，在反应器与承压外壳之间设有环形空间，通过特殊的通道设计使反应器与环形空间压力平衡。顶部的特殊对称多通道设计，确保煤粉烧嘴和点火烧嘴的摆放和工作，并保证反应器整体的密封性。

（4）多级闪蒸能量回收技术。使用三级闪蒸设计技术，将带有固体颗粒的高温黑水降温，并将固体物质絮凝沉降，净化黑水使其变成可回用的灰水。在此过程中，将释放的热能通过与回用灰水的直接和间接多阶段换热进行回收利用。通过上述方法，保证系统和工艺用水最高效的能量使用。

图4.1为气化炉顶置多烧嘴分布图，图4.2为顶置多喷嘴粉煤加压气化炉技术工艺流程简图。

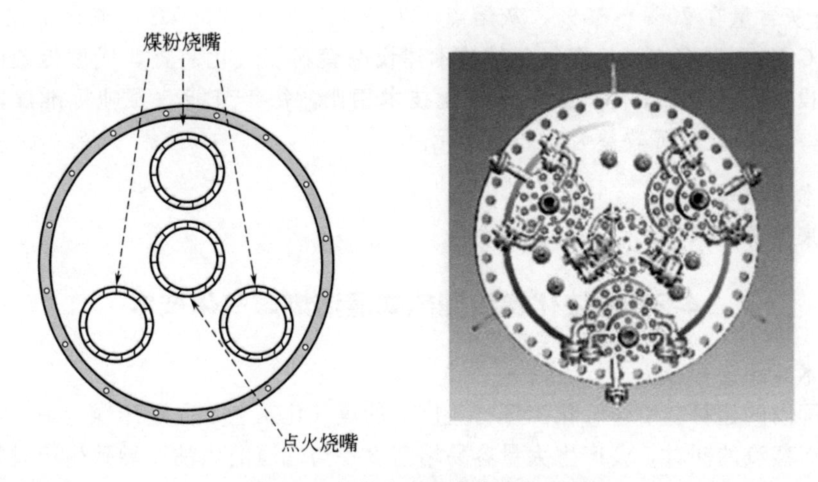


图4.1　气化炉顶置多烧嘴分布图

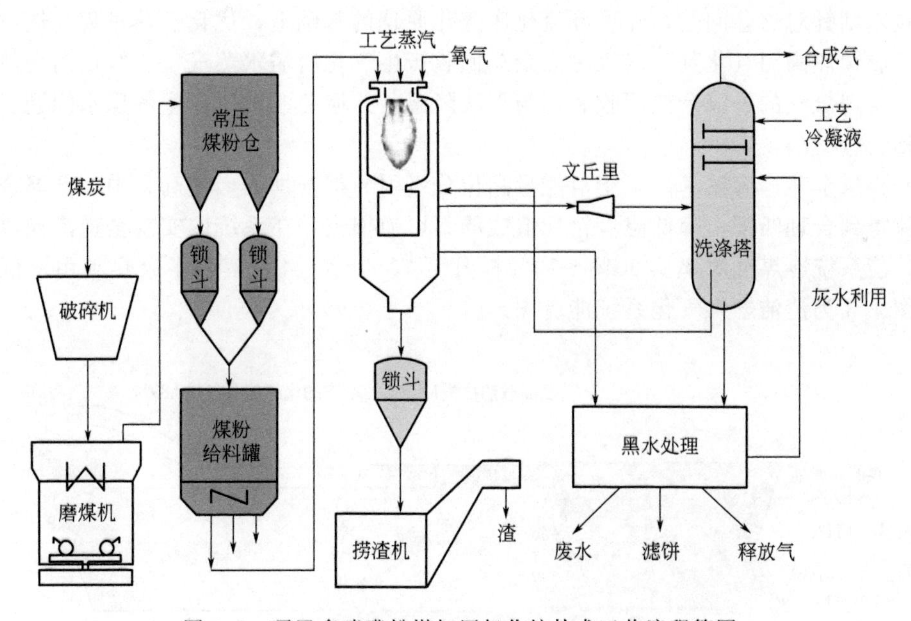


图4.2　顶置多喷嘴粉煤加压气化炉技术工艺流程简图

## 二、应用情况

顶置多喷嘴粉煤加压气化炉技术可应用于化工行业，适用于化肥、煤化工、电力(IGCC)、民用（城市燃气）等领域。与传统固定床气化合成氨技术相比，具有煤种适应范围广、工艺指标先进、装置稳定可靠、负荷调节范围宽、自动化程度高、建设投资及操作成本低等特点。目前已在贵州某公司50万吨合成氨项目成功应用。

## 三、节能减碳效果

顶置多喷嘴粉煤加压气化炉主要技术指标为：比氧耗为310～350$m^3/km^3$（$CO+H_2$）；比煤耗为510～580$kg/km^3$（$CO+H_2$）；合成气有效气成分（$CO+H_2$）含量为88%～

92%；碳转化率为96%～99%；冷煤气效率为78%～82%。

贵州某公司50万吨/年合成氨装置采用当地多种“三高”无烟煤（高灰、高灰熔点、高硫），原料煤灰含量在20%～35%，灰熔点（$T_4$）在1300～1560℃，硫含量在2%～6%。该项目采用CCG顶置多烧嘴粉煤气化炉技术建设两套粉煤气化装置，代替传统固定床气化技术。项目投运后，与采用传统固定床气化技术相比，每年节能5万吨标准煤，年减碳量13万吨$CO_2$，年节能经济效益为25200万元。

**四、技术支撑单位**

科林未来能源技术（北京）有限公司。

## 4-2 模块化梯级回热式清洁燃煤气化技术

**一、技术介绍**

目前，国内的建材、冶金、化工等行业广泛的煤气化工艺是固定床煤气炉。传统固定床气化工艺副产蒸汽的同时，会产生大量容易堵塞设备与管道的焦油，导致生产过程中的余热难以回收利用，碳转化率只有70%～80%，冷煤气效率只有60%～70%，大量的热能通过未转化的碳和散热损失等形式排放至环境中，造成大量能源浪费。模块化梯级回热式清洁燃煤气化技术则针对这些问题，在循环流化床气化原理的基础上，优化换热过程，通过一级高温余热回收预热高温气化剂、二级中温余热回收产生气化所需水蒸气、三级低温余热回收产生热水，实现煤气的梯级余热回收利用与干法降温，并避免湿洗所产生的黑水问题。其关键技术包括：

（1）梯级余热回收技术。基于对能量品位分级引导梯度划分，使高、中、低温余热回收的冷热流得到合理匹配，降低温度错配造成的不可逆损失，在系统内实现全逆流换热与蒸汽自平衡，使系统冷煤气效率从60%～70%提升至70%～80%，解决了余热利用率低的行业难题。图4.3为清洁燃煤气化系统能流图。

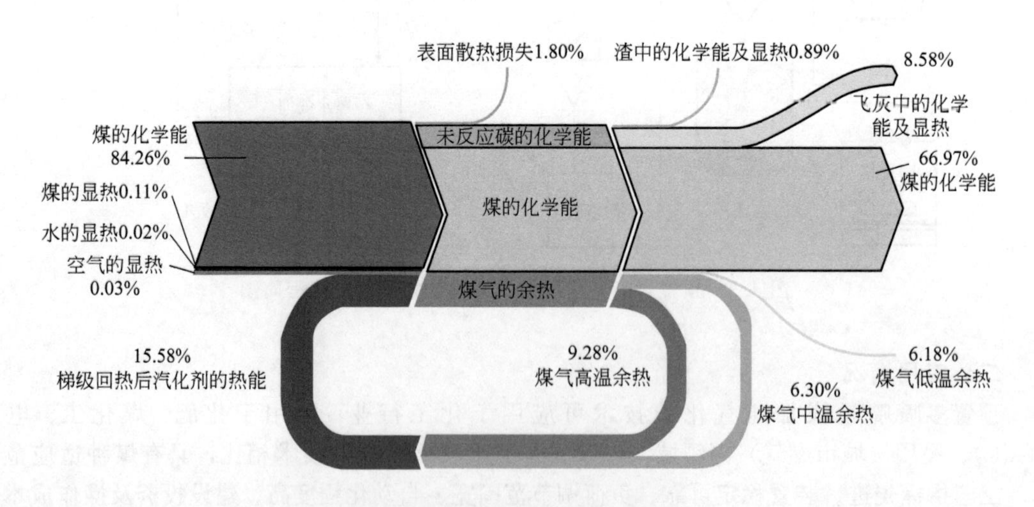


图4.3 清洁燃煤气化系统能流图

（2）基于气力输送的强制循环技术。依据粉煤反应活性及飞灰形成机理，在旋风自然循环流化床气化炉的基础上，增加飞灰气力输送强制循环模块，可针对原料的特性对气化系统的循环倍率进行优化，将飞灰的产量和含碳量控制在合理范围，解决循环倍率的控制问题。

(3) 耦合气化技术。利用流化床与气流床的互补特性，流化床为气流床提供品质稳定的“干煤粉”——含碳飞灰，气流床为流化床消化带出物，并产生额外的煤气和蒸汽。两者结合可将碳转化率从传统流化床技术的85%～90%提升至95%～99%，系统冷煤气效率进一步提升至80%～90%，加上外供的蒸汽，整体热效率高达95%以上，解决流化床飞灰残炭问题。

(4) 系统模块化技术。按功能类别将工艺流程划分为多个易于进行标准化、系列化设计且能根据需要进行配置增减的系统级模块，形成以“梯级回热气化模块”为核心，备煤、除尘、灰输送、渣输送、脱硫、加压、空分、残炭热风炉、残炭锅炉、耦合气化炉等模块为备选配置的系列。通过模块的选择和组合，可以构成从最简配热煤气流程到最高配耦合气化流程系列，满足不同领域使用需求。

模块化梯级回热式清洁燃煤气化技术主要工艺流程为：原煤经破碎处理成10mm以下煤颗粒，通过皮带运至煤斗，由螺旋给煤机送入流化床气化炉，在流化状态下与气化剂在950℃左右发生反应，生成粗煤气从炉顶进入旋风分离器，大颗粒飞灰被分离后经返料管回到炉内继续反应，渣从炉底排出并输送至渣斗。粗煤气经旋风分离器进入高温换热器与气化剂进行热交换，温度降至450℃左右，并将气化剂预热至750℃。粗煤气进入余热锅炉与软水进行气水换热，生成饱和蒸汽与空气混合作为气化剂进入高温换热器；粗煤气经余热锅炉温度降至180℃左右，进入布袋除尘器过滤，收集的飞灰部分强制循环回到流化床，部分输送至气流床模块或粉煤锅炉。过滤了飞灰的煤气经省煤器冷却至脱硫温度后进入脱硫系统，除去$H_2S$后，由加压风机输送至下游用户。

图4.4为梯级回热式清洁煤气化典型工艺流程图。

## 二、应用情况

模块化梯级回热式清洁燃煤气化技术应用于化工行业煤气化领域，目前已在沈阳、广西、山西、贵州等地170多套清洁煤气化系统上成功应用，效果良好。

## 三、节能减碳效果

模块化梯级回热式清洁燃煤气化技术主要指标为：一次碳转化率85%～90%；一次冷煤气效率70%～80%；综合碳转化率95%～99%；综合冷煤气效率80%～90%；热效率≥90%。

沈阳某工业园集中供气项目采用模块化梯级回热式清洁燃煤气化技术，项目清洁工业燃气产量220km$^3$/h，年产14.26亿立方米清洁工业燃气，煤气热值≥1600kcal/m$^3$，煤气压力－40kPa（表压）。通过新建模块化梯级回热式清洁燃煤气化系统及输气管网，替代工业园各陶瓷企业原有固定床煤气发生炉，包括备煤系统、流化床气化系统、脱硫系统、水处理系统、气力输送系统、制氧系统、煤气加压系统、气流床气化系统、DCS控制系统等，并铺设煤气管网。该项目实现年节能量11.2万吨标准煤，年减碳量29.12万吨$CO_2$，年节省直接成本6732万元。

## 四、技术支撑单位

安徽科达洁能股份有限公司。

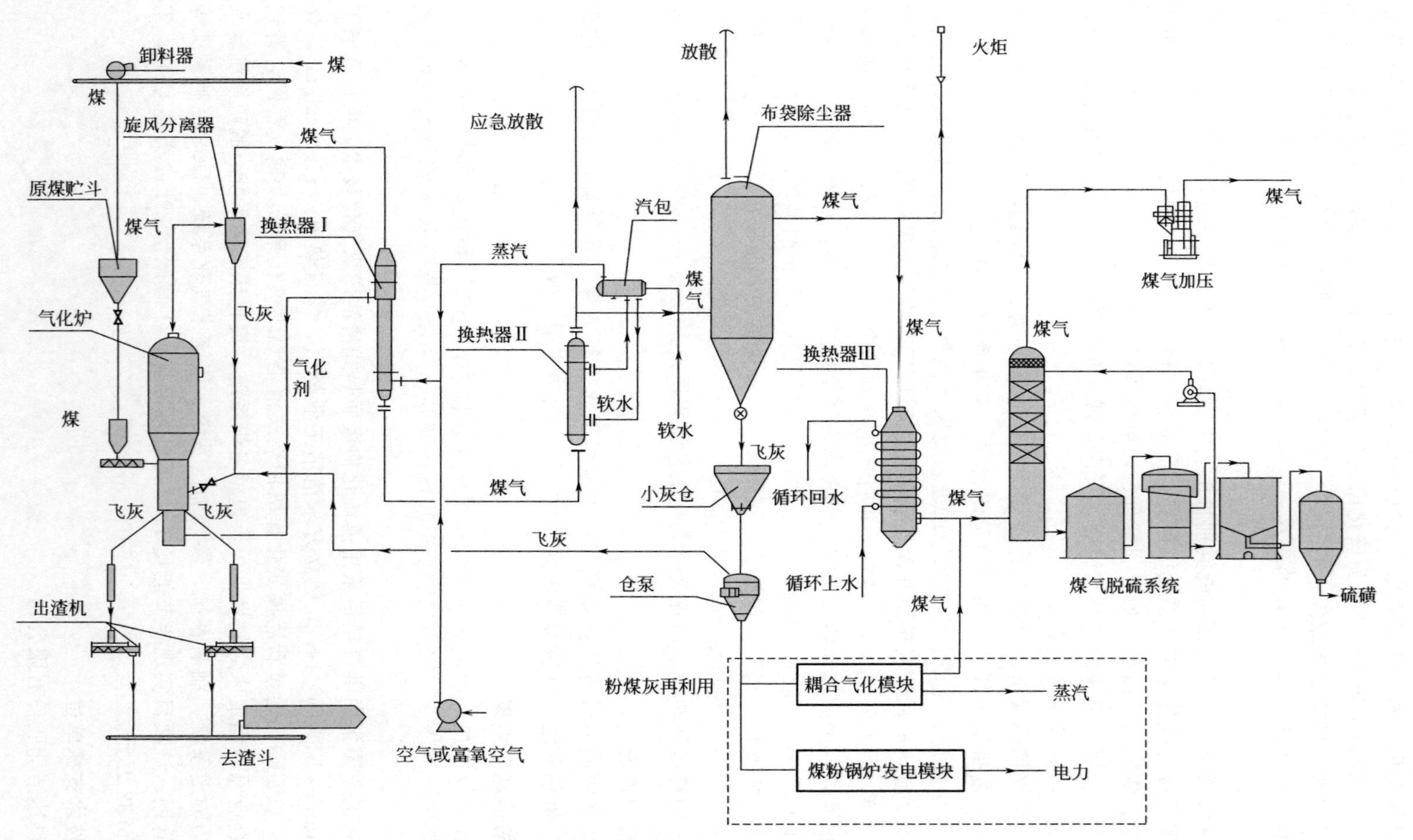


图4.4 梯级回热式清洁煤气化典型工艺流程图

## 4-3　非熔渣-熔渣水煤浆分级气化技术

### 一、技术介绍

非熔渣-熔渣水煤浆分级气化技术主要原理是通过采用分级加入氧气的方法，将一次给氧的连续气化过程分解为两次或多次给氧的气化过程，实现调节炉内氧气的分布，改善炉内温度场分布和气化条件，优化反应。其工艺流程为：原料通过给料机和燃料喷嘴进入气化炉第一段，采用纯氧作为气化剂，采用其他气体（如与氧气以任意比混合的二氧化碳、氮气、水蒸气等）作为预混气体，调节控制第一段氧气的加入比例，使第一段的温度保证在灰熔点以下；在第二段再补充部分氧气，使第二段的温度达到煤的灰熔点以上，完成全部气化过程。图 4.5 为非熔渣-熔渣水煤浆分级气化工艺流程图。

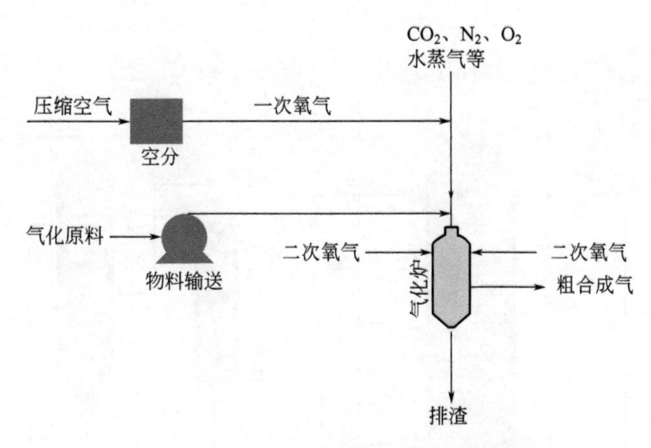


图 4.5　非熔渣-熔渣水煤浆分级气化工艺流程图

该工艺主要特点为：

（1）氧气的分级供给，气化炉主烧嘴和侧壁氧气喷嘴分别加氧，使气化炉主烧嘴的氧气量可脱离炉内部分氧化反应所需的碳和氧的化学当量比约束。

（2）由于氧气的分级供给，可以采用氧含量从 0%～100%的不同气体作为主烧嘴预混气体，实现调整火焰中心的温度和火焰中心的距离，降低气化炉主烧嘴端部的温度。

### 二、应用情况

非熔渣-熔渣水煤浆分级气化工艺适用于化工行业煤制合成气，首次在山西某公司 10 万吨/年甲醇生产线上应用，取得良好节能效果，目前已在国内 30 余家企业得到推广应用。

### 三、节能减碳效果

非熔渣-熔渣水煤浆分级气化工艺主要技术指标为：①比氧耗 $361m^3 O_2/km^3$（$CO+H_2$）；②比煤耗 $548m^3 ce/km^3$（$CO+H_2$）；③碳转化率≥97.5%；④$1m^3$（$CO+H_2$）能耗可降至 13MJ 以下。

山西某公司合成氨系统中采用水煤浆分级气化工艺，和常压固定床气化相比，吨氨能耗降低 6GJ，吨氨生产成本降低约 200 元。以 18 万吨/年合成氨装置改造为例，与固定床气化相比，每年节能 5.7 万吨标准煤，年减碳量 14.82 万吨 $CO_2$，年节能增效 5400 万元。

### 四、技术支撑单位

清华大学、北京盈德清大科技有限责任公司。

## 4-4 多喷嘴对置式水煤浆气化技术

### 一、技术介绍

多喷嘴对置式水煤浆气化技术是采用先进的撞击流技术来强化混合，并以混合促进传热、传质。该技术包括磨煤制浆、多喷嘴对置气化、煤气初步净化及含渣黑水处理4个单元系统，其中关键单元为气化、煤气初步净化和含渣水热回收。其主要工艺流程为：水煤浆、氧气进入气化室后，相继进行雾化、传热、蒸发、脱挥发分、燃烧、气化等6个物理和化学过程，煤浆颗粒在气化炉内经过湍流弥散、振荡运动、对流加热、辐射加热、煤浆蒸发与挥发分的析出和气相反应等，最终形成以CO、$H_2$为主的煤气及灰渣，产生的合成气经分级净化达到后序工段的要求。具体工艺流程见图4.6。

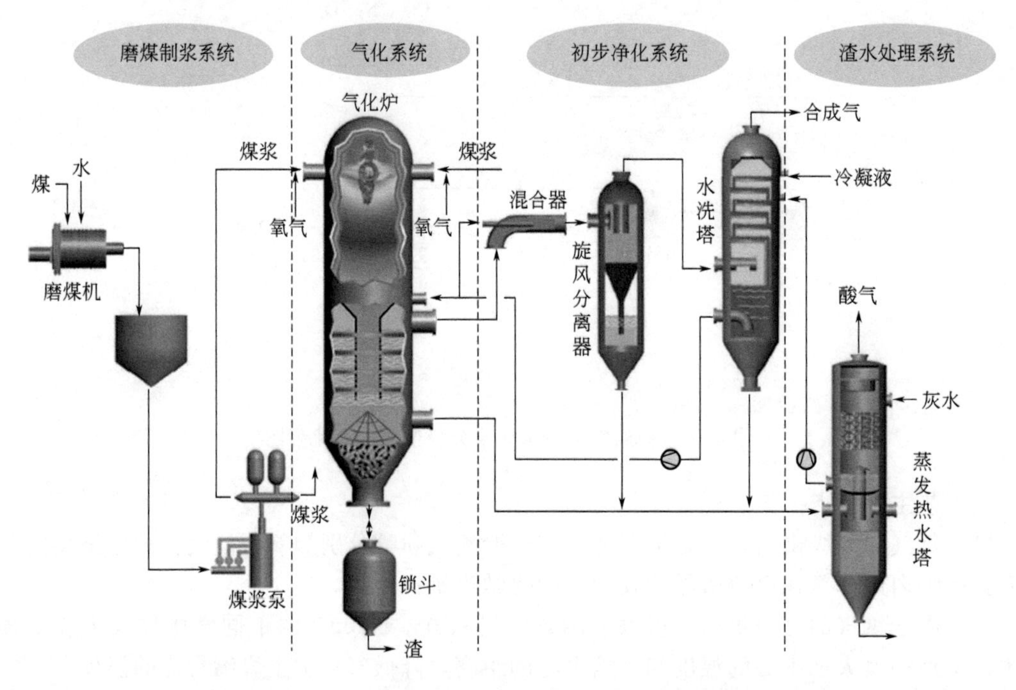


图4.6 多喷嘴对置式水煤浆气化工艺流程图

多喷嘴对置式水煤浆气化技术主要特点优势为：

(1) 多喷嘴对置式气化炉。水煤浆通过四个对称布置在气化炉中上部同一水平面的预膜式喷嘴，与氧气一起对喷进入气化炉，在炉内形成撞击流，在完成煤浆雾化的同时，强化热质传递，促进气化反应的进行。四喷嘴对置式气化炉喷嘴之间的协同作用好，气化炉负荷可调节范围大，负荷调节速度快，适应能力强。同时，采用多个喷嘴同时进料，在烘炉阶段就可以将工艺烧嘴安装好，当炉温达到投料条件时，将预热喷嘴从顶部取出，装上封堵，就可以进行投料，因而从烘炉到投料的过渡期较短，降低、化解停炉及过氧的风险。

(2) 新型洗涤冷却室结构。运用交叉流式洗涤冷却水分布器和复合床高温合成气冷却洗涤设备，既强化了高温合成气与洗涤冷却水间的热质传递过程，又解决了洗涤冷却室带水带灰、液位不易控制等问题，并使合成气充分润湿，有利于后续工段进一步除尘净化。

(3) 分级净化式合成气初步净化工序。采用“分级净化”，由混合器、分离器、水洗塔三单元组合，形成合成气初步净化工艺流程，即先“粗分”再“精分”，高效节能。同时，分级净化的方法避免了合成初步净化工序的堵塞问题。

（4）含渣水处理工序。采用含渣水蒸发产生的蒸汽与灰水直接接触，同时完成传质、传热过程，其先进性为：无影响长周期运转的隐患；回收热量充分，高温灰水与闪蒸汽温差低于 2℃，热效率高。

## 二、应用情况

多喷嘴对置式水煤浆气化工艺在国内得到有效推广（表 4-1），目前国内已投产和在建装置气化炉已达上百台，并出口国外，实现国产化煤气化技术的首次技术输出。

**表 4.1　部分多喷嘴对置式水煤浆气化技术装置汇总表**

| 建设单位名称 | 气化炉台数 | 气化炉压力/MPa | 投煤量/(t/d) | 产品 |
|---|---|---|---|---|
| 兖矿国泰化工有限公司 | 3 | 4.0 | 1150 | 甲醇、发电、醋酸 |
| 华鲁恒升化工股份有限公司 | 1 | 6.5 | 750 | 甲醇 |
| 兖矿鲁南化肥厂 | 1 | 4.0 | 1150 | 合成氨 |
| 江苏灵谷化工有限公司 | 2 | 4.0 | 2000 | 合成氨 |
| 江苏索普(集团)有限公司 | 3 | 6.5 | 1500 | 甲醇、CO |
| 新能凤凰(滕州)能源有限公司 | 3 | 6.5 | 1500 | 甲醇 |
| 神华宁夏煤业集团有限公司 | 3 | 4.0 | 2000 | 甲醇 |
| 宁波万华聚氨酯有限公司 | 3 | 6.5 | 1200 | 氨、甲醇、$H_2$、CO |
| 安徽华谊化工有限公司 | 3 | 6.5 | 1500 | 甲醇、醋酸 |
| 兖矿新疆能化有限公司 | 3 | 6.5 | 1500 | 氨、甲醇 |
| 上海焦化有限公司 | 2 | 4.2 | 2200 | 甲醇 |
| 安阳盈德气体有限公司 | 2 | 4.2 | 2200 | 氨 |
| 河南心连心化肥有限公司 | 3 | 6.5 | 1200 | 氨 |
| 内蒙荣信化工有限公司 | 3 | 6.5 | 3000 | 甲醇 |
| 万华化学集团股份有限公司 | 3 | 6.5 | 1500 | 氨、甲醇、$H_2$、CO |
| 江苏华昌股份有限公司 | 2 | 6.5 | 1800 | 氨、丁辛醇 |

## 三、节能减碳效果

根据已投产的工业装置，与 Texaco 气化炉相比，以同样采用北宿煤（兖矿国泰）为原料，碳转化率提高 3 个百分点以上，比氧耗降低约 8%，比煤耗降低 2%～3%；以同样采用神府煤（华鲁恒升）为原料，碳转化率提高 3 个百分点以上，比氧耗降低约 2%，比煤耗降低约 8%。多喷嘴对置式气化炉与 Texaco 水煤浆气化炉工艺指标的比较见表 4.2。

某公司 24 万吨/年规模合成氨装置，配套一台日处理 1150t 的煤多喷嘴对置式气化炉，实现年节能 2.4 万吨标准煤，年减碳量 6.24 万吨 $CO_2$，年节氧、节煤经济效益总计约 3200 万元。

表 4.2 多喷嘴对置式气化炉与 Texaco 水煤浆气化炉工艺指标比较

| 装置 | | 装置能力/[吨煤/·(天·炉)] | 有效气成分($CO+H_2$)/% | 比氧耗/{$m^3(O_2)$/[$1000m^3$($CO+H_2$)]} | 比煤耗/{kg(煤)/[$1000m^3$($CO+H_2$)]} | 碳转化率/% | 备注 |
|---|---|---|---|---|---|---|---|
| 四喷嘴对置式水煤浆气化装置 | 华鲁恒升 | 750 | 82.41 | 362 | 565 | 99.97 | 神府煤，煤浆浓度约为 60% |
| | 兖矿国泰 | 1000 | 84.90 | 309 | 535 | 98.80 | 北宿煤，煤浆浓度约为 60%～61% |
| | 兖矿鲁南化肥厂 | 约 400 | 82～83 | 约 336 | 约 547 | 96～97 | 北宿煤，煤浆浓度约为 63% |
| 引进水煤浆气化技术 | 上海焦化有限公司 | 约 500 | 81 | 412 | 638 | 约 95 | 神府煤，煤浆浓度约为 62.5% |
| | 渭河化肥厂 | 约 750 | 78 | 415 | 627 | 约 95 | 华亭煤，煤浆浓度约为 60% |
| | 安徽淮化集团 | 约 500 | 77 | 425 | 708 | 约 95 | 华亭、义马混煤，煤浆浓度约为 62% |

### 四、技术支撑单位

华东理工大学，兖矿集团。

## 4-5 两段法变压吸附脱碳技术

### 一、技术介绍

变压吸附（PSA）的基本原理是以吸附剂内部表面对气体分子的物理吸附为基础，利用吸附剂在相同压力下易吸附高沸点组分、不易吸附低沸点组分和高压下吸附量增加（吸附组分）、低压下吸附量减少（解吸组分）的特性，将原料气在高压力下通过吸附剂床层，高沸点杂质组分被选择性吸附，低沸点组分不易吸附而通过吸附剂床层，实现不同组分的分离，然后在低压下解吸被吸附的杂质组分使吸附剂获得再生，以便再次进行吸附分离杂质。

两段法变压吸附脱碳装置由两段组成，即 PSA-$CO_2$-1 和 PSA-$CO_2$-2，工艺如图 4.7 所示，两段均采用多塔变压吸附工艺，第一段为粗脱段，将来自变换工序含 $CO_2$ 为 27%～28%的变换气进行多塔循环吸附和脱附，将 $CO_2$ 浓度富集到 98.5%以上供尿素生产使用；

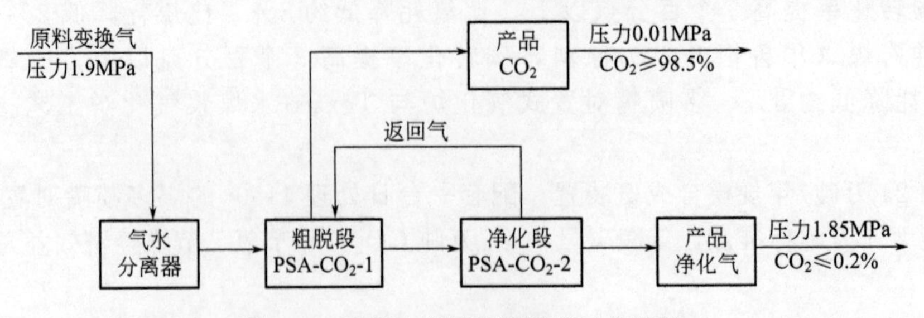


图 4.7 两段法变压吸附脱碳工艺流程

第二段为净化段，出粗脱段含 $CO_2$ 为8%～12%的中间气进入净化系统，进行多塔循环吸附和脱附，将净化气中 $CO_2$ 含量净化到0.2%以下，供合成氨生产使用。

该技术可使提纯段吸附相产品 $CO_2$ 浓度在不用置换的情况下，体积分数达98%以上，从而使整套装置投资和电耗大幅降低；提纯段除产品 $CO_2$ 外，没有任何气体放空；净化段吸附塔经过多次均压降后，吸附塔中的气体返回至装置提纯段加以回收，从而有效提高了氢氮气回收率。此外，该技术可在保证产品 $CO_2$ 纯度、回收率和净化气中 $CO_2$ 体积分数小于0.2%的前提下，取消真空泵和置换气压缩机，无大型动力设备，大大节省动力设备运行费和维修费。

### 二、应用情况

两段法变压吸附脱碳技术主要应用于合成氨、尿素装置脱碳工段，具有流程简单、操作简便、弹性大、运行费用低、自动化程度高等优点，目前已应用于国内化肥生产企业。如湖北某公司125000$m^3$/h变压吸附脱碳装置，装置操作压力2.0MPa，采用无动力吹扫流程，经考核，氢气收率达99.5%、氮气收率达95%、二氧化碳收率达70%（纯度98%），吨氨电耗5kW·h，吨氨水耗0.5t，各项指标良好。

### 三、节能减碳效果

根据实际生产应用，18万吨/年合成氨脱碳装置采用两段法变压吸附脱碳工艺替代碳丙液脱碳工艺，装置吨氨能耗仅有2.15kgce，比碳丙液脱碳装置降低约63.39kgce。改造后实现年节约标准煤11410tce，年减碳量29666t$CO_2$，新增经济效益2426万元。

### 四、技术支撑单位

西南化工设计研究院、成都天立化工科技有限公司。

## 4-6 基于相变移热的等温变换节能技术

### 一、技术介绍

基于相变移热的等温变换技术是针对CO变换反应为强放热可逆反应，开发设计出相变移热等温反应器，及时移走变换反应所产生的反应热，防止烧坏催化剂，并保证变换反应催化剂床层的恒温低温。同时，等温变换反应温度低，远离平衡，反应推动力大，能够提高反应效率。移热产生高品位蒸汽，可直接回收反应热，相对传统绝热变换工艺可提高反应热回收效率，实现节能。此外，由于反应器为全径向结构，塔压降低，可替代传统变换系统中的多台设备，简化生产流程，大幅减少系统阻力，降低压缩电耗。图4.8为等温变换反应器结构示意图。

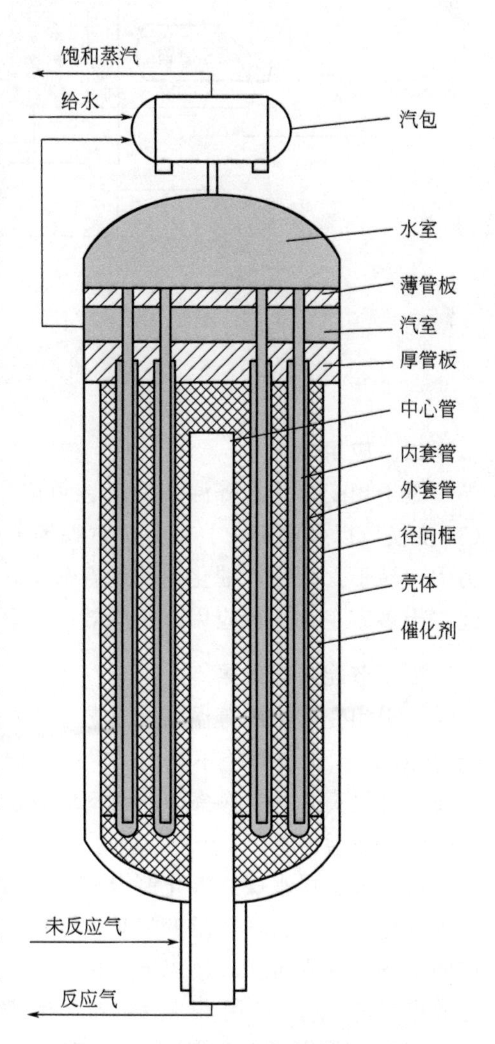

图4.8 等温变换反应器结构示意图

该技术工艺流程为：粗煤气经加热和净化后进入等温变换炉发生 CO 变换反应，反应后的气体首先用来加热粗煤气，而后加热汽包给水降温，再经过脱盐水预热器和水冷器降温至常温后送入下一工段。详见图 4.9。

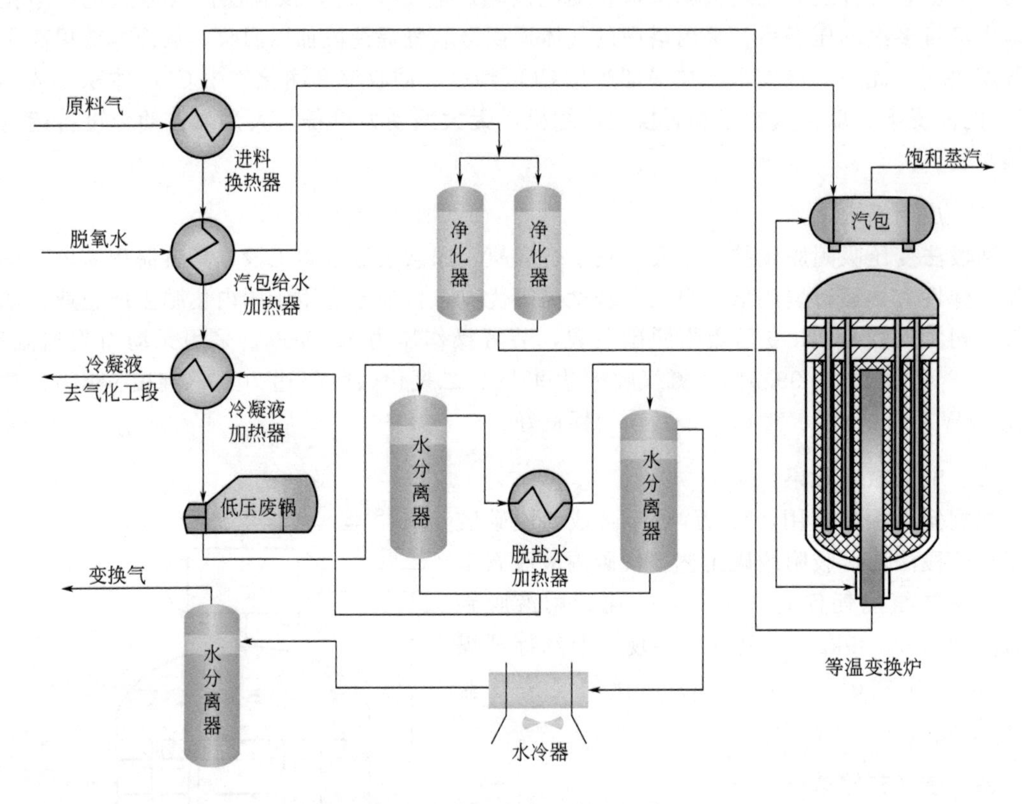


图 4.9　等温变换工艺流程图

## 二、应用情况

基于相变移热的等温变换工艺可应用于化工行业甲醇、合成氨、尿素等生产过程中的 CO 变换，以及电石炉、高炉、黄磷等工业尾气回收利用中的 CO 变换，具有反应器单炉能力大，易于大型化，催化剂使用寿命长，工艺流程简短等优势。目前已在国内新疆、山西等地二十多家企业进行应用，节能效果显著。

## 三、节能减碳效果

基于相变移热的等温变换工艺主要技术指标为：CO 一次变换率超过 98%；反应温度不超过 300℃；床层温差不超过 5℃；等温变换系统阻力不超过 0.2MPa。与传统工艺相比，主要通过提高 CO 变换率、回收反应热、简化工艺流程、减少系统阻力等实现节约蒸汽、电力等节能效益。

山西某公司水煤浆气化制合成氨项目，建设规模 10 万吨/年合成氨装置，对原甲醇生产装置进行改造，新增等温变换炉取代原来的绝热变换炉，将变换系统出口的 CO 含量由改造前的 18%左右降至 0.9%以下，以满足合成氨对原料气的要求，并新增一个汽包回收变换反应放出的热量，利用相变移热产生蒸汽。改造后实现年节能量 1424tce，年减碳量 3702t$CO_2$，年节能经济效益 918 万元。

新疆某公司电石炉尾气综合利用制乙二醇项目，为回收利用 30500$m^3/h$ 的电石炉尾气，采用该等温变换装置，高效利用电石炉尾气中大量的CO，利用变换反应制取合成气，改造后项目实现年节能量854tce，年减碳量 2220t$CO_2$，年节能经济效益1500万元。

### 四、技术支撑单位

湖南安淳高新技术有限公司。

## 4-7 氨合成回路分子筛节能技术

### 一、技术介绍

氨合成回路分子筛节能技术基本原理是在压缩机循环段之前分离氨，降低氨合成回路中压缩机循环段入口合成气流量及氨分离的冷量达到降低能耗的目的。该技术关键在于：利用分子筛脱除新鲜合成气中水分和残余 $CO_2$+CO，并将合成氨装置氨合成回路的氨分离位置由合成塔前改为合成塔后、进循环段前。其主要工艺流程为：新鲜合成气经合成气压缩机低压段压缩，进入分子筛干燥器脱除 $H_2O$、CO及 $CO_2$ 等含氧化合物，干燥后的新鲜合成气经压缩机高压段升压与分氨后的循环气混合，经压缩机循环段压缩后，再经油分离器除油，与出塔气换热后进入氨合成塔，出合成塔气经过一系列换热及水、氨冷却分离氨后，再进入压缩机循环段。该技术具有如下特点：

(1) 增加分子筛，改变分氨流程，氨在压缩机之前分离，压缩机循环气量降低9%左右，节约压缩机能耗。

(2) 新鲜气与循环气一起不经氨冷器而直接进入合成塔，使冷冻负荷下降，从而降低氨冷及水冷能耗。

(3) 经分子筛吸附后，入塔气中 $H_2O$、$CO_2$ 和CO的含量显著下降，即气体质量提高，进而增加催化剂的活性，延长催化剂寿命。

(4) 使用分子筛后，回路的“冷”“热”位置合理，弛放气位置在分氨之后，位置更合理，可以省下弛放气氨冷器的冷量。

### 二、应用情况

氨合成回路分子筛节能技术针对于我国大中型合成氨装置均采用经典冷却分离除水方式和塔前分氨流程，适用于Kellogg型、Braun型氨合成工艺，可广泛应用于天然气合成氨装置及大中型煤制合成氨装置，目前已成功应用于国内大型化肥装置。

以湖北某化肥公司30万吨/年合成氨装置改造为例，主要是增加分子筛系统和高效除油器，改造内容包括：合成气压缩机段间新增分子筛干燥净化系统；将现有的氨合成回路塔前分氨改为塔后分氨，并增设高效油过滤器和防喘振水冷器等。改造后效益明显，装置生产能力由1000t/d提高到1200t/d，吨氨耗蒸汽量降低显著。

### 三、节能减碳效果

湖北某化肥公司采用该技术对其30万吨/年合成氨装置进行改造，改造后吨氨高压蒸汽消耗降低0.144t、中压蒸汽降低0.0729t，每年实现节约标准煤9500tce，减碳量24700t$CO_2$，年经济效益1044万元。

### 四、技术支撑单位

上海国际化建工程咨询公司。

## 4-8 GC型低压氨合成工艺技术

### 一、技术介绍

GC型低压氨合成工艺主要是对精制后的 $H_2$、$N_2$，在一定的温度压力下，采用GC型径向、低阻力大型氨合成反应器，使之合成为氨，经冷凝分离得到液氨。其核心设备为GC型氨合成塔，该塔由高压外筒和内件组成，氨合成塔内件一般由一个轴向层和三个径向层催化剂筐及两个层间换热器组成，上层间换热器设置在第一轴向层和第一径向层催化剂筐中心，下层间换热器设置在第二径向层催化剂筐中心，第三径向层催化剂筐仅由径向流气体分布器和径向流气体集气器组成。气体分三路入塔：主线气体从合成塔底部 $f_1$ 进入，经合成塔外筒与催化剂筐之间的环隙上升至塔顶，以此冷却塔壁，然后经下降管进入上部换热器与在第一径向层催化剂筐反应后的热气体换热；第二路气体（工艺气）从合成塔塔顶 $f_2$ 进入，经下降管进入下部换热器与在第二径向层催化剂筐反应后的热气体换热；二路换热后的气体与从塔顶 $f_0$ 进入的冷激气汇合，再依次进入第一径向层催化剂筐进行氨合成反应、上部换热器换热、第二径向层催化剂筐进行氨合成反应、下部换热器换热、第三径向层催化剂筐进行氨合成反应，反应后的高温气体最后离开合成塔。图4.10为GC型低压氨合成塔结构图。

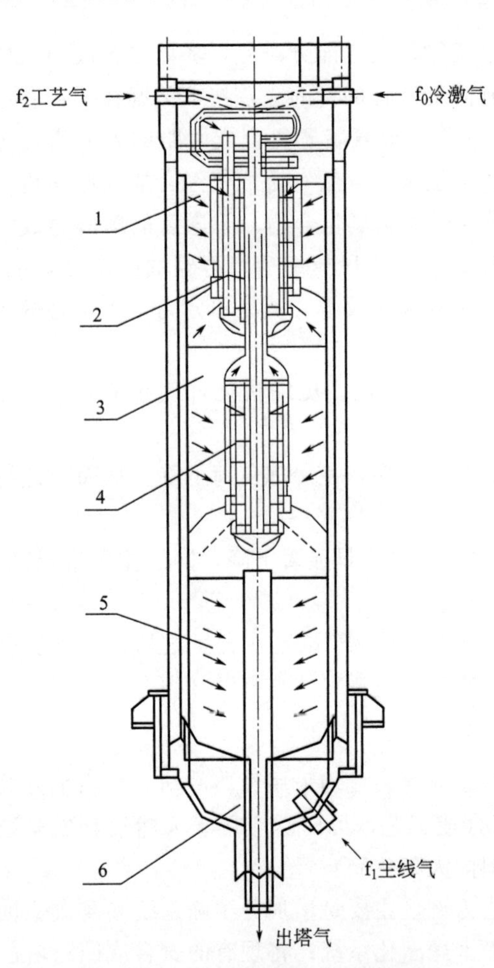


图4.10 GC型低压氨合成塔结构图

1—第1径向层催化剂筐；2—上部换热器；3—第2径向层催化剂筐；4—下部换热器；5—第3径向层催化剂筐；6—出气管

该工艺技术具有如下优点：

(1) 合成塔操作弹性大。采用专用于大直径合成塔的轴向段气体分布的新型菱形分布器气体分布技术，从实际使用情况看，与其他同类混合分布器相比，气体分布更均匀；同时保留了一小段轴向层，操作弹性要比一般全径向塔更大，最低可达到30%的负荷。

(2) 径向筐分气流侧和集气流侧采用二次分布技术，气体分布均匀。径向催化剂筐采用分气流侧和集气流侧双向补偿不等压差的方式进行，即在分气筒上和集气筒上都采用上下不等小孔和二次分布的设计，使两侧都对不均分布进行有效控制，从而使设计的“不均匀度”≤5%，提高氨合成的转化效率。

采用“鱼鳞筒”二次分布器技术，在分气筒和集气筒双侧均设计了鱼鳞筒二次分布器，气流从小孔分布后（一次分布）经鱼鳞筒二次分布空间分散，然后经鱼鳞孔切向分布（二次分布）至催化剂床层，使气体分布均匀度提高，死角减少，有效提高了分布器分布效果。

(3) 采用冷激+段间间冷调温形式，操作灵活简便，氨净值高。氨合成塔上部调温采用冷激形式，下部调温采用段间间冷形式，调温手段灵活，操作简便。采取层间间接换热方式，一方面使通过上层氨合成催化剂床层的气体不被未反应的气体冲稀，另一方面由于催化剂床层没有冷管，不存在冷管效应，可充分发挥床层催化剂的合成效果，从而提高系统的氨净值。

(4) 采用轴径向相结合的形式，塔阻力低。氨合成塔一般采用一轴三径结构，径向筐的比例占整个催化剂床层的80%～90%，大大降低催化剂床层阻力。

(5) 换热器采用“瘦长”形，换热效果好，高压空间利用率高。氨合成塔上下层间换热器采用“瘦长”形换热器，一方面提高了换热器的效果，增加换热器的操作弹性，另一方面使换热器的体积最小化，提高了高压容积利用系数。同时，“瘦长”形换热器和中心管、集气筒设计成一个整体，简化了内件的结构，便于设备的检修。

(6) 采用催化剂自卸技术。四段轴径向催化床相互独立又相互关联，每段催化床之间相互连通，可实现整塔催化剂完全自卸。

(7) 余热回收量大，副产蒸汽品质高。氨合成塔不设下部换热器，反应后的高温热气(420～450℃) 直接出塔，提高了副产蒸汽品位，产汽量可达到0.95～1.15吨蒸汽/吨氨。

(8) 反应器计算手段先进，催化剂床层分配合理。通过引进GIPS系统Reactor反应器计算程序，并在此基础上与生产实践相结合，对不同类型、粒度的氨合成催化剂进行修正，从而完成合成塔的工艺设计计算，催化剂床层分配合理，能满足不同工况下对操作弹性的苛刻要求。

## 二、应用情况

GC型低压氨合成工艺技术可靠先进，目前已应用于国内合成氨企业，投运装置达20多套，推广前景广阔。

山东某公司1200t/d大型合成氨装置，采用低压合成氨生产工艺，其GC-R023型氨合成塔性能指标达到国际先进的Topsφe S-300、Casale 300B、Uhde等氨合成塔的设计参数。装置投产后正常生产运行，装置粉煤流量42～46t/h，氨产量32～36t/h，氨合成系统压力10.8～11.2MPa，系统压差0.55～0.60MPa，合成塔压差0.15～0.16MPa，氨净值14.6%～14.8%（体积分数）；在氨产量达到设计能力1200t/d的情况下，系统压力≤14.2MPa，系统压差0.90MPa，合成塔压差0.25MPa，氨净值≥17.5%（体积分数）。根据装置长期生产运行统计结果，系统负荷达到设计能力的70%以上，系统压力、塔压差、平面温差、氨净值、系统阻力等各项指标优异。

## 三、节能减碳效果

江苏某公司18万吨合成氨系统采用GC型中1800三轴一径合成塔内件及配套设备，改造后氨产量由295t/d增加到540t/d，吨氨电耗由1200kW·h降到1100kW·h，吨氨煤耗下降110kg，实现年节能1.78万吨标准煤，年减碳量4.63万吨$CO_2$。

湖北某公司660t/d合成氨装置采用GC-R212YZB型$\Phi$2000mm的二轴二径催化剂自卸结构。装置投运后，平均合成氨日产600t，吨氨节电100kW·h，吨氨节煤120kg，每年减少氨损失528t，年节能2.16万吨标准煤，年减碳量5.62万吨$CO_2$。

## 四、技术支撑单位

南京国昌化工科技有限公司。

## 4-9　JX节能型水溶液全循环尿素生产技术

### 一、技术介绍

JX节能型水溶液全循环法尿素生产工艺主要由高压合成、循环回收、蒸发、解吸水解四个工序组成。

(1) 高压合成工序。来自氨库的原料液氨，经液氨泵加压到20～23MPa后送往液氨预热器，被加热到70℃后分为两路，一路约为总量80%的$NH_3$、103℃甲铵液和来自$CO_2$压缩机20～23MPa的$CO_2$一起进入合成塔塔顶分布器；另一路约20%的$NH_3$通过尿素合成塔底部进入，在塔内完成等温高压合成反应，反应产物从塔顶部出来。

(2) 循环回收工序。从合成塔出来的反应混合物先后经过中压分解吸收（压力1.7MPa）和低压分解吸收（压力0.3MPa）后，尿素含量达到67%左右，温度为140℃，然后送入蒸发系统；尿素尾气通过高效安全的尾气净氨处理后（氨含量小于1%）放空。

(3) 蒸发工序。从低压循环系统来的尿素溶液送入逆流降膜式预浓缩器，以中压分解气作热源进行预浓缩，将尿液含量从67%提高到85%；用膨胀蒸汽和蒸汽冷凝液作热源对85%尿液进行两段加热进行再浓缩，使尿液含量从85%提高到95%，完成对尿素的一段蒸发；出一段蒸发器的尿液再经过二段蒸发加热器，浓缩至99.6%左右，送至尿素造粒塔进行造粒。

(4) 解吸、水解工序。碳铵液由解吸泵送至解吸水解系统，采用蒸汽加热汽提，使塔底排出的解吸净水中尿素及氨含量$\leqslant 5\times10^{-6}$；解吸水解塔底出来的188℃解吸净水、解吸水解塔顶出来的160℃的解吸气分级利用于尿素分解工序，利于节省蒸汽、维持系统水平衡。

JX节能型水溶液全循环尿素生产工艺流程如图4.11所示。

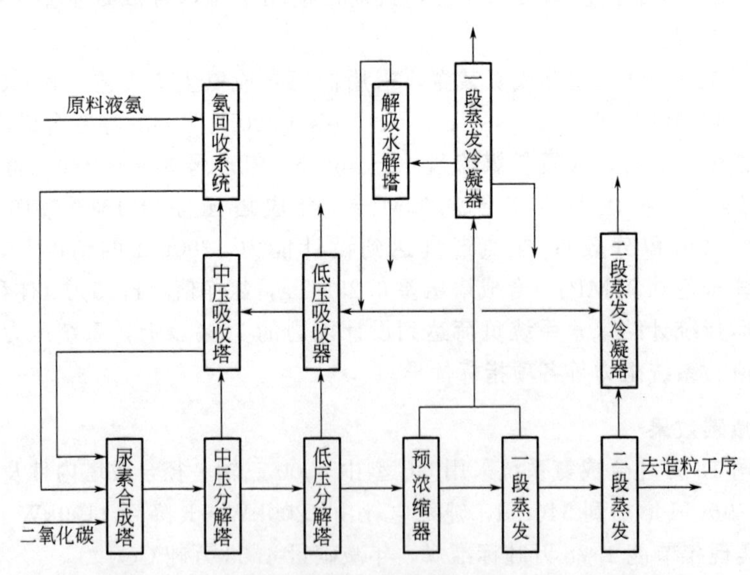


图4.11　JX节能型水溶液全循环尿素生产工艺流程图

该工艺具有以下优势：

(1) 采用尿素中压吸收塔，开发液相逆流换热式尿素合成塔，形成关键的物料合成路线，优化尿素合成塔的操作条件，将$CO_2$转化率提高到72%以上。

(2) 二次加热-降膜逆流换热组合的尿素中压分解工艺提高了甲铵的分解率和总氨的蒸

出率。

(3) 采用低水碳比-三段吸收-蒸发式空冷尿素生产中压回收工艺。

(4) 充分利用一段蒸发系统的低位热能。

(5) 采用高效安全的尾气净氨新工艺。

(6) 利用解吸水解气液相余热补加碳的高效尿素低压分解回收新工艺。

(7) 废水处理系统采用单塔处理废水，取消回流，将废水中尿素和氨含量降至 $5\times10^{-6}$ 以下，无外排，其废热分级利用于中、低压分解工序。

### 二、应用情况

JX节能型水溶液全循环法尿素生产工艺主要适用于水溶液全循环尿素生产装置改造或新建尿素装置，目前已经在山东、山西、河南、湖北、四川、新疆等多家企业应用，节能效果显著。

四川某公司对原有400t/d装置采用该工艺进行改造，并新建一套1000t/d尿素装置，经考核各能耗指标详见表4.3。

**表4.3 四川某公司两套尿素装置能耗考核数据**

| 考核指标 | 400t/d | 1000t/d |
| --- | --- | --- |
| 考核时间/h | 56 | 72 |
| 平均日产尿素/t | 402.51 | 1003.59 |
| 最高班产/t | 134.84 | 360.64 |
| 吨尿素氨耗/kg | 573.3 | 570 |
| 吨尿素蒸汽耗/kg | 1076.9 | 904.6 |
| 吨尿素电耗/kW·h | 125.2 | 125 |
| 吨尿素冷却水耗/$m^3$ | 142.8 | 76 |

注：蒸汽消耗为根据焓值折换成1.275MPa（A）的饱和蒸汽量；电耗不包括冷却水装置和包装工序的电耗。

### 三、节能减碳效果

根据实际应用，JX节能型水溶液全循环法尿素生产工艺与 $CO_2$ 汽提法相比，1000t/d尿素装置吨尿素氨耗可下降约5kg，蒸汽消耗下降约115kg，电耗下降约5kW·h，冷却水消耗下降约27$m^3$。

四川某公司采用该工艺对原有400t/d尿素生产装置实施改造，主要是对尿素装置中低压分解回收等系统进行改造，改造投产后一周负荷即达到102%，各种消耗指标均优于设计值，装置年节能9145tce，年减碳量23777t$CO_2$，年节能经济效益799万元。此外，该公司采用该工艺新建一套1000t/d尿素生产装置，实现年节能2.1万吨标准煤，年减碳量5.46万吨 $CO_2$，年经济效益2310万元。

### 四、技术支撑单位

四川金象赛瑞化工股份有限公司。

## 4-10 水平带式真空滤碱节能技术

### 一、技术介绍

水平带式真空过滤机是一种水平放置固定式带式结构的真空过滤机，其分离过程包括滤饼形成、滤饼洗涤、滤饼脱水、预干燥、卸料和滤布洗涤，连续循环操作。固液分离的动力来自于真空泵产生的负压，物料传输来自于过滤介质传送带的移动。相对于传统转鼓滤碱机，水平带式真空过滤机可以降低洗水当量，降低重碱水分和盐分，减少蒸汽消耗，实现节能。水平真空带式过滤机结构和原理图如图 4.12 所示。

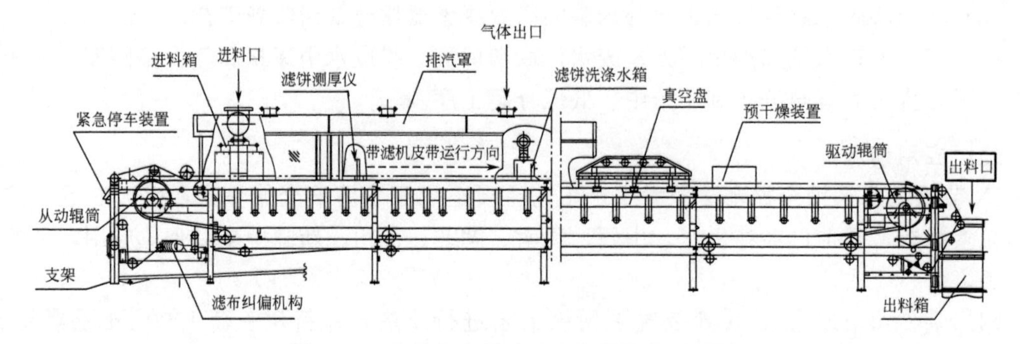


图 4.12　水平真空带式过滤机结构和原理图

该技术工艺流程为：水平带式真空过滤机的主电机通过减速装置带动头轮转动，头轮拖动环状滤带连续循环移动。碳化悬浮液经进料分配器进入鱼尾形进料箱，将碱液均匀分布在移动的滤布上分离，滤液穿过滤布进入脱水皮带槽，经真空盘后通过排水口进入滤液收集总管，最后排至气液分离罐。滤饼随滤布向前移动过程中，经过两段洗水逆流洗涤，洗去残留在重碱中的母液，洗涤液分别收集循环利用，最终进入母液系统。滤带向前移动的过程中，在挤压辊和真空作用下，不断压出和抽出重碱中的游离水，经过预干燥，完成滤饼的干燥过程。滤饼与滤布分离掉入卸料漏斗，进入重碱皮带运输机去煅烧工序煅烧。分离罐分离出的母液自压流入母液桶。气体进入净氨塔用清水吸收气体中的氨后，由真空泵抽出排空。卸料后，滤布洗涤水泵打出的高压水通过清洗头清洗滤布，残留在滤布上的固体被清洗掉和洗水一起收集到卸料端接水盘中，作为滤饼洗涤循环使用水。滤布得到再生清洗后，再经纠偏机构实现方向纠正，重新返到过滤段，如此往复循环完成过滤全过程。其工艺流程如图 4.13 所示。

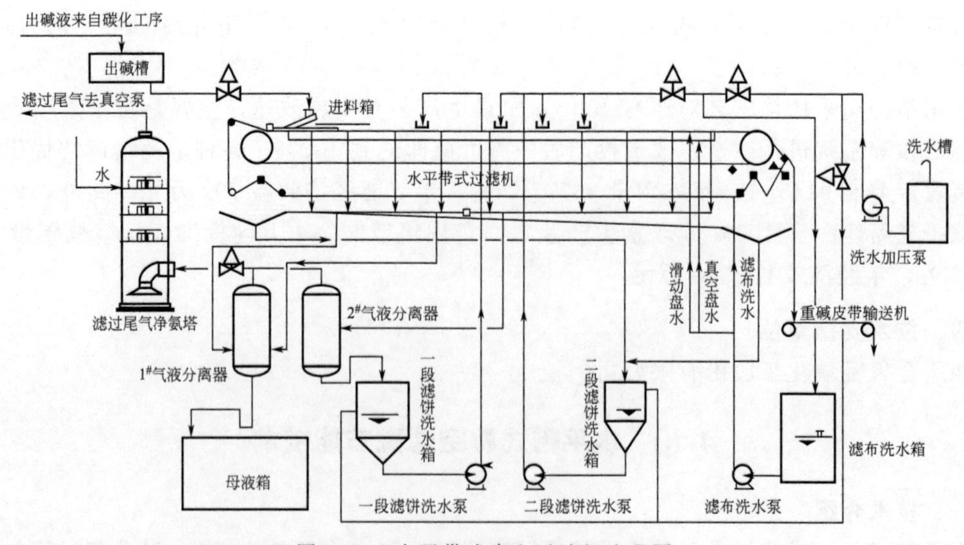


图 4.13　水平带式真空过滤机流程图

### 二、应用情况

水平带式真空过滤机装备已经实现国产化，不仅适用于联碱生产，也适用于氨碱生产，可用于新建或老旧装置的改造，目前已经应用于国内部分联碱装置，与传统真空转鼓滤碱机相比，节能效果明显，具有较好的经济效益和社会效益。

### 三、节能减碳效果

根据实际应用，采用水平带式真空过滤机可使洗涤软水量每吨碱降低 $0.16m^3$，重碱烧成率提高 2.99%，水分平均下降 2.9%，节省中压蒸汽每吨碱约 108kg。

辽宁某企业 30 万吨/年联碱装置采用该技术装备，对原进口水平带式真空过滤机进行国产化改造，改造后各项技术指标提升到新研制的国产带滤机水平，实现年节能 3058tce，年减碳量 $7951tCO_2$，年节能经济效益 478 万元。

### 四、技术支撑单位

大连大化工程设计有限公司。

## 4-11 新型高效节能膜极距离子膜电解技术

### 一、技术介绍

离子膜制碱工艺基本原理是将电能转换为化学能，将盐水电解，生成 NaOH、$Cl_2$、$H_2$，在离子膜电解槽阳极室，盐水在离子膜电解槽中电离成 $Na^+$ 和 $Cl^-$，其中 $Na^+$ 在电荷作用下，通过具有选择性的阳离子膜迁移到阴极室（该膜只允许 $Na^+$ 穿透，而对 $OH^-$ 起阻止作用），留下的 $Cl^-$ 在阳极电解作用下生成氯气。阴极室内的 $H_2O$ 电离成为 $H^+$ 和 $OH^-$，其中 $OH^-$ 被具有选择性的阳离子挡在阴极室与从阳极室过来的 $Na^+$ 结合成为产物 NaOH，$H^+$ 在阴极电解作用下生成氢气，如图 4.14 所示。其电解反应方程式：

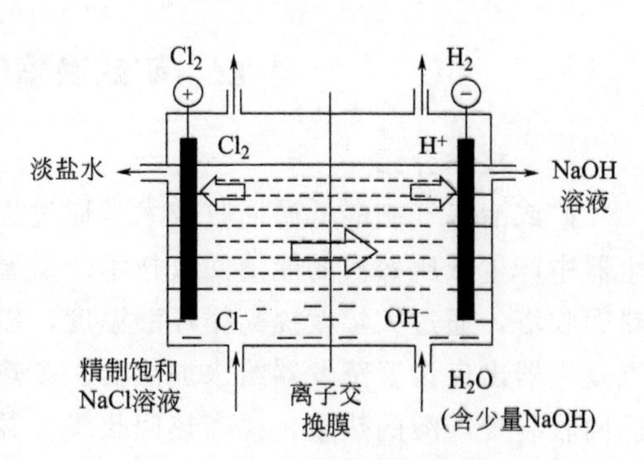


图 4.14 离子膜电解槽电解反应基本原理示意图

$$2NaCl+2H_2O \longrightarrow 2NaOH+Cl_2\uparrow+H_2\uparrow$$

离子膜电解槽是该工艺中的关键设备，其作用是将合格的二次精制盐水经通电电解，生产出高纯、高浓度的氢氧化钠产品，同时得到氯气和氢气。在电解槽中，电解单元的阴阳极间距（极距）是一项非常重要的技术指标，其极距越小，单元槽电解电压越低，相应的生产电耗也越低，当极距达到最小值时，即为零极距，亦称为膜极距。目前已研发出膜极距离子膜电解槽技术，通过降低电解槽阴极侧溶液电压降，从而达到降低电耗的效果。

### 二、应用情况

新型高效节能膜极距离子膜电解技术目前已经推广应用于国内部分离子膜法氯碱企业，节电效果显著。

### 三、节能减碳效果

安徽某公司一期 2 万吨/年离子膜法烧碱装置采用该技术实施改造，该装置为 BiTAC 常极距离子膜电解槽，共分 6 组，每组 23 个单元，共 138 个单元。通过对 3# 电解槽进行改造，改成的膜极距电解槽（1～16单元）与未改电解槽（17～23单元）实际运行数据详见表4.4。

**表4.4　改成的膜极距电解槽与未改电解槽运行效果比较**

| 槽单元号 | 时间 | 电流/kA | 单元槽数 | 电流效率/% | 单元均槽压/V | 变电效率/% | 交流电耗/(kW·h/t) | 改造节电/(kW·h/t) |
|---|---|---|---|---|---|---|---|---|
| 1～10 | 201308 | 12 | 10 | 95.00 | 2.89 | 96 | 2123.90 | 132.28 |
| 11～13 | 201308 | 12 | 3 | 95.00 | 2.92 | 96 | 2145.95 | 110.24 |
| 14～16 | 201308 | 12 | 3 | 95.00 | 2.92 | 96 | 2145.95 | 110.24 |
| 17～23 | 201308 | 12 | 7 | 95.00 | 3.07 | 96 | 2256.19 | 0 |

由表4.4可知，改造后在同一运行电流12kA、变电效率96%时，膜极距改造过的单元槽电压明显低于未改造的单元槽电压，单片单元槽电压平均下降165mV（1～10比17～23低180mV，11～16比17～23低150mV），改造后实现节电121.26kW·h/t，一期装置全部改造全年实现节电242.52万千瓦·时，实现年减碳量1706t$CO_2$，全年节约电费约160万元。

### 四、技术支撑单位

蓝星（北京）化工机械有限公司。

## 4-12　矿或冶炼气制酸低温热回收技术

### 一、技术介绍

矿或冶炼气制酸低温回收技术是通过提高吸收工序的循环酸温，用高温浓硫酸在蒸汽发生器中产生低压蒸汽的能量回收技术。低温回收的方法是在硫酸装置第一吸收塔前并联一台热回收塔，通过大幅度提高循环酸温度，以蒸汽发生器代替酸冷却器产生低压蒸汽，并在蒸汽发生器出口设置蒸发器给水加热器、废热锅炉给水加热器和脱盐水加热器以进一步利用低温回收装置产酸的热量，提高热回收率。并在蒸汽发生器后专门设置硫酸混合器，以便水与高温浓硫酸充分混合。

该工艺关键技术是采用高温吸收代替低温吸收，用蒸汽发生器代替传统循环水冷却器产生低压蒸汽，用低温热装置高温产酸、加热中压锅炉给水、蒸发器给水和脱盐水，采用装置产酸加热混合器串酸。其工艺流程如图4.15所示。

### 二、应用情况

矿或冶炼气制酸低温回收技术目前已在国内30多套硫黄制酸装置中推广应用，总的硫酸产能达14000kt/a，其中投产的装置近20余套，如贵州2400t/d、1800t/d规模，云南1520t/d规模，山东1000t/d、900t/d、750t/d规模，江苏750t/d、600t/d规模，湖北800t/d规模，河北600t/d规模，江西600t/d规模，技术成熟可靠。

### 三、节能减碳效果

矿或冶炼气制酸低温回收技术可使矿或冶炼气制酸装置每生产1t酸低压蒸汽折合回收量达到0.45t，并可替代目前矿或冶炼气制酸装置的一吸酸冷却器，减小60%左右的循环冷却水用量，从而也减少循环水站的动力消耗及循环水的蒸发量。根据对目前已经投产的装置统计，其运行数据汇总见表4.5。

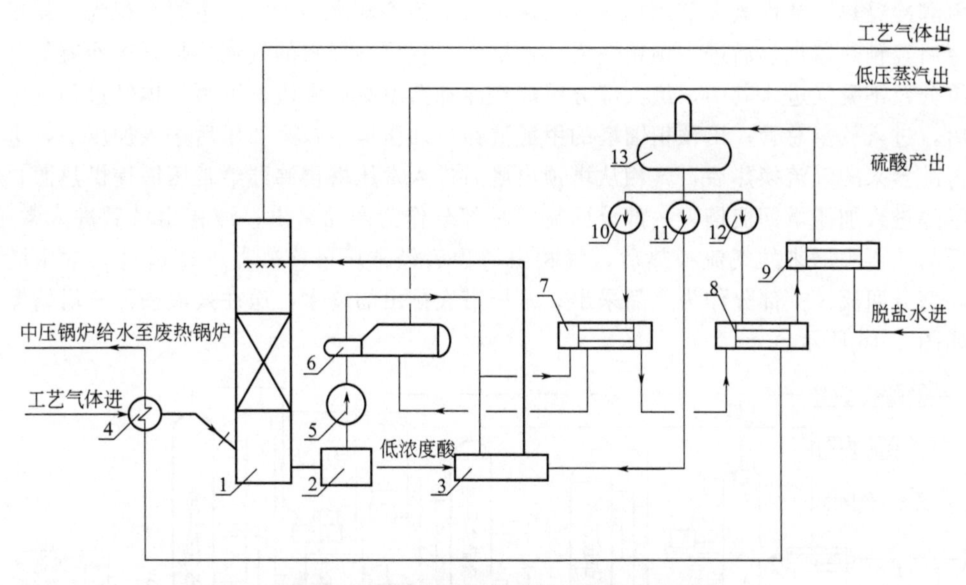


图 4.15 矿或冶炼气制酸低温热回收流程

1—高温吸收塔；2—高温循环槽；3—混合器；4—省煤器；5—高温循环泵；6—蒸发器；7—蒸发器给水加热器；8—中压废热锅炉给水加热器；9—脱盐水加热器；10—低压给水泵；11—喷射水泵；12—中压给水泵；13—除氧器

**表 4.5 部分已投产的低位热回收系运行汇总表**

| 项目 | 山东项目1 | 贵州项目1 | 贵州项目2 | 湖北项目 | 江苏项目1 | 江苏项目2 | 云南项目 | 山东项目2 | 河北项目 | 山东项目3 | 江西项目 |
|---|---|---|---|---|---|---|---|---|---|---|---|
| 装置规模/(t/d) | 750 | 2400 | 1800 | 690 | 750 | 600 | 2×1520 | 1000 | 600 | 900 | 600 |
| 投产日期 | 2010.4 | 2010.8 | 2011.7 | 2011.7 | 2011.7 | 2011.8 | 2011.9 | 2011.11 | 2012.1 | 2012.2 | 2012.4 |
| 进塔气温/℃ | 179 | 181 | 181 | 210 | 180 | 180 | 180 | 190 | 160 | 179 | 180 |
| 出塔气温/℃ | 72 | 72 | 71 | 75 | 74 | 72 | 73 | 73 | 70 | 73 | 70 |
| 产汽压力/MPa | 0.6 | 0.7 | 0.7 | 0.9 | 0.95 | 0.6 | 0.8 | 0.95 | 0.75 | 0.85 | 0.75 |
| 产汽率/(t/t) | 0.48 | 0.52 | 0.52 | 0.46 | 0.46 | 0.45 | 表不准 | 0.46 | 0.4① | 0.46 | 0.45 |

① 河北项目由于一直在60%左右低负荷运行，所以产汽率较低。

山东某公司在原有矿制酸装置基础上建成一套低温热回收装置，该低温热回收装置每小时产汽约7t，每年产汽5.6万吨，减少循环水用量380万吨。综合分析，年实现节约标准煤7440t，年减碳量19344t$CO_2$，年经济收益1030万元。

### 四、技术支撑单位

南京海陆化工科技有限公司。

## 4-13 垂直筛板型甲醇三塔精馏技术

### 一、技术介绍

三塔精馏分离工艺与传统双塔精馏相比，主要区别在于将甲醇精馏分为加压精馏和常压精馏两段，在预精馏塔中除去溶解性气体及低沸点杂质，在加压塔和常压塔中除去水及高沸点杂质，从而制得合格的精甲醇产品。其主要技术特点有：

(1) 该工艺利用加压精馏塔塔顶出来的甲醇蒸气作为常压精馏塔的热源，充分利用加压塔的甲醇冷凝热，从而大大节约加热蒸汽用量与塔顶冷却水用量。其主要流程为：粗甲醇加入碱液后经预热器加热后进入预精馏塔，进塔后与从再沸器来的气流换热，未冷凝的部分低沸点组分及不凝气进入其中，绝大部分甲醇经冷却器冷凝后回流，不凝气体经过预精馏塔液封槽后，进入放空总管；出预精馏塔的甲醇液经过加压塔给料泵加压后进入加压塔，进塔后与从再沸器来的气流换热后，气相从塔顶出塔后进入常压塔再沸器给常压塔提供热源，冷凝后的甲醇进入加压塔回流槽，一部分回流，一部分作为产品采出；液相出塔后进入常压塔，进塔后与从再沸器来的气流换热后，气相出塔顶后经常压塔冷凝器冷却后进入常压塔回流槽，一部分回流，一部分作为产品采出，常压塔底排出的废水，送往残液槽。三塔精馏工艺流程如图 4.16 所示。

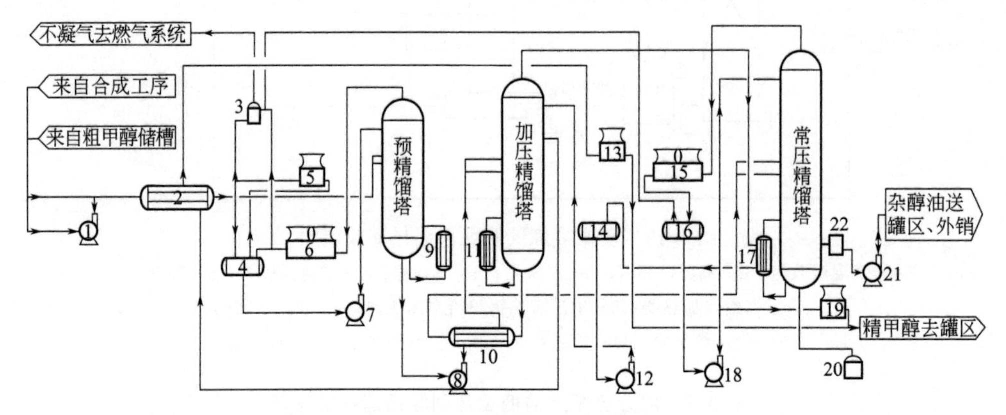


图 4.16 三塔精馏工艺流程

1—粗甲醇泵；2—粗甲醇预热器；3—不凝气分离器；4—预精馏塔回流槽；5—预精馏塔回流冷凝器；6—二台一冷凝器；7—预精馏塔回流泵；8—加压塔进料泵；9—预精馏塔再沸器；10—甲醇换热器；11—加压塔再沸器；12—加压塔回流槽；13—加压塔冷凝器；14—加压塔回流槽；15—常压塔冷凝器；16—常压塔回流槽；17—常压塔再沸器；18—常压塔回流泵；19—甲醇冷凝器；20—残液槽；21—杂醇油泵；22—杂醇油罐

(2) 三塔内件采用的垂直筛板塔，是一种新型喷射型塔板，具有阻力小，气液接触充分，传质效率高，空间利用率高，处理能力大，操作弹性大，结构简单可靠、节省投资，抗结垢、防堵塞性能好等特点。其结构和工作原理如图 4.17 所示，它是由塔板上开有类似于

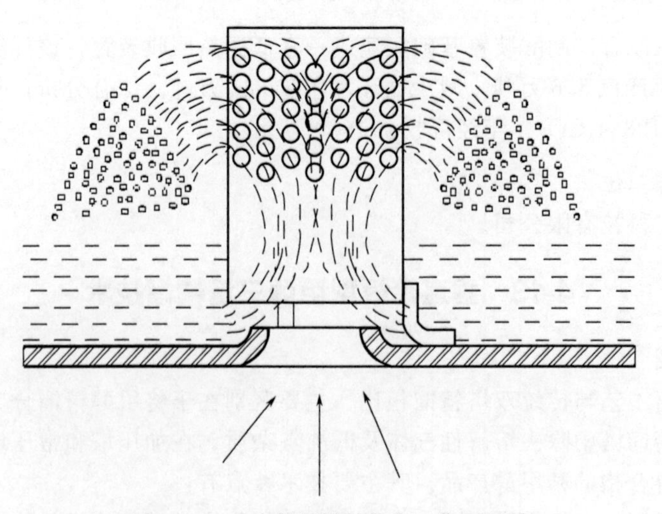

图 4.17 垂直筛板塔结构和工作原理图

文丘里喷嘴形式的升气孔及罩于其上的帽罩组成，其气液接触传质、传热过程为：由下层塔板上升的气体经升气孔后气流收缩，静压降低，板上的液体靠本身的液柱静压及气流的吸力进入帽罩内与上升气流形成气液混合物边进行传质、传热边上升，完成相当于普通鼓泡型塔板传质过程的第一阶段传质过程；气液混合物打到罩顶后进行液体的表面更新，并在罩内空间完成第二阶段传质；然后气液混合物经帽罩上部侧壁上的开孔水平喷出，液体被分散成大量直径不等的液滴，形成很大的传质表面，在液层上部空间完成第三次传质、传热过程后，液滴返回板上液层内，气体继续上升至上层塔板。

## 二、应用情况

垂直筛板型甲醇三塔精馏工艺在国内大中型甲醇装置中应用广泛，具有精馏能耗低、操作稳定、产品质量好等突出优点，目前已在国内推广上百套。部分垂直筛板型三塔精馏工程应用实例汇总于表 4.6。

**表 4.6 部分垂直筛板型三塔精馏工程应用实例汇总**

| 企业名称 | 生产能力/(万吨/年) | 设备规格/mm | | | 备注 |
|---|---|---|---|---|---|
| | | 脱醚塔 | 加压塔 | 常压塔 | |
| 垦利化肥 | 5 | Φ1000 | Φ1000 | Φ1400 | 2套 |
| 山东久泰 | 5 | Φ1000 | Φ1000 | Φ1400 | |
| | 10 | Φ1400 | Φ1500 | Φ1800 | |
| 河南卫辉 | 5 | Φ1000 | Φ1000 | Φ1400 | |
| | 10 | Φ1400 | Φ1500 | Φ1800 | |
| 河南遂平 | 10 | Φ1400 | Φ1500 | Φ1800 | |
| 河北深县 | 5 | Φ1000 | Φ1000 | Φ1400 | |
| 正元化肥 | 10 | Φ1400 | Φ1500 | Φ1800 | |
| 柏坡正元 | 5 | Φ1000 | Φ1000 | Φ1400 | |
| 山西文水 | 5 | Φ1000 | Φ1000 | Φ1400 | |
| 山西高平 | 10 | Φ1400 | Φ1500 | Φ1800 | |
| 山西霍州 | 5 | Φ1000 | Φ1000 | Φ1800 | 旧饱和热水塔改为常压塔 |
| 四川天一 | 10 | Φ1400 | Φ1500 | Φ1800 | |
| 山西介休 | 6 | Φ1200 | Φ1000 | Φ1400 | 二塔改三塔 |
| 河北曲阳 | 5 | Φ1000 | Φ1000 | Φ1200 | 二塔改三塔 |
| 河北昌黎 | 2.5 | Φ800 | Φ1000 | Φ1200 | 二塔改三塔 |
| 山西闻喜 | 6.5 | Φ1000 | Φ1000 | Φ1400 | 二塔改三塔 |
| 山东莱西 | 8 | Φ1200 | Φ1400 | Φ1600 | 二塔改三塔 |
| 衡水冀衡 | 3 | Φ1000 | Φ1000 | Φ1200 | 二塔改三塔 |
| 宜化楚星 | 4 | Φ1000 | Φ1000 | Φ1200 | 二塔改三塔 |

## 三、节能减碳效果

根据实际应用统计，采用垂直筛板型三塔精馏工艺技术，每精制 1t 精甲醇消耗 0.95～1.2t 蒸汽，循环水 10～15$m^3$，耗电 4～7kW·h。与传统双塔精馏相比，三塔精馏蒸汽消耗比传统双塔流程降低约 40%，冷却水用量降低约 50%。

以生产能力为2.5万吨/年精馏装置为例，将原双塔工艺改造为该三塔精馏流程后，生产能力增加至5万吨/年，投入运行后，相对双塔装置，每年节约蒸汽约4万吨、循环水350万吨，实现年减碳量9360t$CO_2$。

### 四、技术支撑单位

石家庄正元塔器设备有限公司。

## 4-14 五效真空蒸发制盐技术

### 一、技术介绍

五效真空蒸发制盐技术是利用五套蒸发罐进行降压蒸发，首效蒸发罐加热热源利用生蒸汽，压力高于大气压，其他各效利用上一效产生的二次蒸汽来加热本效加热室内的卤水，在末效收集二次蒸汽经大气式混合冷凝器冷却形成真空，在各效蒸发罐内产生阶梯压差和温度差。饱和卤水在一、二、三、四效蒸发罐加热室内循环加热蒸发浓缩析盐，当盐浆达到一定体积浓度时，从一效蒸发罐盐脚顺流排入二、三、四、五效蒸发罐下循环管，在五效蒸发罐中盐浆达到排盐的体积浓度时，从盐脚自流排到排盐缓冲桶内。与目前常用的四效真空蒸发制盐技术相比，该技术在工艺设备上多增加一套蒸发罐，增加了二次蒸汽利用次数，即多利用一次热能，提高热效率，有效节约蒸汽，降低吨盐产品汽耗。

### 二、应用情况

五效真空蒸发制盐主要适用于井矿盐卤水、海水卤水生产精制盐，目前已经应用于国内部分制盐企业，节汽效果显著。

四川某公司采用五效真空蒸发制盐技术，其主要消耗指标为：原卤11.0$m^3$/t盐，新鲜水1.0t/t盐，蒸汽1.1t/t盐，电45kW·h/t盐。与改造前的四效蒸发相比，除电耗略有增加，各项指标均有所降低，节能效果显著。

### 三、节能减碳效果

五效真空蒸发与传统的四效蒸发工艺相比，吨盐产品节约蒸汽近150kg。

江苏某公司Ⅰ组罐年产30万吨装置改造前采用四效真空制盐生产工艺，汽耗1.2t汽/t盐，电耗48kW·h/t盐，通过采用五效真空蒸发工艺，利用现有设施在老系统前增加一效作为新Ⅰ效，并与系统合理对接，同时适当提高首效进汽压力和末效真空度，以实现五效蒸发制盐，改造前后工况比较详见表4.7。

表4.7 某公司五效蒸发与四效蒸发工况比较

| 项目 | 首效进汽压力/MPa | 末效真空度/MPa | 生产周期 | 平均班产量/t | 汽单耗/(t/t) | 电单耗/(kW·h/t) |
|---|---|---|---|---|---|---|
| 四效蒸发生产 | 2.5 | −0.91 | 25d | 320 | 1.20 | 48 |
| 五效蒸发生产 | 3.0 | −0.96 | 60d | 350 | 1.03 | 51 |

改造后，通过提高首效进汽压力和温度，产能增加明显，单位盐汽耗减少0.17t，由于新增一效设备，单位盐电耗略有增加。综合分析，每年实现节能量约5821tce，实现减碳量15135t$CO_2$。

### 四、技术支撑单位

中国轻工业长沙工程有限公司。

## 4-15 电石炉尾气制甲醇和二甲醚工艺技术

### 一、技术介绍

电石炉尾气制甲醇和二甲醚工艺技术主要是回收利用电石生产尾气中所含的大量 CO，经过粗处理和精净化脱除有害组分，使其满足生产甲醇合成气的要求，然后配入氢气，进入甲醇合成系统，生产出来的粗甲醇通过精馏得到甲醇产品或脱水生产二甲醚。其典型工艺流程如图 4.18 所示。

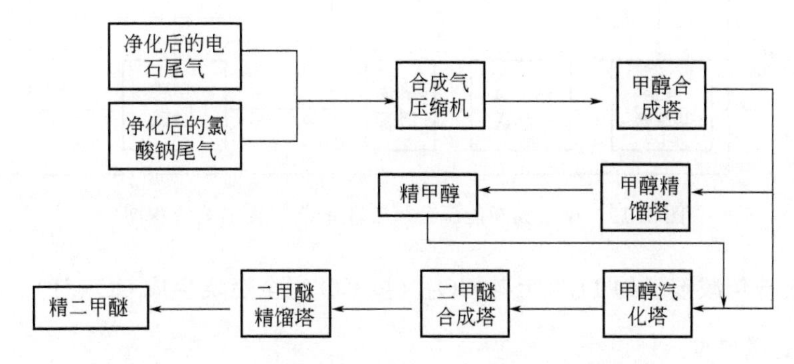


图 4.18 电石尾气生产甲醇/二甲醚工艺示意图

### 二、应用情况

电石炉尾气制甲醇和二甲醚工艺技术主要应用于回收利用电石炉尾气，目前应用于国内少数企业。其中四川茂县鑫新能源公司于 2014 年建成国内首套电石炉尾气和氯酸钠尾气制 8 万吨/年甲醇、5 万吨/年二甲醚工业示范装置，其工艺流程如图 4.19 所示。电石尾气从气柜出来经增压后进入湿法脱硫系统，粗脱硫采用 PDS 碱溶液，脱硫富液采用喷射再生，脱除 $H_2S$ 后的电石尾气压缩到 1.5MPa 去变温吸附、变压吸附脱除杂质，然后再去精净化系统，进一步脱除杂质以满足生产甲醇合成气的要求，精净化包括干法精脱硫、脱砷、脱氧等步骤。电石尾气经过精净化，将有害组分脱除到满足甲醇合成的要求后配入氢气，压缩到 5.4MPa 去甲醇合成系统。生产的粗甲醇精馏后得到甲醇产品或者脱水生产二甲醚，其中甲醇催化脱水合成二甲醚主要包括甲醇汽化、脱水反应、冷凝洗涤、精馏提纯。甲醇合成排放的弛放气经变压吸附提氢装置回收氢气，返回系统作为原料，变压吸附提氢装置的解析气去精净化系统的变温吸附装置作再生气。

该装置具有工艺流程合理、消耗定额低、生产成本低、能耗低、三废少、产品质量高等特点，装置投产后运行稳定，主要技术指标达到设计要求，实现电石炉尾气的高效利用。此外，由于是废气回收利用，经济效益和社会效益显著。

### 三、节能减碳效果

根据对 8 万吨/年甲醇、5 万吨/年二甲醚工业示范装置的统计，该项目年消耗电石尾气 $8.33\times10^7m^3$，氯酸钠尾气 $11.88\times10^7m^3$、新鲜水 $8.44\times10^5t$，电量 $7.20\times10^7kW\cdot h$，甲醇产品能耗 29.05GJ/t，折合 0.9923tce/t，与国内其他原料的甲醇装置能耗相比，处于领先水平。该项目由于回收电石尾气中的热量，实现年节能量约 2.84 万吨标准煤，由于回用尾

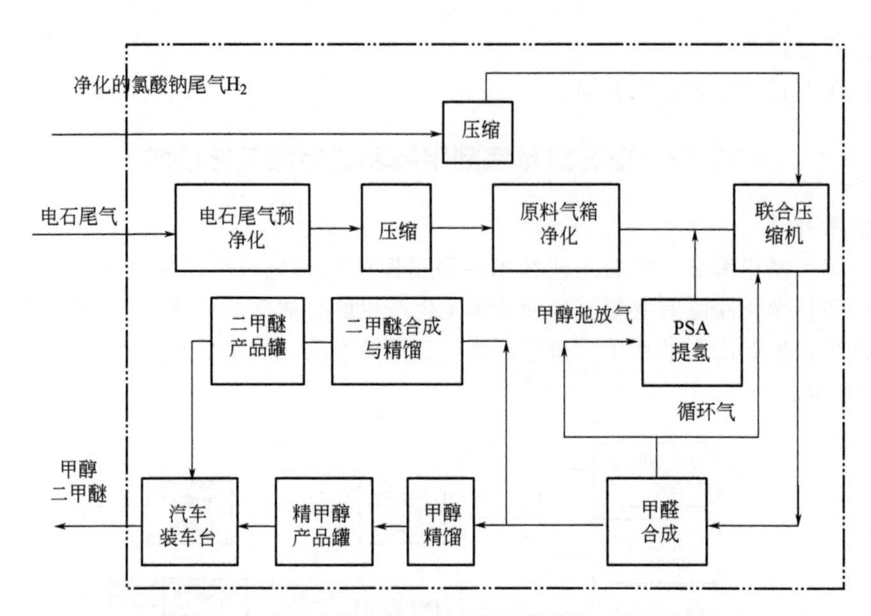


图 4.19 茂县鑫新能源公司工业示范装置工艺流程图

气中的 CO，实现年减碳量约 11.8 万吨 $CO_2$（按 CO 完全燃烧生成 $CO_2$ 计）。

**四、技术支撑单位**

四川天一科技股份有限公司。

## 4-16 炼油装置间热联合与热供料技术

**一、技术介绍**

热联合是将热量多余的装置输出热给另一套装置作为热源来加热工艺介质，其出发点是在大系统内寻找合适的热匹配，达到能量优化综合利用的目的。装置间的热联合是将上下游两套或者多套装置作为一个整体，在大系统内进行“高热高用，低热低用”匹配，实现能量利用优化，其实质是在几套装置内而不是孤立地在一套装置内考虑能量的优化利用。由于可选择的范围广，总可能找到相对合理的匹配，实现能量的逐级利用。

热供料是热联合的一种形式，它是两套装置或多套装置间的物料供给关系，即上游装置产品物流不经过冷却或者不完全冷却，也不送至中间罐储存再送到下游装置，而是直接（或经过热缓冲罐）引至下游装置作为进料，这样可避免物料的冷却和再加热，从而减少换热网络的两次传热损失。

**二、应用情况**

热联合与热供料技术多适用于炼厂的上下游两套装置（比如催化裂化和气体分离装置），或者多套装置作为一个整体（比如在常减压、催化、加氢、延迟焦化、溶脱装置之间实行热联合和热供料），目前已经在众多炼油企业中得到应用。

(1) 某石化公司结合装置实际，经现场调研和模拟优化后，在常减压、催化、加氢、延迟焦化、溶脱装置之间实行热联合和热供料，装置上下游实现热出料，装置间的热量需要在全局范围内进行综合匹配优化，达到全局系统优化。该公司热联合和热供料实施情况效果详见表 4.8。

**表 4.8 炼油装置热联合和热供料实施效果**

| 装置 | 实施内容 | 实施效果 | 能耗降低 /(kgEO/t) |
| --- | --- | --- | --- |
| 常减压 | 减压渣油热出料 | 减压渣油出料温度由现有的 130℃提高到 160℃ | 0.4 |
| | | 减少循环水消耗 200t/h | 0.04 |
| 催化 | 催化汽柴油热出料 | 汽柴油出料温度由现有的 40℃提高到 100℃ | 0.39 |
| | | 停用 2 台 25kW 空冷器,减少循环水消耗 200t/h | 0.06 |
| 焦化 | 焦化汽柴油热出料 | 汽柴油出料温度由现有的 40℃提高到 100℃ | 0.18 |
| | 焦化蜡油热出料 | 蜡油出料温度由现有的 90℃提高到 155℃ | 0.14 |
| | 节约空冷电机用电 | 停用塔顶和顶循 3 台 22kW 空冷器,减少循环水消耗 100t/h | 0.05 |
| 溶剂脱沥青 | 脱沥青油热出料 | 脱沥青油出料温度由现有的 110℃提高到 160℃ | 0.08 |
| | | 减少低温热输出 170kW | −0.03 |
| 合计 | | | 1.31 |

(2) 某石化公司催化裂化装置分馏塔顶循环回流自分馏塔 30 层集油箱用顶循泵抽出，抽出温度为 135～140℃、抽出量为 350～390t/h，原顶循先进顶循-原料油换热器，再进顶循-热媒水换热器后进顶循-热工除盐水换热器，再依次经空冷、顶循后冷器冷却至 100℃左右返回分馏塔 34 层塔盘，控制分流塔塔顶温度。为进一步利用催化裂化装置顶循的低温热，实施“催化裂化装置分馏塔顶循环回流引至一套气分装置作脱丙烷塔塔底热源”项目改造，在一套气分装置脱丙烷塔塔底增设以催化顶循为热源的再沸器，催化顶循先送至一套气分装置作脱丙烷塔塔底再沸器热源，返回催化后依次再和原料油、热媒水、热工除氧水换热，后经空冷、水冷返回分馏塔 34 层塔盘，控制汽油质量，从而有效降低一套气分装置脱丙烷塔塔底再沸器蒸汽用量，降低炼油系统综合能耗。装置改造前后流程示意图如图 4.20 所示。

项目改造正常投运后，顶循进一套气分装置脱丙烷塔温度为 136℃，出口温度为 120℃，

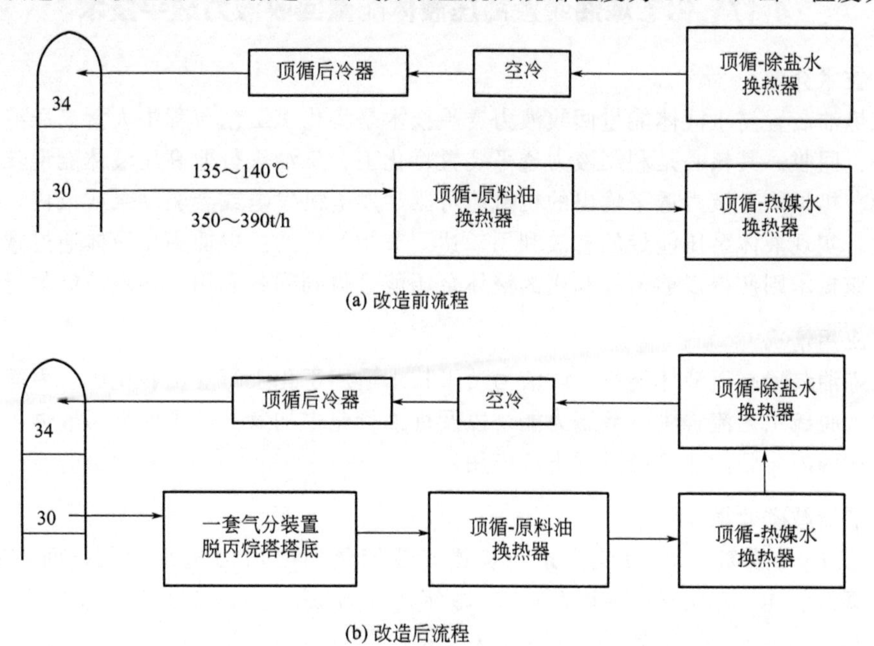


图 4.20 某公司催化裂化装置改造前后流程示意图

进出温差为16℃，节约0.6MPa蒸汽约7t/h。由于顶循从一套气分返回后温度降低，顶循-原料油换热器换热量有所减小，原料油换热终温下降约5℃，顶循-热媒水换热器换热量也相应减小，热媒水换热终温下降约6℃，顶循-热工除盐水换热器热媒水换热终温下降约30℃，一台顶循空冷风机停运，顶循后冷器循环水消耗减少。具体数据见表4.9。

**表4.9 项目改造对催化裂化装置能耗的影响**

| 实施效果 | 对装置能耗影响 |
| --- | --- |
| 0.6MPa蒸汽月消耗减少5000t | −3.08kgEO/t |
| 原料油换热温度下降5℃ | +1.17kgEO/t |
| 热媒水换热终温下降6℃ | +0.67kgEO/t |
| 热工除盐水热终温下降30℃ | +0.69kgEO/t |
| 停运一台顶循空冷风机 | −0.14kgEO/t |
| 循环水月减少14400t | −0.01kgEO/t |
| 合计 | −0.70kgEO/t |

注：EO表示标准油。

### 三、节能减碳效果

某石化公司炼油装置在常减压、催化、加氢、延迟焦化、溶脱装置之间实行热联合和热供料后，实际降低炼油能耗1.31kgEO/t，每年可降低实际能耗共计$5.5\times10^6$kgEO，年减碳量16775t$CO_2$，每年可产生的经济效益约为1000万元。

### 四、技术支撑单位

中国石油化工集团公司、华南理工大学。

## 4-17 化工炼油装置高压液体能量回收液力透平技术

### 一、技术介绍

化工炼油装置高压液体能量回收液力透平技术是将化工工艺流程中大量高压液体通过液力透平进行回收。其核心是利用液力透平装置将化工、炼油等行业高压液体能量转换为液力透平的旋转机械能，液力透平输出的机械能可驱动发电机发电或者驱动泵或风机，也可辅助电机做功，实现液体余压能量的有效利用，达到节能的目的。以前高压液体通过减压阀泄压后流出，该技术则使得以前未被利用的液体余压能量得到回收利用，实现节能的目的。

### 二、应用情况

化工炼油装置高压液体能量回收液力透平技术适用于化工行业回收化肥、甲醇、煤制烯烃等脱碳、脱硫工艺流程中贫液压力能，以及炼油行业中加氢工艺中的高压液体压力能回收等。目前在国内化肥企业已经进行推广应用。

### 三、节能减碳效果

以30万吨合成氨（52万吨尿素）装置安装能量回收液力透平为例，回收功率可达320kW，每天节电8500～9000kW·h，每年可节电达$2.3\times10^6$kW·h，实现减碳量约2034t$CO_2$。

山东某化肥公司18万吨/年合成氨脱碳富液余压能量回收项目采用XWT1400-11型液

力透平，流量为 1400$m^3$/h，压差为 1.1MPa，回收功率为 320kW，已安全、稳定运行累计 16000h，每天节电 8500～9000kW·h，每天节电实现减碳量 7.52～7.96t$CO_2$。

### 四、技术支撑单位

兰州理工大学、兰州西禹泵业有限公司。

## 4-18　封闭直线式长冲程抽油机节能技术

### 一、技术介绍

封闭直线式长冲程抽油机节能技术采用塔架式全封闭布置、直线运动、平衡配重和高效变速传动等技术，具有长冲程、低冲次、悬点负荷大等特点，可提高抽油产量 15%以上，大大降低生产能耗，节能效果显著。其关键技术包括：

(1) *定滑轮技术*。基于定滑轮原理，抽油机的天轮起到定滑轮的作用，一侧连接抽油杆，另一侧连接配重箱，两侧平衡度较高且便于调节，从根本上解决了传统游梁式抽油机平衡不好、“大马拉小车”的问题。

(2) *对称循环链条抽油机传动技术*。采用封闭箱内双循环链条传动，换向轴两端分别与两条链固定连接，双链条拖动循环换向轴带动配重箱竖直运行，运行平稳，受力均衡，杜绝了其他类似直线式抽油机单排链与悬臂轴连接方式易发生损毁事故的情况。同时，链条下端浸入底部油池，换向轴循环一次浸油一次，保证润滑，提高传动效率，部件寿命长。

(3) *沿扇形边沿传动链条与井杆运动抽油技术*。采用半径不同的从循环链轮和主循环链轮，形成扇形结构，当循环轴运行到主循环链轮时行走路径较长，实现上下直线运行的抽油杆在运行中变速，相应抽油杆在顶端停留的时间较长，不仅降低了抽油杆柱的相对变形值，也减少了抽油泵柱塞的冲程损失，提高抽油泵的充满度系数和排量系数，进而提高泵效，增加产量。

(4) *封闭箱体抽油机的悬绳器技术*。采用悬绳器装置，通过拧动调节螺母调节固接在调节螺栓中心孔的悬绳来调整悬绳架的平行位置，并调节固定在悬绳架上的井杆位置，保证井杆垂直投进油井中。

(5) *托轮移位装置的橡胶托轮技术*。装置由托轮、橡胶环、轴承和托轮轴所组成。托轮顶部的圆环沟槽装入橡胶环，轴承装在托轮两侧的凹形圆窝内，托轮轴装在轴承的中心孔中，托轮轴是封闭箱体抽油机托轮移位装置的配套产品，由于钢丝绳在环形橡胶的沟槽内运行，减少钢丝绳的磨损，延长钢丝绳的使用寿命，同时由于环形橡胶的弹力作用，使井杆在运行至上止点时停留时间增大，导致石油受压缩的能量得到充分释放，使采油量增加。

(6) *悬绳连接器装置技术*。悬绳连接器装置由配重箱、钢丝绳和井杆之间的连接器组成，拧动任意一个调节螺母，可以调节任意一个钢丝绳的长度，技术维修方便，省时间，省费用。

(7) *配重箱体装置技术*。配重箱体两侧上端和下端固接着箱耳，箱耳的孔内装入滚动轴，滚动轴装在滚动轮孔内，滚动轮顶部与滑道相接触、滚动轮和滑道是滚动摩擦，配重箱体底部固接着上滑道和下滑道，循环轴轮装在其中，循环轴装在循环轴轮中心孔内，滚动轴、滚动轮、循环轴、循环轴轮均是滚动运动，比滑动摩擦减少摩擦力。

封闭直线式长冲程节能型抽油机示意图如图 4.21 所示。

### 二、应用情况

封闭直线式长冲程节能型抽油机主要适用于石油开采行业，目前已在中国石油辽河油田高升采油厂、锦州采油厂应用 8 台，连续运行 7 年以上，实际运行稳定可靠，节能效果显著。

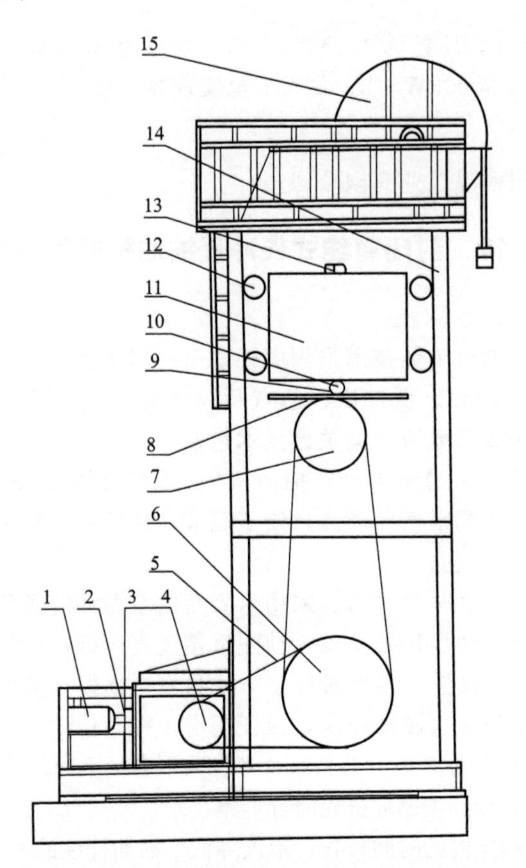


图 4.21 封闭直线式长冲程节能型抽油机示意图

1—电机（380V/7.5kW）；2—制动器；3—联动器；4—传动装置；5—链条；6—大链轮；7—中链轮；8—滑道；9—滑块；10—换向轴；11—配重箱；12—导轮；13—悬绳器；14—箱体；15—大天轮

**三、节能减碳效果**

封闭直线式长冲程节能型抽油机克服了传统游梁式抽油机存在的平衡效果差、曲柄净转矩脉动大、存在负转矩、载荷率低和能耗大等缺点，可提高抽油产量15%以上，大大降低生产能耗。

辽河油田高升采油厂示范项目采用7台封闭直线式长冲程节能抽油机取代原有游梁式抽油机，实现年节能量约107tce，年减碳量约278t$CO_2$，年经济效益450万；锦州采油厂示范项目采用1台封闭直线式长冲程节能抽油机取代原有游梁式抽油机，实现年节能量约12tce，年减碳量约31t$CO_2$，年经济效益135万元。

**四、技术支撑单位**

辽阳市天明机械制造有限公司。

# 第2节 钢铁行业工艺过程低碳技术

## 4-19 炼钢连铸优化调度技术

**一、技术介绍**

炼钢生产过程是一个多段生产、多段运输、多段存储的离散和连续相混杂的大型高温生产过程，作为被加工对象的高温（铁水）钢水因钢种不同而工艺路径也不同；实施加工作业的各设备具有大型化、运行成本高、操作复杂（有周期作业和相对连续作业方式）等特点；为保证生产连续性要求各工序衔接紧密，对生产到达时间、温度及成分均有较严格的要求。

炼钢生产调度和一般机械加工生产调度的最大区别在于钢铁生产工艺的特殊要求，即被加工的生产对象在高温下由液态（钢水）向固态（铸坯）的转化过程中，对其流动的连续性与流动时间（在各设备上的处理时间及工序设备之间的运输等待时间）都有极高的要求，总体上为无等待时间的工艺流程。炼钢生产调度的特点有：

（1）间歇与连续方式相混杂的多阶段混合流程式生产过程。转炉、精炼设备为间歇作业方式，为提高作业效率、降低生产成本，连铸机要尽量连续作业。生产的总流程为炼钢—精炼—连铸，包括多个生产工序，各工序又存在着多个生产设备，生产过程为多阶段混合流程。

（2）生产物流衔接紧密，具有准时制要求。连铸生产工艺要求在一个连续生产周期内浇铸的钢水成分和温度满足一定的工艺限制条件，必须协调间歇式和连续式作业工序的生产节奏，使工序间生产传递满足正确成分、温度和时间的要求，保证生产的持续性，即最大限度的连铸。

（3）产品种类、规格繁多，结构复杂。铸坯产品的钢种、规格繁多，决定了其产品结构的复杂性。

（4）炼钢-连铸生产调度受多个约束限制。

（5）生产管理与控制多种信息、多种功能集成。

（6）生产调度计划编制快速性与在线调度能力。

炼钢生产调度属混合流程车间有限等待时间调度问题，即为保证连铸生产的最大连续性和产品生产周期最短。按目标及过程中对主要生产对象的时间、温度、成分、质量的要求，根据钢厂的设备状况等资源条件，安排生产任务在各工序的设备分配和作业时段，确保生产的高效运行。

## 二、应用情况

炼钢-连铸生产计划调度系统是钢铁企业制造执行系统的重要组成部分，在企业生产管理中起着承上启下的作用，通过它来决定炼钢连铸区域的加工顺序和作业开始时间。该技术主要适用于转炉、电炉、LF、RH、CAS-OB、连铸机等复杂生产工艺流程，具体应用需要根据具体情况进行深入分析，目前在国内普及率较高，已经广泛应用于国内钢铁行业。

## 三、节能减碳效果

炼钢连铸优化调度技术主要是通过降低钢包在炼钢-连铸区段中不同工位间传递时的无效等待作业所用时间和减少周转钢包数来实现。以首钢第三炼钢厂为例，钢包实际周期时间为126.3min（普碳钢）、154.4min（品种钢），钢包按照LD-Ar-CC工艺路线运行时的平均“柔性时间”为27.3min（普碳钢），钢包按照LD-LF-CC工艺路线运行时的平均“柔性时间”为39min（品种钢），柔性时间所占比例分别为21.6%和23%，对钢包运行进行优化的潜力较大。通过炼钢连铸优化调度技术，去除钢包在生产流程中转运的柔性时间，从而降低能耗。通过降低钢包/中间包的周期时间，普碳钢可以降低21.6%的周转时间，品种钢可降低23%的周转时间。

### 四、技术支撑单位

冶金自动化研究设计院。

## 4-20 在线热处理技术

### 一、技术介绍

钢材热处理是通过一定的加热、保温和冷却等工艺改变固态钢铁材料组织和性能的一种工艺，与其他加工工艺相比，热处理一般不改变工件的形状和整体的化学成分，而是通过改变工件内部的显微组织，或改变工件表面的化学成分，赋予或改善工件的使用性能。在线热处理技术利用轧制余热对钢材进行热处理，可以省去离线热处理的二次加热工序，因而达到节省能源、简化操作的目的。该技术主要包括直接淬火工艺、直接淬火＋在线回火工艺、钢轨在线热处理工艺。

（1）*中厚板直接淬火工艺*。钢板热轧终了后在轧制作业线上实现直接淬火、回火的新工艺，这种工艺有效地利用了轧后余热，有机地将形变与热处理工艺相结合，从而有效地改善钢材的综合性能，即在提高强度的同时，保持较好的韧性。直接淬火工艺根据控制轧制温度的不同可以分为再结晶控轧直接淬火（DQ-T）、未再结晶控轧直接淬火（CR-DR-T）和再结晶控轧直接淬火＋两相区淬火（DQ-L-T）三种不同的工艺类型。

（2）*中厚板直接淬火＋在线回火工艺*（Super-OLAC＋HOP）。经过在线超快速冷却装置（Super-OLAC）淬火的钢板，当其通过高效的感应加热装置HOP时进行快速回火，从而对碳化物的分布和尺寸进行控制，使其非常均匀、细小地分布于基体之上，从而实现调质钢的高强度和高韧性。

（3）*钢轨在线热处理工艺*。利用轧制余热在生产线上直接冷却钢轨，使其轨头硬化层得到细珠光体组织的一种高强度钢轨热处理方法。其步骤是将一支经热轧后保持在奥氏体区域的高温状态的钢轨连续输入设有自动控制系统和冷却装置的热处理机组中，钢轨以0.2～1.2m/s的运行速度通过热处理机组，钢轨加速冷却后，钢轨头部横断面在离表面30mm范围内都转变为微细珠光体组织，得到的硬度范围为320～400HV。

### 二、应用情况

目前国内钢铁企业（如宝钢、沙钢、鞍钢、攀钢等）生产线均有应用。

### 三、节能减碳效果

直接淬火（DQ）利用轧制余热直接实现钢材的在线淬火，省去传统的再加热淬火，因此能耗大幅降低。以济钢为例，采用直接淬火工艺生产中厚板的吨钢综合能耗水平从离线淬火的90kgce/t钢材降低到68kgce/t钢材，能耗降低24.4%。

直接淬火＋在线回火工艺（Super-OLAC＋HOP）真正实现了轧制与热处理工艺的一体化，省去传统的离线再加热淬火和离线再加热回火工艺，因此可节约大量能源。而且，该工艺在线回火从传统的煤气加热改为感应加热，从而可大幅降低$CO_2$的排放量。

钢轨在线热处理技术同样也是省去传统的离线再加热淬火和离线再回火工艺，因此能耗大幅降低，温室气体的排放量也大幅减少。以攀钢为例，在线热处理钢轨的综合能耗为82kgce/t钢，其中燃料消耗为69kgce/t钢，电力消耗为120kW·h/t钢。

### 四、技术支撑单位

济南钢铁股份有限公司、攀枝花钢铁（集团）公司。

## 4-21 高炉炼铁-转炉界面铁水“一罐到底”技术

### 一、技术介绍

高炉炼铁-转炉界面铁水“一罐到底”技术是针对转炉车间需设置倒罐站/混铁车/鱼雷罐车/混铁炉等铁包转运工序及配套车辆等导致铁水温降大的问题，采用转炉铁水罐承接、运输高炉铁水，将缓冲储存、铁水预处理、转炉兑铁、容器快速周转及铁水保温等功能集为一体。采用该工艺技术可以取消传统的铁水倒灌站、鱼雷罐车或混铁炉等环节，减少铁水倒灌作业，具有缩短工艺流程，节约铁水运输时间，降低铁水温降，降低能耗、减少铁损、减少烟尘污染等优势。图 4.22 为某公司 140t 铁水罐及车架。

图 4.22 某公司 140t 铁水罐及车架

### 二、应用情况

高炉炼铁-转炉界面铁水“一罐到底”技术适用于钢铁行业高炉炼铁-转炉界面铁水输送，目前已经推广应用于国内大型钢厂。

以河北某钢铁公司为例，4 座 100t 顶底复吹转炉采用 42 个罐体尺寸为 4180mm×4500mm×3680mm 的 140t 铁水罐，实现全厂“一罐到底”工艺，进而实现减少运输过程中二次倒罐环节，简化生产作业，缩短工艺流程，加快生产节奏，提高炼钢产能。同时也相应地减少铁水温降、减少烟尘排放等，取得显著的社会效益和环保效益。

### 三、节能减碳效果

高炉炼铁-转炉界面铁水“一罐到底”工艺主要通过实现降低铁水温降，提高铁水入炉温度，减少热量散失，从而实现节能降耗。根据实际应用经验，该工艺可提高高铁水入炉温度 30～50°C，吨钢可节能约 8～10kgce，实现吨钢减碳量 20.8～26.0kg$CO_2$。

某钢铁（集团）炼钢厂（3×100t 转炉）及炼铁系统（3# 和 4# 高炉）工程采用该工艺后，吨钢总工序能耗平均减少约 14.879kgce，该厂年产 300 万吨粗钢，实现年节能 4.46 万吨标准煤，年减碳量 11.6 万吨 $CO_2$。

### 四、技术支撑单位

中冶南方工程技术有限公司。

## 4-22 高炉浓相高效喷煤技术

### 一、技术介绍

高炉浓相高效喷煤技术是从高炉风口向炉内直接喷吹磨细的无烟煤粉或烟煤粉或二者的混合煤粉，以替代焦炭起提供热量和还原剂的作用，从而降低焦比，降低生铁成本。该技术将资源广泛的非结焦性煤（例如贫煤、瘦煤、长焰烟煤和无烟煤等）制成细粉，喷入高炉以置换紧缺且昂贵的焦炭，节约日益紧缺的炼焦煤资源。同时，喷煤可调剂高炉工艺热制度及改善高炉炉缸的工作状态。

高炉喷煤系统可分为制粉系统和喷吹系统，在制粉方面，采取以提高制粉能力、降低制粉能耗为目的的节能措施，包括：配加可磨性指数高的烟煤；合理的煤粉粒度；使用高效粗粉分离器，提高分离效率；降低收粉系统的阻损。在煤粉输送和喷吹方面，采取以降低载气消耗，提高系统的稳定性、可靠性和安全性的节能措施，包括浓相输送及喷吹，可显著降低载气消耗，减少管道磨损，降低载气对热风温度的影响；使用先进的煤粉分配器，提高分配器精度，降低阻损；使用高效长寿的喷枪，减少喷枪的消耗，降低换枪次数；提高喷枪检测控制水平，确定系统安全、高效运行。

该技术当前典型的喷煤工艺流程是：中速磨制粉—热风炉废气＋烟气炉—大布袋收粉—并联罐—直接喷吹—管喷吹＋分配器。工艺流程如图 4.23 所示。系统改进的主要内容包括：扩大原煤仓和煤粉仓的容积、改进粉仓的结构、确定适宜的煤粉粒度、提高喷吹罐的初始流化效果、提高分配器的分配精度、改进喷枪材质和结构、完善安全监测控制系统、高温引风机和主排烟风机的变频调速等。

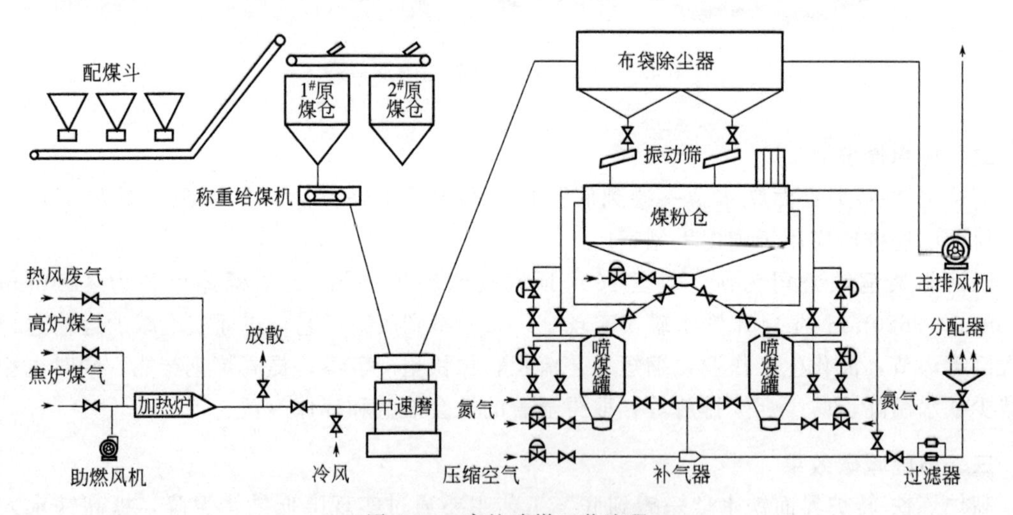


图 4.23 高炉喷煤工艺流程

### 二、应用情况

高炉喷吹煤粉置换焦炭是国内外炼铁节能降耗的重要技术措施，目前我国的高炉喷煤工艺和技术已发展到较高的水平，在普及程度和平均煤比方面均取得很大进步。在首钢、鞍钢、宝钢、武钢、沙钢、上钢、重钢等企业均有应用。

### 三、节能减碳效果

高炉喷吹煤粉替代焦炭，根据所喷吹的煤粉与其置换的焦炭的载能量的变化以及产生高炉煤气所含能量的变化计算出高炉喷煤的节能减碳效果。焦化工序能耗为120kg/t左右，而喷煤粉工序能耗仅为20～35kg/t；喷吹1t煤粉置换0.8～0.9t焦炭，可降低炼铁系统能耗80～100kg。按煤焦置换比0.8计算，每年喷吹约6000万吨煤粉，则可替代4200多万吨焦炭，实现减碳量12894万吨$CO_2$，同时相应减少了炼焦工序产生的环境污染，缓解炼焦煤紧缺的状况。

### 四、技术支撑单位

首钢总公司。

## 4-23 钢渣辊压破碎-余热有压热闷工艺技术

### 一、技术介绍

钢渣热闷处理是在密闭容器内利用钢渣余热，对热态钢渣进行打水，使其产生过饱和水蒸气，促进钢渣中的fCaO和水蒸气快速反应消解。钢渣辊压破碎-余热有压热闷工艺是钢渣热闷处理技术领域的重大突破和升级换代，具有自动化、机械化、连续化和洁净化等特点，整个处理过程均由计算机控制完成，主要可分为钢渣辊压破碎和钢渣余热有压热闷两个阶段，工艺流程如图4.24所示。

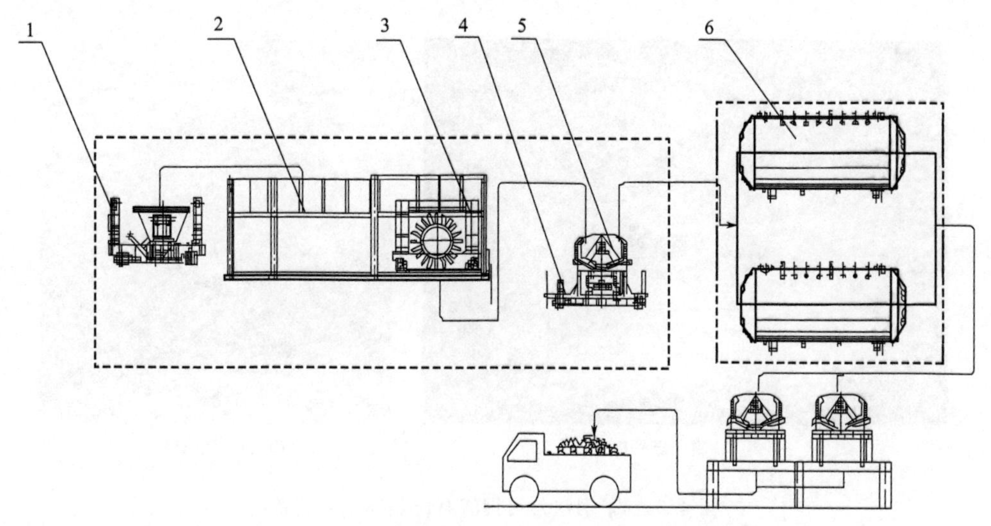


图4.24 钢渣辊压破碎-余热有压热闷工艺流程

1—渣罐倾翻车；2—密闭罩；3—辊压破碎机；4—转运台车；5—渣槽；6—余热有压热闷罐

(1) 辊压破碎阶段。盛有高温液态熔融钢渣的渣罐经由天车吊运至渣罐倾翻车上，渣罐倾翻车将盛渣渣罐运至密闭工作区域内进行倾翻倒渣，倾翻完毕后由辊压破碎机对高温钢渣进行冷却破碎。辊压破碎机的主体部分为一表面带齿的圆柱形破碎辊，破碎辊可按一定速度旋转，实现对高温熔融钢渣的搅拌、辊压破碎。辊压破碎机可沿轨道直线往复运动，实现对钢渣的多次搅拌辊压破碎。另外，通过调整辊压破碎机破碎辊的旋转方向和速度，与行走机构的行走速度达到匹配后，辊压破碎机还可实现推渣落料的功能。该阶段主要是完成熔融钢渣的快速冷却、破碎，每罐钢渣在此阶段处理时间约30min，经过此阶段处理，可将熔融钢渣的温度由1300℃以上冷却至600～800℃，粒度破碎至300mm以下。

（2）余热有压热闷阶段。余热有压热闷阶段主要是完成经辊压破碎后钢渣的稳定化处理，钢渣有压热闷装置为一端带快开门式结构的承压设备，可承受工作压力约0.7MPa的高温高压热闷体系。钢渣余热有压热闷自解处理工艺的原理是将辊压破碎后的钢渣运至余热有压自解处理装置内，控制喷水产生蒸汽对钢渣进行消解处理，喷雾遇热渣产生饱和蒸汽，消解钢渣中游离氧化钙（fCaO）、游离氧化镁（fMgO），然后再通过转运台车将其运至卸料点进行卸料、磁选。此阶段的处理时间约2h，处理后钢渣的稳定性良好，游离氧化钙含量小于3%，浸水膨胀率小于2%。

## 二、应用情况

钢渣辊压破碎-余热有压热闷工艺适用于钢铁行业钢渣综合利用，目前已经在国内济源、珠海、沧州等地多家钢铁公司实现工业化运行。

以河南某钢铁公司60万吨/年的钢渣处理生产线为例，其工艺装备如图4.25所示，采用钢渣辊压破碎-余热有压热闷工艺，钢渣处理效果良好，处理后的钢渣产品指标能够满足建材行业相关标准要求，其主要技术指标为：热闷工作压力0.2～0.4MPa，热闷时间2h；吨渣电耗7.25kW·h，吨渣新水耗量0.3～0.4t。与常压池式热闷工艺相比，运营成本节约40%左右；热闷后钢渣产品浸水膨胀率1.6%，游离氧化钙（fCaO）含量2.12%；粉化率（粒度小于20mm的钢渣含量）≥72.5%。

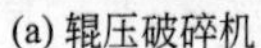

(a) 辊压破碎机

(b) 有压热闷罐

图4.25 某钢铁公司钢渣有压热闷工艺装备

## 三、节能减碳效果

钢渣辊压破碎-余热有压热闷工艺与传统工艺技术相比，每处理1t钢渣可节省柴油约3.2L，实现减碳量约10.08t$CO_2$。

## 四、技术支撑单位

中冶建筑研究总院有限公司、中国京冶工程技术有限公司。

# 4-24 转炉烟气高效利用技术

## 一、技术介绍

转炉烟气能量主要以烟气显热和化学能转换为中、低热值的转炉煤气，中、低压蒸汽两种方式加以回收利用。其基本原理为：转炉一次烟气为高温烟气，在与二次烟气混合降温进入除尘系统前，采用汽化冷却烟道或余热锅炉对烟气进行降温，同时回收大量蒸汽。利用余热锅炉回收这部分蒸汽的物理热，既可以供饱和蒸汽发电设施，也可用于精炼。图 4.26 为典型转炉烟气余热回收工艺流程简图。

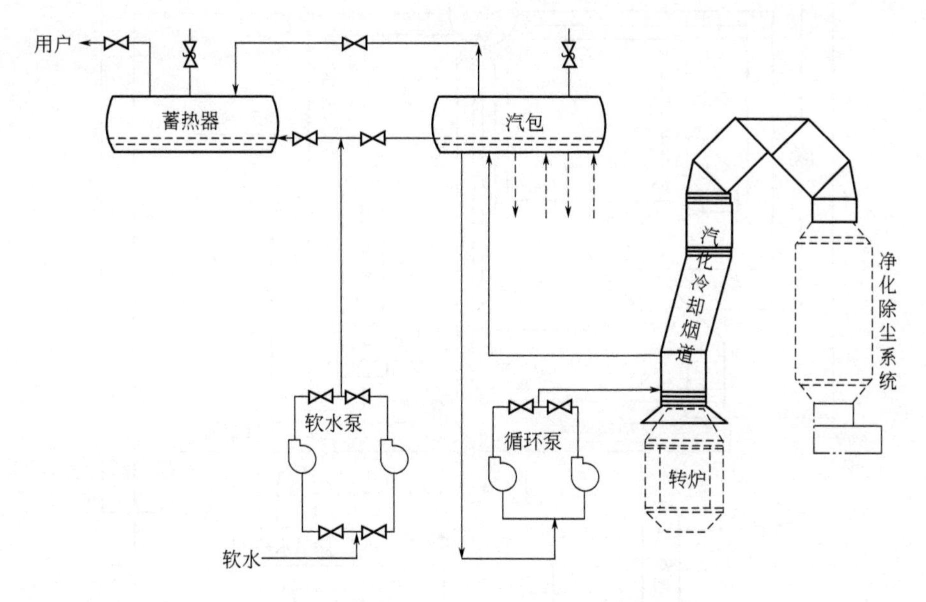


图 4.26 典型转炉烟气余热回收工艺流程简图

## 二、应用情况

转炉烟气能量回收技术适用于钢铁行业新建和现有企业改造中的转炉一次烟气余热回收，目前已在国内多家钢铁公司应用，其中大部分企业普遍采用将供热蒸汽与余热回收蒸汽并网，实现转炉回收蒸汽并全部利用，不再由外部锅炉向炼钢厂供蒸汽。其中，在用于发电方面，济南钢铁集团炼钢转炉 4.5MW 余热发电站，是我国第一座利用转炉烟道饱和蒸汽发电的电站。

以广东某钢铁公司转炉烟气余热回收系统为例，该厂设置 2 座烟道式余热锅炉，烟道式余热锅炉设置于转炉炉顶，汽包、蒸汽蓄热器设置于距地面 50m 的位置。其具体工艺详见图 4.27，烟道式余热锅炉的汽化冷却装置将烟气中的热量回收后，汽化冷却管道中的水变为汽水混合物，汽水混合物由自然循环或循环泵强制循环进入汽包，由汽包将汽水混合物分离，分离出的饱和蒸汽经管道送至蓄热器，薄膜调节阀调节压力后送至过热器，经过热器过热为 300℃过热蒸汽后送至蒸汽管网供用户使用。

该系统应用后，实现负能炼钢蒸汽回收指标，每日回收 360～408t 饱和蒸汽，经过热后能够完全满足生产工艺用汽，使焦化厂燃煤锅炉停用，有效降低二氧化碳、硫化物的排放，取得显著的环保和经济效益。

## 三、节能减碳效果

广东某公司采用转炉烟气余热回收系统，冶炼 1t 钢节约煤炭 46kg，年回收蒸汽约 11.52 万吨，实现年减碳量约 26957t$CO_2$，年经济效益 922 万元。

## 四、技术支撑单位

中冶京诚工程技术有限公司、钢铁研究总院、上海宝钢工程技术有限责任公司。

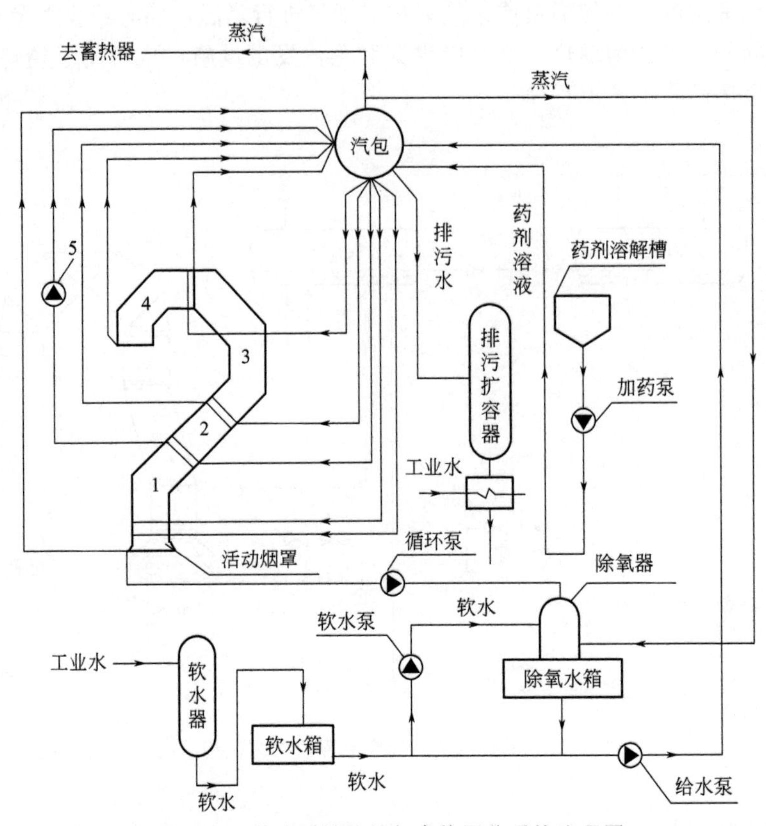


图 4.27 某公司转炉烟气余热回收系统流程图

1—炉口可移动烟道；2—固定烟道 1 段；3—固定烟道 2 段；4—固定烟道 3 段；5—循环泵

## 4-25 球团废热循环利用技术

### 一、技术介绍

球团废热循环利用技术主要是利用链箅机-回转窑球团生产工艺废热。一般球团矿生产线工艺流程包括：铁精矿及膨润土输入（链箅机-回转窑需煤粉制备）、精矿干燥、精矿碾压、配料、混合、造球、生球筛分及布料、生球干燥及预热、氧化焙烧、冷却、成品球团矿输出等主要工序，废烟气循环使用主要为冷却段和焙烧段产生的废气循环利用，链箅机鼓风干燥段、抽风干燥段、预热段所用的热量全部来自回转窑、环冷机余热，回转窑部分热量来自环冷机余热，使能量形成梯级利用，有效降低一次能源利用量。典型的链箅机-回转窑球团废热循环工艺流程见图 4.28。

(1) 链箅机室（生球干燥与预热）。生球的干燥与预热在链箅机上进行，链箅机炉罩分为四段（或三段）：鼓风干燥段（UDD）、抽风干燥段（DDD）、过渡预热段（TPH）、预热段（PH）。生球进入链箅机炉罩后，依次经过各段时被逐渐升温，从而完成生球的干燥和预热过程。链箅机炉罩的供热主要利用回转窑和环冷机的载热废气。

(2) 回转窑室（焙烧）。生球在链箅机上经过干燥、预热后送入回转窑内进行高温氧化焙烧，回转窑内温度控制在 1300～1500℃。回转窑供热采用烟煤（或高热值燃气），并利用来自环冷机冷却段一的高温废气作为二次风，充分利用其所带热量。

(3) 环冷机室（冷却）。从回转窑排出的球团温度为 1250℃左右，必须冷却至 100℃以

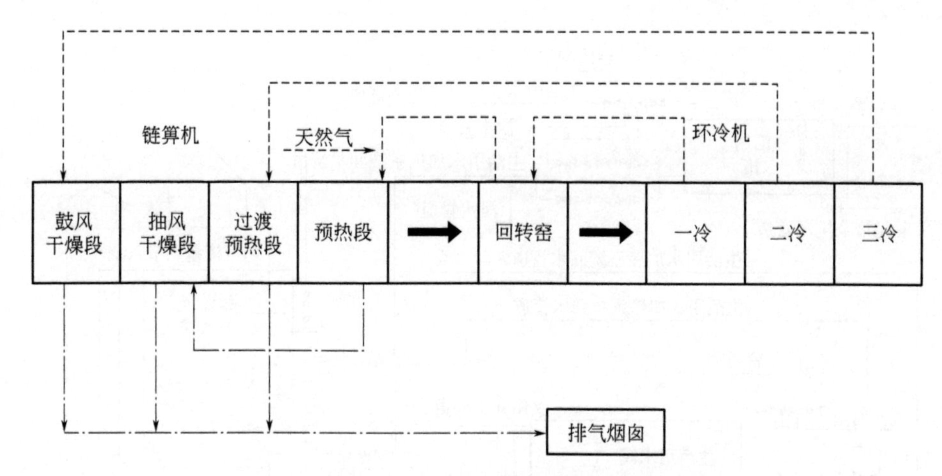


图 4.28 链箅机-回转窑球团废热循环利用流程图

下方可进行储存和运输。高温球团的冷却在环式鼓风冷却机上完成，环冷机分为三个冷却段，球团矿从转料到卸料途经三段冷却后被冷却至100℃以下，然后运输储存。

此外，该技术由于避免了回转窑段和环冷机段的高温废气直接排向大气，减少高温烟尘的排放。同时，高温的废气循环减少了除尘点数量，有利于减少环保治理装置，有利于集中除尘，减少粉尘排放量。

## 二、应用情况

球团废热循环利用技术适用于所有链箅机-回转窑球团生产线，目前国内链箅机-回转窑球团生产线废热循环利用工艺技术的比例已经达到40%以上。

某钢铁集团矿业公司球团链箅机-回转窑-环冷机生产线规模120万吨/年，其环冷机一冷段1100℃热气流直接返回回转窑用于提高窑内气氛的温度；二冷段760℃热气流返回链箅机预热1段，用于球团的干燥和预热；三冷段90～105℃废气则通过环冷机上的烟囱直接排放，为回收三冷段烟气余热，在环冷机三冷段及主引风机烟囱末端增加一套余热回收系统回收原来直接通过烟囱外排的烟气热量，余热回收设备本体安装在烟囱末端，原直接外排烟气经设备换热后排入大气。回收后热量经冷水换热，达到一定温度的热水再用到生活、生产工艺中。工艺系统包括生活加热系统、生产加热系统及烟气排量调节系统。图4.29为某钢厂环冷机三冷段余热回收流程图。

项目改造后，外排气流所产生的热量被有效地利用到球团生产、生活中，充分回收余热，能源综合利用率提高，能耗降低。同时，烟气排放温度降低，温室气体排放强度下降，主要污染物的排放总量下降，并降低企业生产成本。

## 三、节能减碳效果

链箅机-回转窑球团生产线生产过程中消耗的主要能源介质为煤粉或高热值煤气、电力、水、蒸汽、压缩空气等，采用该工艺主要可以降低燃料消耗，根据应用经验，平均每吨球团矿可降低约3kgce。

某公司120万吨/年链箅机-回转窑球团生产线回收环冷机三冷段90～105℃废气余热，实现年节约标准煤380t，年减碳量988t$CO_2$，年经济效益68万元。

## 四、技术支撑单位

中冶长天国际工程有限责任公司、中冶北方设计院。

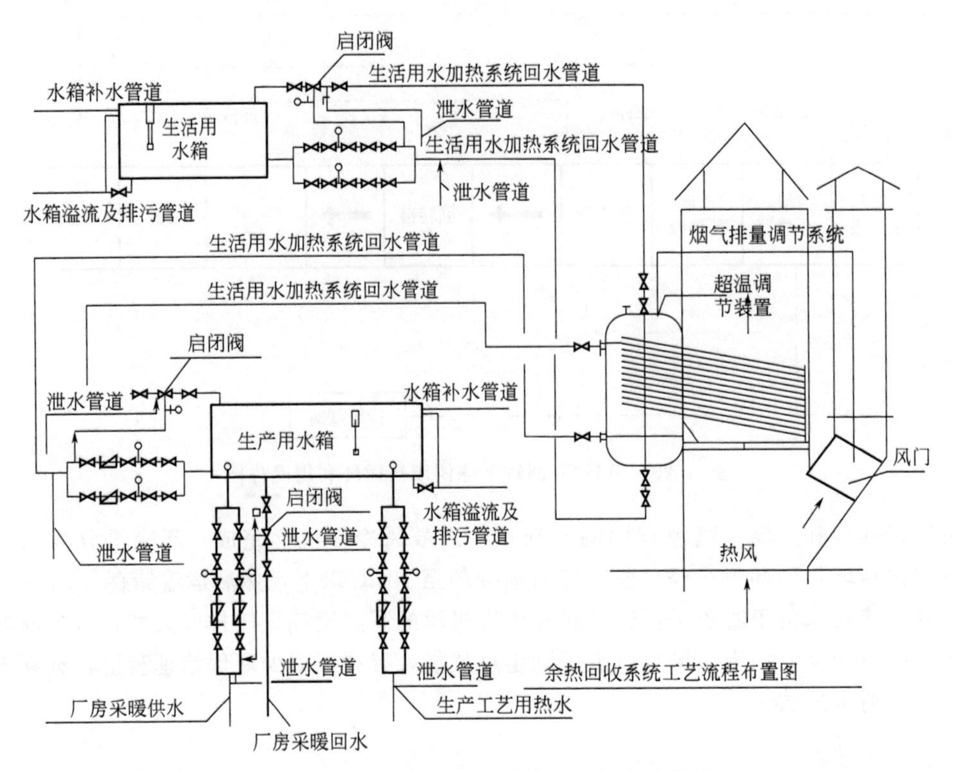


图 4.29 某钢厂环冷机三冷段余热回收流程图

## 4-26 烧结烟气循环利用技术

### 一、技术介绍

烧结烟气循环利用技术是基于将热烟气再次引入烧结过程进行重新利用的原理，可回收烧结烟气的余热，提高烧结的热利用效率，降低固体燃料消耗。该工艺将全部或部分烟气收集，循环返回到烧结料层。因热交换和烧结料层的自动蓄热作用，可将其中的低温显热供给烧结混合料。而且，热废气中的二噁英、PAHs、VOC 等有机污染物在通过烧结料层中高达1200℃以上的烧结带时被分解或转化，$NO_x$ 在通过高温烧结带时亦能够通过热分解被部分破坏。尽管二噁英、PAHs、VOC 等有机污染物在烧结预热带又可能重新合成，但废气循环烧结仍然可以显著减少有机污染物的排放以及大幅度削减废气排放总量。同时，烟气中的CO 在烧结过程中可再次参加反应，从而降低固体燃耗。此外，通过对烟气的循环利用，有利于改善烧结生产作业率和烧结矿质量，并可大幅度降低外排烟气量，从而降低后续烟气处理装置的投资和运行费用。

### 二、应用情况

烧结烟气循环利用技术主要应用于新建烧结机和大型烧结机的改造，国内多家钢企（宝钢、宁钢、沙钢等）采用该技术后的节能减排效果表明，在保障生产指标不降低的情况下，可减少烧结工艺生产的废气排放总量和污染物排放量，并能回收烟气余热、降低烧结生产能耗。该工艺可作为拟建烧结烟气脱硫脱硝降低投资和已建烧结脱硫脱硝改造增产的手段，也是我国烧结机未来升级改造的主要方向。

以宁波钢铁公司 430$m^2$ 烧结机为例（见图 4.30），增设两套烧结机烟气循环系统，每套

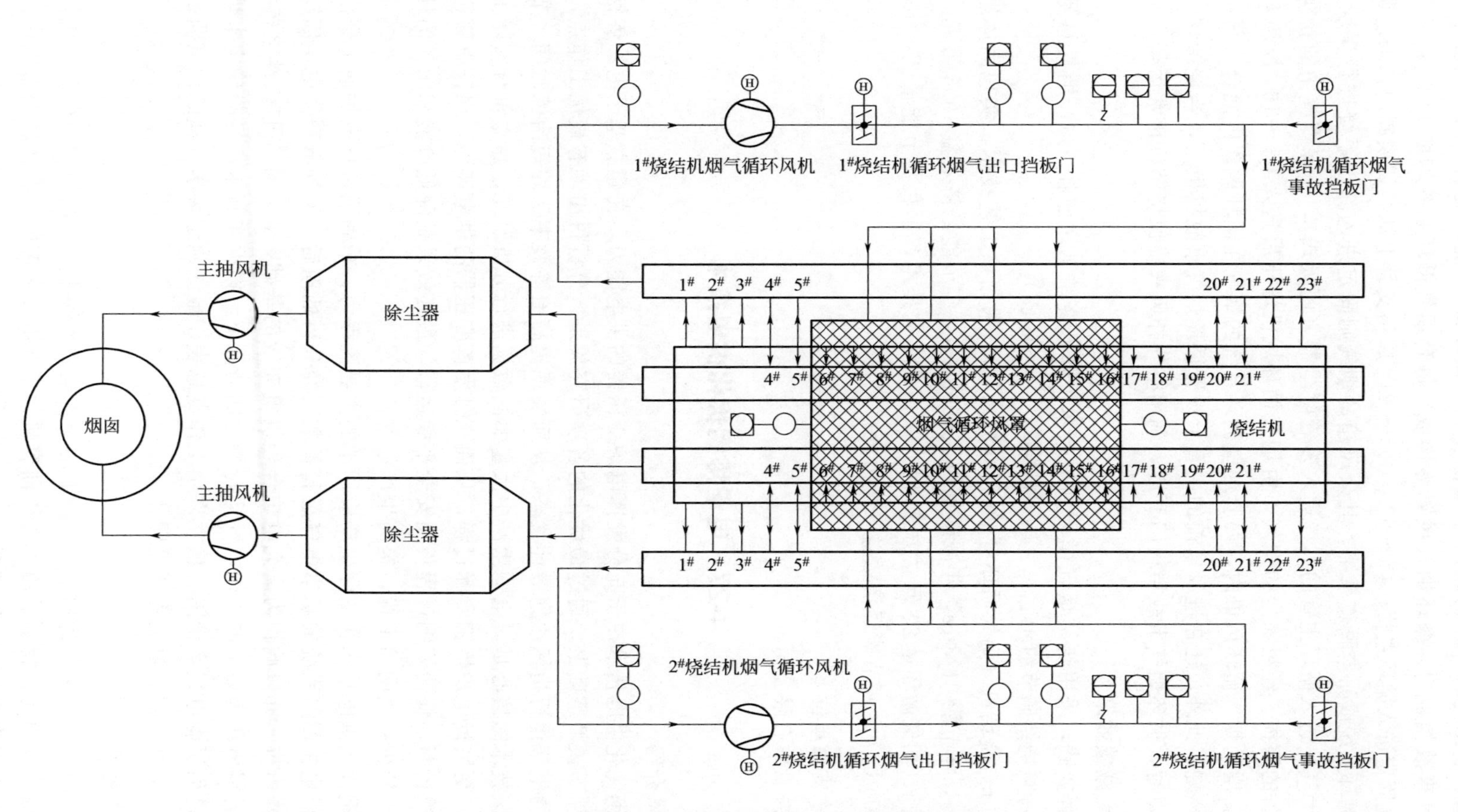

图4.30 宁钢烧结烟气余热循环利用工艺流程

系统均由烟道、烧结机烟气循环风机、多管除尘器（两级式）、烧结机烟气循环风机出口挡板门、循环烟气事故挡板门、循环烟气风罩等构成。每套烟气循环系统均取1#～3#、22#～23#风箱烟气固定进入循环主管；4#～5#、20#～21#风箱支管上加装切换阀门，采取调节选择烟气进入循环系统或除尘脱硫系统，其余风箱的烟气则固定进入除尘系统进行深度处理，达标后排放大气。进入循环主管的烟气进入多管除尘器（两级式），去除烟气中的粉尘，以减轻后续设备的磨损。经粗除尘的烟气，由烟气循环风机增压后送入6#～16#风箱对应的烧结机上方新增的烟气循环风罩内，两套烟气循环系统的烟气在循环风罩内混合，再次通过料层，参与燃烧。此外，还在进风罩前的主管上设置循环烟气事故挡板门，当烧结烟气循环系统发生故障时，循环烟气事故挡板门开启，利用空气补风来确保烧结机正常运行。

### 三、节能减碳效果

根据工程实践，采用烧结烟气循环利用技术可降低烧结工序能耗5%，烟气总量减排20%以上，每吨烧结矿节约4kgce，实现减碳量约10.4kg$CO_2$。

宁钢430m$^2$烧结机（烟气循环量90万立方米/时）采用该工艺技术，实现固体燃料消耗降低约6%，年节能8173tce，年减碳量约18000t$CO_2$，年节能经济效益1936万元。宝钢132m$^2$烧结机（烟气循环量20万立方米/时）采用该工艺技术，项目年节能量2730tce，年减碳量约6000t$CO_2$，年节能经济效益557万元。

### 四、技术支撑单位

宝山钢铁股份有限公司。

## 4-27 电炉炼钢优化供电技术

### 一、技术介绍

电炉炼钢优化供电技术在于充分发挥电炉变压器的供电能力，在建立基于电炉炼钢过程的电气运行动态模型基础上，通过最优化的各项研究成果，分析得出动态最优工作点，使电炉炼钢过程的电气运行指标达到最佳状态，从而实现提高冶炼效率、缩短冶炼时间、节约电能的目标。该技术的核心是对电炉生产中大量实测数据进行分析研究，建立符合实际工况的模型、曲线，更贴近电炉炼钢实际过程，从而充分发挥变压器的供电能力，保证电弧稳定燃烧、减少电极折断，促使炼钢过程长期安全平稳运行，最终效果是降低电能和耐材消耗，缩短冶炼时间，减少对电网的干扰，提高生产效率。

电炉炼钢优化供电技术在实际生产应用中的主要流程为：精确测量从电炉通电到出钢全过程的电炉供电主回路系统的基本电气运行参数，经分析处理后，得到电炉供电主回路的短路电抗和操作电抗，并以此作为研究电炉合理供电曲线的基础数据，建立非线性电抗模型，在分析掌握各级电压等级下的电炉电气运行特性的情况下，根据实际生产经验确定电炉运行约束条件，进而研制电气运行图、建立许用工作点总表，最终制定科学合理的供电曲线和供电操作制度。电路优化供电流程图见图4.31。

### 二、应用情况

电炉优化供电技术主要适用于30t以上的交流电炉炼钢生产，电炉的吨位和变压器容量越大，节电效果越明显，特别适用于变压器容量大于30MV·A的大型超高功率电炉。目前该技术在国内大型炼钢企业应用较多。

以广东某钢厂为例，对90t/60MV·A CONSTEEL电弧炉进行优化，根据实测数据确

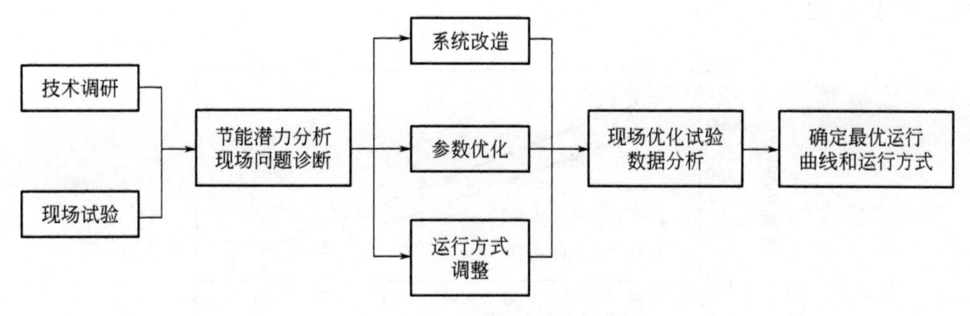


图 4.31 电路优化供电流程图

定电弧炉的非线性电抗模型和电气圆图，并结合实际原料条件（即配加铁水和全废钢）制定出合理的供电曲线。生产运行表明，所推荐的供电曲线都能稳定工作，节电效果明显，吨钢节电 25kW·h，缩短通电时间 2min 左右。表 4.10 和表 4.11 为某钢厂 CONSIEEL 电弧合理供电曲线。

**表 4.10 某钢厂 CONSIEEL 电弧炉合理供电曲线Ⅰ**（70%废钢+30%铁水）

| 熔化进程中炉料的质量分数/% | 工作点 | 电压级别 |
|---|---|---|
| 10 | 5 | 10 |
| 25 | 12 | 12 |
| 35 | 16 | 13 |
| 25 | 16 | 13 |
| 5 | 13 | 12 |
|  | 13 | 12 |

**表 4.11 某钢厂 CONSIEEL 电弧炉合理供电曲线Ⅱ**（80%废钢+20%铁水）

| 熔化进程中炉料的质量分数/% | 工作点 | 电压级别 |
|---|---|---|
| 5 | 16 | 13 |
| 20 | 21 | 14 |
| 30 | 21 | 14 |
| 20 | 21 | 14 |
| 15 | 21 | 14 |
| 10 | 13 | 12 |
|  | 13 | 12 |

## 三、节能减碳效果

根据应用经验，同容量的交流电炉进行优化后，平均可节电 10～30kW·h/t 钢，冶炼通电时间可缩短 3min 左右，炼钢生产效率可提高 5%左右。

河北某钢厂对其 30t/32MV·A 高阻抗电弧炉实施优化供电，通过对各项参数实测研究，建立非线性工作电抗模型，研制电气特性图，建立工作点总表，制定供电曲线。生产运行结果表明，使用供电曲线后出钢温度比使用前降低约 14.4℃，当铁水比例为 30%～60%时，新的供电曲线实现节电 12～26kW·h/t 钢，节电实现减碳量 0.0106～0.0230t$CO_2$/t 钢。某钢厂使用供电曲线前后电耗对比见图 4.32，某钢厂高阻抗电弧炉不同铁水比例时的节电效果见表 4.12。

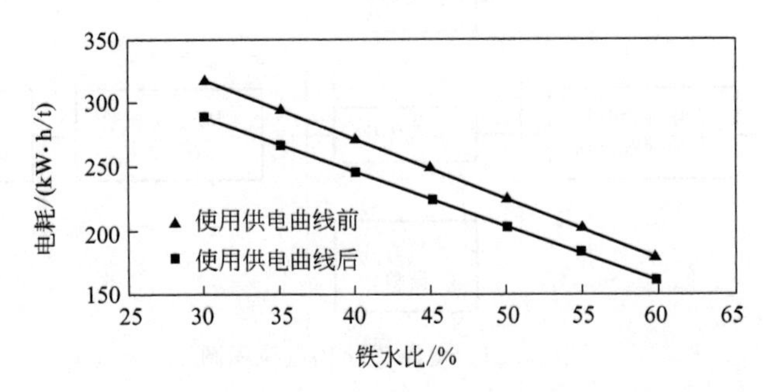


图 4.32 某钢厂 30t/32MV·A 高阻抗电弧炉使用供电曲线前后电耗对比

**表 4.12 某钢厂 30t/32MV·A 高阻抗电弧炉不同铁水比例时的节电效果**

| 项　目 | 铁水比例/% | | | | | | |
|---|---|---|---|---|---|---|---|
| | 30 | 35 | 40 | 45 | 50 | 55 | 60 |
| 使用供电曲线前电耗/(kW·h/t) | 318.0 | 294.8 | 271.5 | 248.2 | 224.0 | 201.7 | 178.4 |
| 使用供电曲线后电耗/(kW·h/t) | 288.7 | 267.7 | 246.6 | 225.5 | 204.5 | 183.4 | 162.3 |
| 电耗降低值/(kW·h/t) | 29.3 | 27.1 | 24.9 | 22.7 | 20.5 | 18.3 | 16.1 |
| 扣除出钢温度影响后电耗降低值/(kW·h/t) | 26.0 | 23.8 | 21.6 | 19.4 | 17.2 | 15.0 | 12.8 |

### 四、技术支撑单位

北京科技大学。

## 4-28 燃气轮机值班燃料替代技术

### 一、技术介绍

燃气轮机值班燃料替代技术是通过对燃气轮机燃烧室流体预混、扩散燃烧进行研究，建立燃烧计算模型，模拟燃烧室工况，调整过量空气系数，按《燃气轮机排放标准》计算燃料更改后燃烧室燃烧温度，确保最佳过量空气系数，降低燃烧温度以及 $NO_x$、$SO_2$ 的生成量；同时通过焦炉煤气（COG）及高炉煤气（BFG）联动逻辑系统研究，将值班燃料切换过程中及切换后的燃烧波动偏差控制在合理范围之内，实现对热值范围的相应修改，增强燃气轮机对燃料的适应性，增加高炉煤气用量，提高联合循环发电机组出力。

近年来，燃气-蒸汽联合循环发电机组（CCPP）在钢铁企业得到广泛应用，CCPP 发电厂虽工艺先进、热效率高，但生产维护费用高，且对系统要求苛刻，常常制约自备电厂的稳定运行。其中，最大的制约因素就是煤气质量，尤其是焦炉煤气质量达不到燃气轮机的要求，导致设备事故频繁发生。该技术可根本上解决焦炉煤气质量差引起设备事故的问题，可保证系统稳定、高效运行。该技术的工艺流程见图 4.33。

### 二、应用情况

燃气轮机值班燃料替代技术适用于钢铁行业 CCPP 应用领域，能够提高联合循环效率，提高燃气轮机燃料热值允许范围，减少氮气消耗，减少燃气轮机非计划停机，减少厂用电消耗。目前该技术在国内大型钢铁企业，如涟钢、沙钢、太钢等得到应用，总的 CCPP 数量达 30 多套。

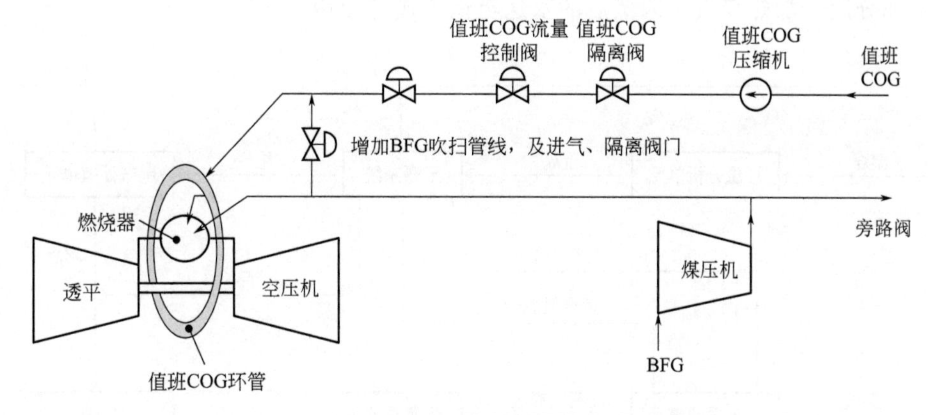


图 4.33 燃气轮机值班燃料替代技术工艺流程图

## 三、节能减碳效果

按单套 50MW 联合循环 CCPP 计算，提高联合循环效率 0.5%，可增加发电量 1200 万千瓦·时，减少氮气消耗 1600 万立方米，减少厂用电消耗 568 万千瓦·时。

某钢铁企业 4×50MW 燃气-蒸汽联合循环发电机组采用该技术进行改造，取消原有值班燃料，应用零值班燃料技术。改造后实现年节能量 19605tce，年减碳量 50973t$CO_2$，年增加发电经济效益 2566 万元。

## 四、技术支撑单位

重庆中节能三峰能源有限公司、中节能工业节能有限公司。

# 4-29 新型蒸汽管回转干燥煤调湿技术

## 一、技术介绍

煤调湿技术（CMC）是在煤干燥技术上发展而来的，其基本原理是利用外加热能将炼焦煤料在炼焦炉外进行干燥、脱水，将炼焦用煤入炉水分控制在 6%左右，以控制炼焦能耗量、改善焦炉操作、提高焦炭质量或扩大黏结性煤用量等。新型蒸汽管回转干燥煤调湿技术是以蒸汽管回转干燥系统为基础的煤调湿技术，其主要设备是蒸汽回转干燥机，该设备是一种间接加热的回转干燥机，与常规干燥机相比，区别在于筒内安置蒸汽加热管，加热管贯穿于整个干燥机，以同心圆方式排成 1～6 圈，干燥所需热量主要由加热管提供，携带载气主要作用是将干燥过程中蒸发的湿分带出，并具有干燥物料的效果。该设备具有处理量大，运转稳定，操作维护简单，能量利用率高等优势。

煤粉蒸汽管回转干燥系统主要由蒸汽管回转干燥系统、煤粉计量分析单元、空气预热单元、尾气处理单元、闪蒸单元等组成，工艺如图 4.34 所示。①湿煤粉经计量后均匀加到蒸汽回转干燥器系统内，在此煤粒与干燥机内布置的通有过热蒸汽的蒸汽管充分接触干燥，然后排出送至焦炉炼焦。②干燥过程中产生的水蒸气由来自空气预热单元的干燥载气带出，干燥载气由干燥机物料入口进料螺旋处与物流并流进入干燥机，从干燥机出料箱顶部排出。③从干燥机尾部排出的载气、水蒸气及煤粉粉尘被引风机抽吸到袋式过滤器进行气固分离。分离下来的粉尘经沉积后进入双轴搅拌型混合机内进行增湿，增湿后的粉煤与干燥后的粉煤混合后送至焦炉。净化后的载气、水蒸气经引风机引至安全地点排放。④干燥过程产生的蒸汽凝液经空气预热单元后进入闪蒸单元闪蒸，闪蒸后产生的蒸汽用于干燥系统保温，剩余部分用于加热煤气，闪蒸后的水送至锅炉循环使用。

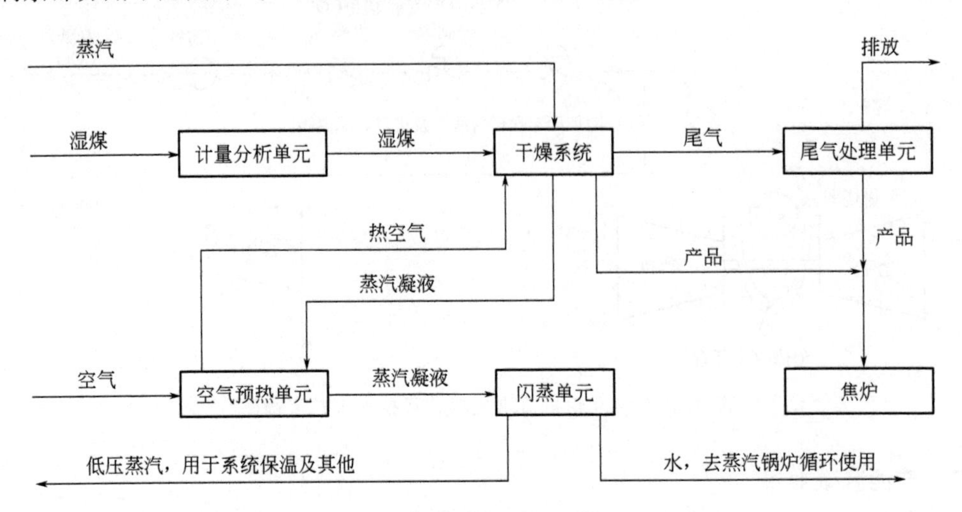


图 4.34 蒸汽管回转干燥机煤干燥工艺流程简图

## 二、应用情况

新型蒸汽管回转干燥煤调湿技术可用于焦化行业及煤化工，能够降低装炉煤水分，提高炼焦速度，缩短结焦时间，改善焦炭质量。同时降低焦化工序能耗，减少废水排放量。目前该技术已经在国内部分钢铁企业得到应用，节能环保效益显著。

以某钢铁焦化厂 CMC 装置为例，装置设计能力 400t/h，采用多管式回转干燥机（STD 干燥机），干燥机内煤料走管间、蒸汽走管内，煤料在蒸汽管之间从进料端向出料端移动，与从干燥机末端供入的蒸汽间接换热，被加热干燥，使煤料水分降至规定要求。该厂 CMC 装置投用后，稳定保供两座 7.63m 焦炉生产用干煤，煤料水分控制在 8.0%±0.3%，最低可达 6.5%，实现节省能源消耗、改善焦炭质量、减少废水废气排放，提高生产效率增产创收等多重效益。图 4.35 为某钢铁焦化厂煤调湿工艺流程示意图。

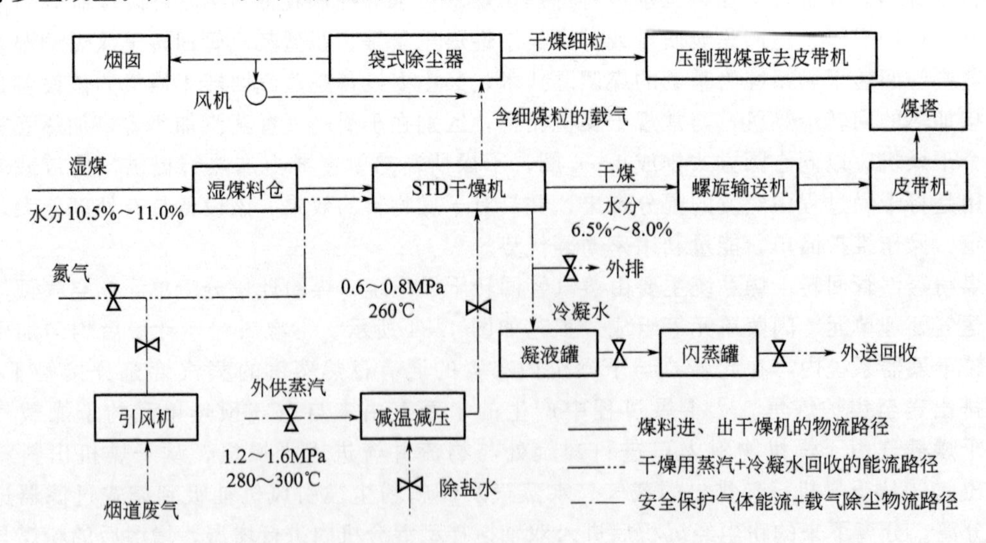


图 4.35 某钢铁焦化厂煤调湿工艺流程示意图

### 三、节能减碳效果

新型蒸汽管回转干燥工艺与湿法熄焦相比，能够有效利用干熄焦装置产生的过热蒸汽，调湿后炼焦能耗每吨可降低约 6kgce，减少热能消耗约 11%。同时，还可大大降低废水废气排放量，改善操作环境。

某钢铁焦化厂 400t/h 煤调湿装置采用新型蒸汽管回转干燥机后，每年减少炼焦耗热量 443921.6GJ，仅此一项实现减碳量 48831.38t$CO_2$，节省开支 987.73 万元。此外，还实现焦炭、煤气增产能力 4%，增产创效；减少炼焦过程剩余氨水量 8～10t/h，减少炼焦过程污水外排量 300t/d 等环保效益。

### 四、技术支撑单位

天华化工机械及自动化研究设计院有限公司。

## 4-30　焦炉烟道废气余热煤调湿分级技术

### 一、技术介绍

煤调湿技术（CMC）是由煤干燥技术发展而来的，即将炼焦煤料在装炉前除掉一部分水分，并保持装炉煤料水分稳定的煤预处理技术。对含水量大的煤进行干燥，对炼焦具有以下好处：一是增加入炉煤堆密度；二是缩短焦炉结焦时间；三是降低炼焦耗热量；四是降低剩余氨水量从而减少焦化污水处理量。

煤调湿技术大致可分为三代，第一代采用以导热油为载体、多管回转式干燥机为干燥设备；第二代采用蒸汽为载体、多管回转式干燥机为干燥设备；第三代采用以焦炉烟道废气为热载体、以流化床为干燥设备的煤水分调节和煤粒度分离合一的方式。该技术为第三代技术，是以焦炉烟道废气为热源的煤的气流调湿分离分级，利用焦炉烟道废气的余热将待入炉炼焦煤料在煤调湿装置中除去部分水分，并稳定控制入炉煤水分的技术。该技术以焦炉烟道废气为热源的流化床煤调湿技术，构建出小颗粒均匀流化和大颗粒稳定移动的双区域，在流化床设备内利用废气余热脱出配合煤中部分水分，同时将配合煤按要求进行粒度分级从而达到调整水分、优化炼焦煤粒度的效果。

### 二、应用情况

焦炉烟道废气余热煤调湿分级技术适用于焦化行业及煤化工，尤其适用于炼焦煤料水分较高的炼焦厂，可大幅降低焦化工序能耗，减少废水排放量，同时能够提高焦炭产量和质量，应用前景广阔，目前已经应用于昆钢 150t/h 煤调湿装置、济钢 300t/h 煤调湿装置、唐钢 350t/h 煤调湿装置、邯宝集团 195t/h 煤调湿装置等，节能环保效益显著。

以云南某公司煤调湿装置为例，其工艺流程如图 4.36 所示，230～260℃的焦炉烟道气自焦炉烟囱底部的总烟道，经烟道废气引风机引出后，通过管道送至煤调湿主装置下部，从管道两侧分别引出 3 根支管进入调湿主装置，烟道废气在调湿主装置内形成煤料流化层，带出部分煤料水分，并将煤料分级分离后，温度约 70℃的烟道废气从设备顶部进入布袋除尘器除尘，而后由除尘风机排入大气。为避免煤料在分级阶段过分干燥，并降低进入布袋除尘器的废气温度，从除尘器后分出温度约 70℃的烟道气经循环废气引风机送至调湿主装置，供分级使用。调湿主装置流化床分级后的细煤粒通过给料机收集，最终与粉碎机破碎后的粗煤粒一起运至煤塔。

该装置平均处理能力 168.4t/h，配合煤水分由调湿前平均为 13.33%降至调湿后的

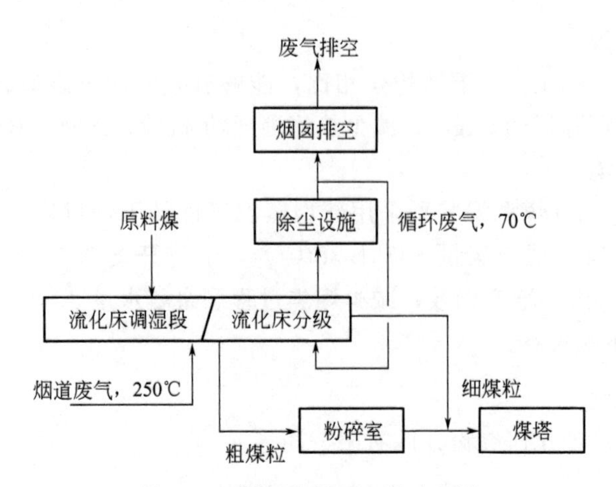


图 4.36 煤调湿装置工艺流程图

11.53%，煤平均水分下降 1.8%。调湿装置运行统计数据见表 4.13。

**表 4.13 某公司煤调湿装置运行统计表**（4～8 月）

| 月份 | 湿煤处理量/(t/h) | 调湿前水分/% | 调湿后水分/% |
|---|---|---|---|
| 4 | 171 | 12.81 | 11.12 |
| 5 | 171 | 12.83 | 11.25 |
| 6 | 171 | 13.65 | 12.10 |
| 7 | 169 | 13.60 | 11.61 |
| 8 | 160 | 13.75 | 11.55 |
| 平均 | 168.4 | 13.33 | 11.53 |

### 三、节能减碳效果

目前国内运行的煤调湿装置大多以蒸汽为热源，该技术利用烟道气的余热干燥入炉煤，热效率高，节能效果好。据统计，炼焦煤水分每降低 1%，在装干煤量不变的情况下，每吨焦耗热量降低约 54MJ，减排二氧化碳 3～10kg。

某公司 4.3m 捣固焦炉（最大处理量 180t/h，平均处理量 160t/h）采用焦炉烟道废气余热煤调湿分级技术后，年减少回炉煤气量 $1212\times10^4m^3$，节约标准煤 5696t，实现年减碳量 14810 $tCO_2$，减少焦化废水处理量 16358t，焦炉生产能力提高 10%，年经济效益 1873 万元。

### 四、技术支撑单位

济钢集团国际工程技术有限公司、中冶焦耐工程技术有限公司。

## 4-31 焦炉炭化室荒煤气回收和压力自动调节技术

### 一、技术介绍

焦炉炭化室荒煤气回收和压力自动调节技术根据每孔炭化室煤气发生量变化，实时调节桥管水封阀盘的开度，实现整个结焦周期内炭化室压力调节，避免在装煤和结焦初期因炭化室压力过大产生煤气及烟尘外泄，并大量减少炭化室内荒煤气窜漏至燃烧室，实现装煤烟尘治理和焦炉压力稳定。该技术将单孔炭化室的桥管阀体改造成便于控制荒煤气流量的阀体翻板装置，翻板与一个气动执行机构连接，加煤执行时调节阀体翻板完全打开，使炭化室直接与保持负压的集气管连通，形成负压通道，将炭化室内产生的大量荒煤气回收，实现无烟装煤；加煤结束后，当炭化室转入正常加热时，控制系统通过检测装置反馈的各点压力数据，控制对应的翻板开度，同时通过控制在不同结焦过程中保证微正压状态，在推焦作业时，及时关闭阀体翻板，完全隔断炭化室与集气管，确保推焦作业安全。

焦炉炭化室压力自动调节装置（图 4.37 和图 4.38）包括上升管、桥管阀体、桥管水封阀装置、集气管、计算机控制系统、流量调节装置、测压装置等。焦炉炭化室在干馏过程中，荒煤气由炭化室经上升管、桥管阀体、桥管水封阀装置导入集气管，再经管道在煤气鼓风机产生的负压作用下导出，桥管阀体的筒体下端部设计成倾斜面，通过控制水封阀盘的开度实现改变气体流速，进而实现控制单个炭化室压力的目的。水封阀盘的开度则由气动执行机构控制，通过桥管上的压力检测装置检测压力，根据检测压力通过计算机控制系统，由气动执行机构控制水封阀盘的开度，实现每个炭化室压力的调节。

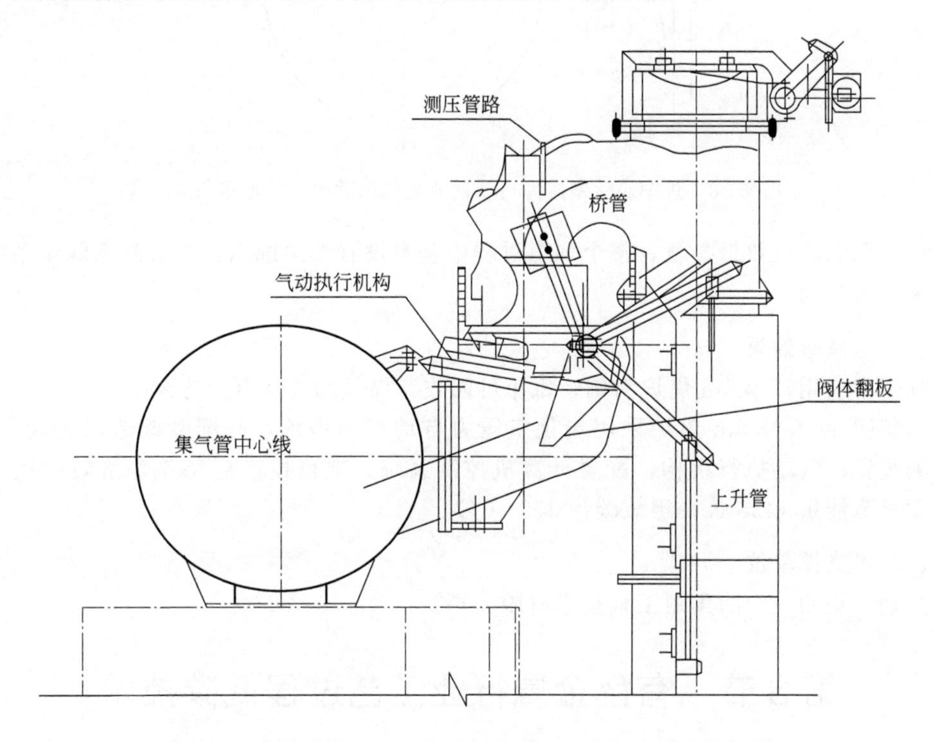


图 4.37　焦炉炭化室压力自动调节装置示意图（圆形集气管）

## 二、应用情况

焦炉炭化室荒气回收和压力自动调节技术不仅能够回收大量的荒煤气，改善焦炉周边环境，解决装煤过程中烟尘外逸及炭化室结焦末期底部出现负压的问题，还能够取消高压氨水装置，装煤除尘，实现装煤烟尘治理。该技术已经成功应用于济钢焦炉，实现国内首次焦炉炭化室压力控制与自动调节技术的应用。目前该技术已经在国内多家钢铁企业进行推广，取得良好的环保、经济效益。

以济钢焦炉为例，在投用炭化室压力自动控制系统前，结焦时间至 12h（周转时间为 22h）时，炭化室底部压力开始出现负压值，结焦时间至 15h 后，炭化室底部压力长时间处于负压状态。系统投用后，结焦至 6h 以后，炭化室底部压力基本保持在 50Pa，结焦末期压力在 10Pa 左右，基本保持微正压状态，满足炭化室底部压力在结焦周期内保持微正压的要

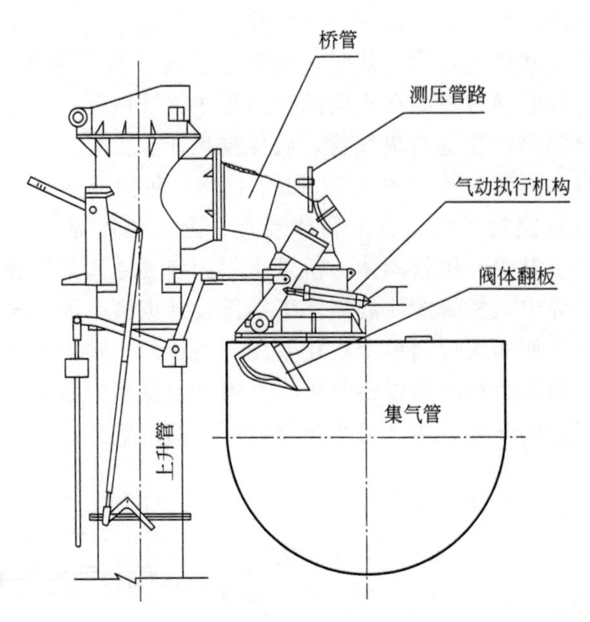


图 4.38 焦炉炭化室压力自动调节装置示意图（U形集气管）

求。此外，系统除尘效果显著，整个加煤过程中基本没有烟尘逸出，大大降低除尘系统工作负荷，减少备品消耗。

**三、节能减碳效果**

根据工程应用，以 6m 焦炉为例，每年可回收荒煤气约 330 万立方米。

济钢集团 8、9 号 6m 焦炉采用炭化室压力自动控制系统，并配套改造水封阀、桥管、压力检测装置、气动执行机构，配置计算机控制系统。项目投产后每年经济效益达 383 万元，实现年节能量 1436tce，年减碳量 3733t$CO_2$。

**四、技术支撑单位**

山东钢铁集团、中冶焦耐工程技术有限公司。

# 第 3 节　有色金属行业工艺过程低碳技术

## 4-32　低温低电压铝电解新技术

**一、技术介绍**

低温低电压铝电解新技术主要对低极距型槽结构设计与优化、低温电解质体系及工艺、过程临界稳定控制、节能型电极材料制备等方面进行集成创新应用。其技术流程见图 4.39。

**二、应用情况**

我国低温低电压铝电解新技术整体技术达到国际领先水平，在推广单位 15 家电解铝企业 180～500kA 级不同电解槽系列上建立相应应用示范线，推广范围涉及系列总产能达 486.3 万吨，实现节电共计达到 27.65 亿千瓦·时。

**三、节能减碳效果**

根据在 200kA 以上铝电解系列上集成推广应用的情况，采用低温低电压铝电解新技术

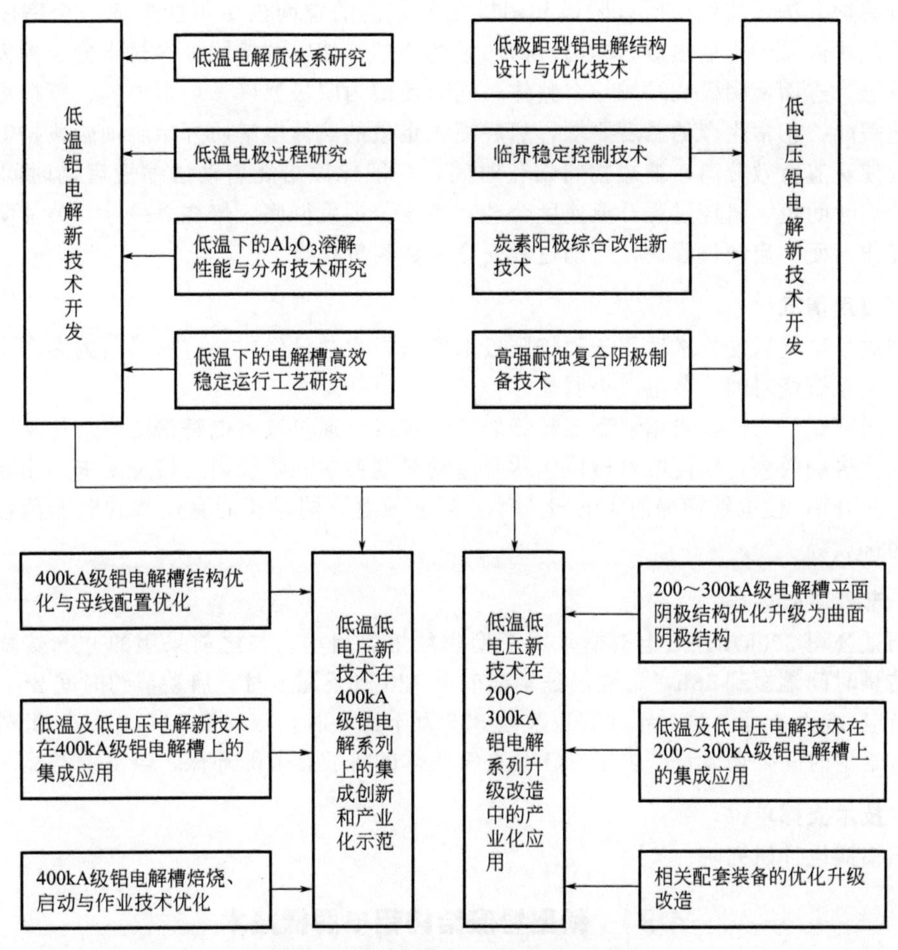


图 4.39 低温低压铝电解技术流程图

可实现铝电解生产直流电耗降低到 12500kW・h/t 以下。

(1) 云南某公司 80 台 240kA 铝电解槽采用低温低电压铝电解工艺，每年可节能 5.67 万吨标准煤，减碳量 14.74 万吨 $CO_2$，年节能经济效益 8100 万元。

(2) 中铝某分公司 180～400kA 铝电解槽推广低温低电压铝电解工艺，在不停槽改造条件下，完成 341 台电解槽改造，较实施前平均电压降低 0.194V，平均吨铝直流电耗降低 398kW・h，平均效应系数降低 0.207 次/(槽・日)，各项指标均有大幅改善，节电带来年减碳量 9.57 万吨 $CO_2$；在停槽改造条件下，完成 105 台改造，较停槽实施前平均电压降低 0.26V，平均吨铝直流电耗降低 495kW・h，平均效应系数降低为 0.195 次/(槽・日)，节电带来年减碳量 4.58 万吨 $CO_2$。

### 四、技术支撑单位

河南中孚实业股份有限公司。

## 4-33 铝电解槽新型焦粒焙烧启动技术

### 一、技术介绍

铝电解槽新型焦粒焙烧启动技术通过在电解槽通电焙烧前的装炉过程中改善其保温措

施，改进装炉方法，使包括所有阳极和阴极表面在内的空间内尽可能形成一个密闭中空空间，利用热对流易于传播热量和均匀传播热量的原理，使电解槽阴极内衬水分、挥发分等快速挥发排出，进而使阴极烧结成一个整体，同时使槽内阴极温度、炉帮温度、阳极温度等快速达到电解能够正常生产的温度要求，然后灌入足量的液体电解质开始启动阶段控制。该方法可以促使炭渣有效分离，缩短物料熔化时间，一般比原焙烧启动法缩短启动时间 2h，具有通电焙烧时间短，焙烧过程升温速度合理，挥发分挥发彻底，焙烧效果好，节能降耗效果显著，操作简便，启动过程快，启动过程安全系数高等优点。

### 二、应用情况

新型焦粒焙烧启动技术适用于预焙阳极电解槽，目前已经成功应用于国内多家电解铝企业，大大缩短焙烧时间，节电效果明显。

以兰州某铝厂为例，采用新型焦粒焙烧启动技术，通过改善电解槽通电焙烧期间的保温措施，强化焙烧效果，促使电解槽快速达到启动温度要求和阴极内衬焙烧要求，由原来焙烧 96h 缩短为 48h，使电解槽提前 48h 投入运行创造效益，同时还能有效节约电能消耗以及减少污染物排放等。

### 三、节能减碳效果

兰州某公司 300kA 预焙电解槽采用新型焦粒焙烧启动，与之前采用的 96h 焙烧启动法相比，焙烧时间缩短到 48h，焙烧过程实现节电 720 万千瓦·时，启动节约时间 2h，启动过程实现节电 96 万千瓦·时，年共实现节电 816 万千瓦·时，减碳量 5444t$CO_2$。此外，由于大大缩短焙烧时间，还大量减少了 CO 等有害气体的排放，节能环保，经济效益显著。

### 四、技术支撑单位

沈阳铝镁设计研究院。

## 4-34 新型导流结构铝电解槽技术

### 一、技术介绍

新型导流结构电解槽技术突破了传统大型铝电解槽的设计和运行模式，创新开发出如下拥有自主知识产权的关键技术：

(1) 首创了炭块间有导流沟、中间有汇流沟、端部有蓄铝池的新型水平网络状结构的导流电解槽技术。

(2) 开发了导流结构阴极的生产技术。

(3) 创新开发了低铝液层稳定生产节能技术，包括均匀低温启动技术、启动后快速降低槽电压技术以及槽控技术的优化等。

(4) 开发了保温型电解槽内衬结构设计技术，保证了低极距下电解槽的热平衡。

(5) 首创了非对应阴阳极的沟槽绝缘焦粒焙烧技术，解决了非平面阴极焦粒焙烧的难题。

该技术通过新颖的电解槽阴极与内衬结构设计、先进的工艺操作与控制，大幅度降低了极距，成功实现“五低二高”（低铝液层、低极距、低电压、低能耗、低效应系数、高阳极电流密度、高电能利用率）的铝电解高效率稳定运行，形成保温节能型铝电解槽。同时，由于节能和降低效应系数而实现减排，具有显著的经济效益和社会效益。

### 二、应用情况

新型导流结构电解槽技术适用于预焙阳极电解槽，可应用于不同容量、不同设计参数的电解槽，生产操作简单，节能减排效果显著。目前已经在全国多家大型铝电解厂进行推广应用，总规模达400多万吨/年，与推广前相比，平均吨铝电耗降低900～1100kW·h，节电效果显著。

### 三、节能减碳效果

根据推广应用情况，新型导流结构电解槽平均工作电压3.70～3.75V，与传统电解槽相比，电能利用率可提高5%～7%，吨铝可节电900～1100kW·h。

辽宁某铝厂采用该技术对其52台350kA系列电解槽实施改造，电解槽生产运行平稳，槽电压和直流电耗对比传统电解槽均有大幅度的降低。阳极效应系数降低0.264次/(槽·日)，槽电压降低246mV，电流效率提高1.55%，吨铝直流电耗降低1073kW·h，每年可减少$CO_2$等温室气体排放量8.23万吨，取得明显的经济效益、社会效益和节能减排效果。

### 四、技术支撑单位

中铝郑州研究院。

## 4-35 新型稳流保温铝电解槽节能技术

### 一、技术介绍

新型稳流保温铝电解槽节能技术的基本原理是通过稳流优化、电压平衡优化和热平衡优化技术研发与集成，实现铝电解槽低耗高效运行。该技术通过开发高导电阴极钢棒，优化阴极钢棒的形状，降低铝液层的水平电流，并有效地降低阴极压降；通过开发一种新型内衬结构，实现电解槽等温线的合理分布；同时合理加强保温，减少热损失。其关键技术包括：

(1) 铝阴极稳流优化技术。通过优化钢棒结构、阴极结构，提高钢棒导电性能，实现电解槽水平电流大幅度降低及电流可控。通过阴极稳流优化，可实现电解槽宽度方向水平电流减小约40%。

(2) 电压平衡优化技术。通过使用专门研发的高导电阴极钢棒对阴极组优化设计，大幅度降低阴极压降，优化电解槽电压平衡，降低无用功，确保电解槽极间压降和极距，优化后可使槽电压在3.8～3.85V。

(3) 热平衡优化技术。根据电解槽区域能量自耗和电解质成分的共晶温度优化设计槽内衬，确保等温线分布合理，控制炉膛。通过槽内衬优化设计，使槽内衬中电解质共晶等温线位置位于阴极炭块下面、保温层上面的耐火材料内，使电解质的冻结破坏作用下降到阴极炭块以下、保温层以上，使保温层材料避免受到电解质的侵蚀。同时，确保了侧衬材料表面形成保护性炉帮和伸腿，减少侧部散热及漏炉发生。

### 二、应用情况

新型稳流保温铝电解槽节能技术目前已经在国内部分企业，如抚顺铝业、中孚铝业、连城铝业等得到推广应用，吨铝液直流电耗降低效果明显。

以某公司400kA电解槽改造为例，新型稳流保温电解槽（新技术槽）与普通电解槽（对比槽）相比，新型稳流保温槽平均总散热1.646V，其中阳极区总散热1.038V，阴极区总散热0.608V；对比槽平均总散热损失1.784V，其中阳极区总散热1.114V，阴极区总散热0.670V。详见表4.14。两者相比，新技术槽总散热降低138mV，保温效果明显。此外，新技术槽各项经济指标也优于对比槽。

### 三、节能减碳效果

根据工业应用经验，新型稳流保温铝电解槽可实现吨铝液直流电耗12300～12600kW·h，平均达到 12500kW·h 左右，电流效率平均 92%。与普通电解槽比，平均吨铝节电约 500kW·h，吨铝节电可实现减碳量约 442.15kg$CO_2$。

**表 4.14 新技术槽与对比槽平均散热量对比**

| 散热面 | | | 新技术槽 | | 对比槽 | | 差值/mV |
|---|---|---|---|---|---|---|---|
| | | | 散热量/V | % | 散热量/V | % | |
| 阳极区 | 槽罩 | 大面罩板 | 0.241 | 14.7 | 0.299 | 16.8 | −58 |
| | | 槽沿板 | 0.051 | 3.1 | 0.056 | 3.1 | −5 |
| | | 端面罩板 | 0.015 | 0.9 | 0.021 | 1.2 | −6 |
| | | 小计 | 0.307 | 18.7 | 0.377 | 21.1 | −69 |
| | 上部结构 | 槽顶 | 0.156 | 9.5 | 0.18 | 10.1 | −24 |
| | | 阳极导杆 | 0.045 | 2.8 | 0.043 | 2.4 | 3 |
| | | 烟气 | 0.529 | 32.1 | 0.515 | 28.8 | 15 |
| | | 小计 | 0.731 | 44.4 | 0.737 | 41.3 | −7 |
| | 合计 | | 1.038 | 63.1 | 1.114 | 62.5 | −76 |
| 阴极区 | 阴极区侧部 | 熔体区 | 0.239 | 14.5 | 0.272 | 15.3 | −33 |
| | | 阴极区 | 0.133 | 8.1 | 0.119 | 6.7 | 14 |
| | | 耐火保温区 | 0.047 | 2.9 | 0.046 | 2.6 | 1 |
| | | 阴极钢棒 | 0.027 | 1.7 | 0.027 | 1.5 | 0 |
| | | 侧部摇篮架 | 0.05 | 3.0 | 0.046 | 2.6 | 3 |
| | | 小计 | 0.496 | 30.2 | 0.511 | 28.6 | −14 |
| | 阴极区底部 | 槽底 | 0.101 | 6.1 | 0.136 | 7.6 | −35 |
| | | 槽底摇篮架 | 0.011 | 0.6 | 0.023 | 1.3 | −13 |
| | | 小计 | 0.111 | 6.8 | 0.159 | 8.9 | −48 |
| | 合计 | | 0.608 | 36.9 | 0.67 | 37.5 | −62 |
| 总计 | | | 1.646 | 100 | 1.784 | 100 | −138 |

某公司 400kA 电解槽改造前，电流效率 90.5%、平均电压 3.96V、吨铝直流电耗 13019kW·h、炉底压降 308mV；改造后，电解效率 91.72%、平均电压 3.839V、吨铝直流电耗 12473kW·h、炉底压降 236mV。改造后，平均电压降低 90mV、炉底压降降低 72mV、吨铝直流电耗降低 566kW·h，吨铝节电实现减碳量约 500.51kg$CO_2$。

### 四、技术支撑单位

中铝郑州研究院。

## 4-36 精滤工艺全自动自清洁过滤技术

### 一、技术介绍

精滤工艺全自动自清洁过滤技术主要利用高位槽与过滤机壳体的液位差，高效自清洁反冲卸饼，滤后精液反向清洗滤布，有效降低蒸发工序负荷。其关键技术装备为全自动立式叶滤机，结构如图 4.40 所示。

该过滤机工作全过程由计算机自动控制，一个工作周期（循环）由进料、挂泥、作业、

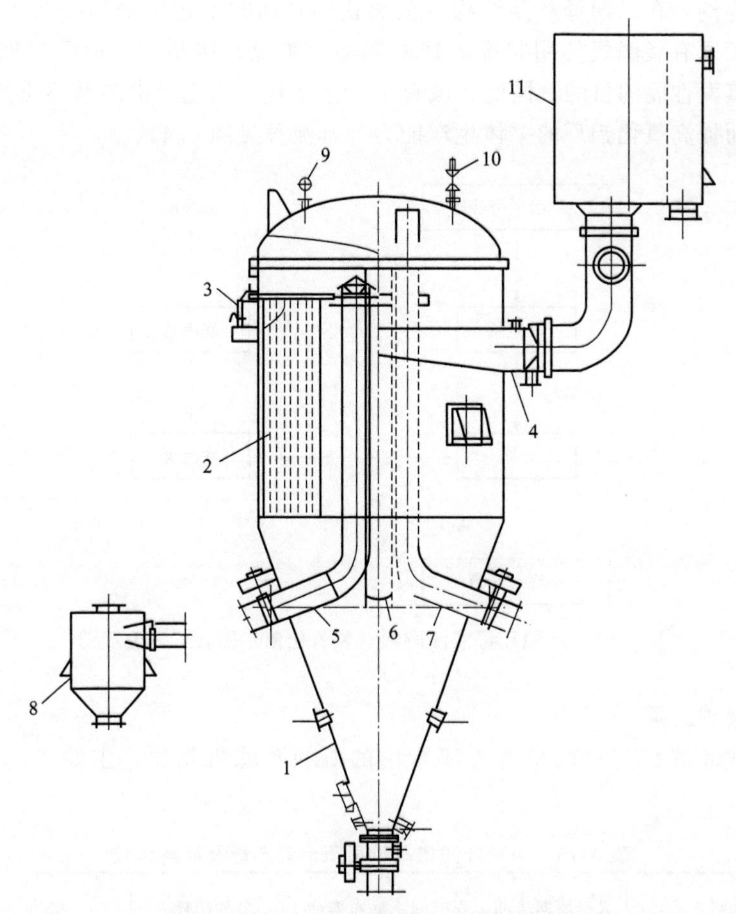


图 4.40 全自动立式叶滤机结构示意图

1—筒体；2—过滤元件（滤袋内含滤片）；3—弯管（含隔离阀）；4—外部组管；5—进料阀；6—溢流管；7—排气管；8—卸压罐；9—压力表；10—安全阀；11—高位槽

卸泥四个阶段组成。过滤时，粗液由进料泵送入筒体内，在一定的压力下，通过滤袋即制成精液，滤后精液经外部组管排放到高于叶滤机顶的高位槽中，由此进入精液槽，滤渣在滤袋外部形成滤饼。当过滤一定时间后，将筒体内压力降至常压，高位槽内蓄能的精液自上而下反向流动，滤布表面的滤饼被精液反冲脱落，完成卸泥过程。该设备具有以下优势：

（1）利用高位槽精液反洗滤饼，避免了传统过滤过程中加水稀释母液，水耗为零，有效降低蒸发工序负荷，实现节水、节汽、节能的目的。

（2）利用透气性高、卸泥效果好、再牛能力强的新型滤布和改进的滤片结构，提高过滤效率，延长滤布使用寿命。

（3）工作周期短，辅助工作时间仅 1～2min，设备效率高。

（4）采用先进的控制技术，并配套完整的检测仪表和控制系统，设备全自动运行、维护量小，效率高。

## 二、应用情况

全自动立式叶滤机主要用于氧化铝、化工、制糖业、钢渣提钒等行业，自动化程度高、滤液指标好、运行成本低，目前已在国内氧化铝生产过程中（如铝酸钠溶液精制、母液氢氧化铝回收等）大量应用，节能增产效果显著。

以某铝厂为例，在二期母液浮游物（氢氧化铝）回收工艺中增加一台 150m² 立式叶滤机，有效解决了原有袋滤机使用状况欠佳的问题，实现并达到充分回收二期母液中的浮游物，改善母液蒸发性能的目的。同时，改良了母液在拜耳法生产中的循环质量，增加了氧化铝的产量，进而提高氧化铝厂的整体生产能力。其流程见图 4.41。

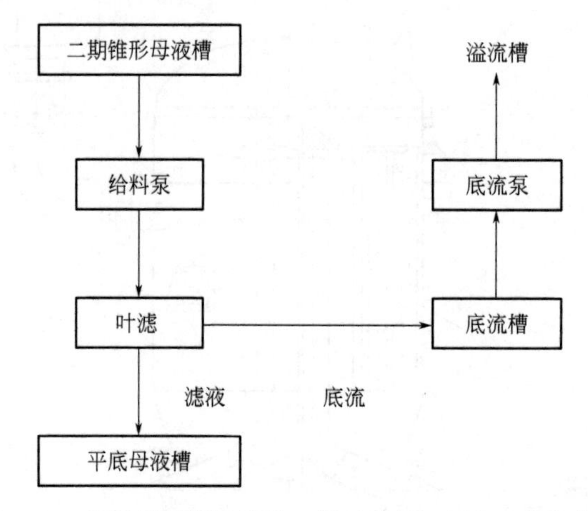


图 4.41　某铝厂母液浮游物（氢氧化铝）回收工艺流程图

## 三、节能减碳效果

全自动立式叶滤机与目前精滤工序常用的凯利叶滤机相比，主要工艺参数比较详见表 4.15。

表 4.15　两种叶滤机单位面积台时产能及能耗比较

| 叶滤机类型 | 滤机产能 /[$m^3$/($m^2$·h)] | 运行周期 /h | 非工作时间 /min | 滤布寿命 /d | 备件消耗 /[元/(台·年)] | 水耗 /[$m^3$/(台·次)] | 石灰乳消耗 /(mg/L) |
|---|---|---|---|---|---|---|---|
| 凯利叶滤机 | 0.86 | 8 | 30～60 | 45 | 15000 | 25～30 | 800～1000 |
| 立式叶滤机 | 1.43 | 1 | 1 | 90 | 0 | 0 | 400～800 |

某公司 80 万吨拜尔法氧化铝生产线采用全自动立式叶滤机，拆除原凯利叶滤机，安装全自动立式叶滤机及其控制系统，改造后每年立式叶滤机工序总节能约 2.6 万吨标准煤，年减碳量 6.76 万吨 $CO_2$，取得节能经济效益 2800 万元。某公司 10 万吨 4A 沸石生产线/2 万吨微粉氢铝生产线，采用全自动立式叶滤机，以实现低能、高效和全自动化操作，其中 10 万吨 4A 沸石生产线安装 2 台 306m² 立式叶滤机，2 万吨微粉氢铝生产线安装 2 台 60m² 立式叶滤机，改造后每年在立式叶滤机工序总节能约 1.2 万吨标准煤，年减碳量 3.12 万吨 $CO_2$，取得节能经济效益 800 万元。

## 四、技术支撑单位

中国铝业山东分公司。

# 4-37　流态化焙烧高效节能炉窑技术

## 一、技术介绍

流态化焙烧高效节能炉窑技术以热能工程学理论优化和改造焙烧炉耐火炉衬材料及结构

设置，优化和完善现有施工技术、烘炉技术、初投运技术，通过优化炉衬结构设计、优化施工、烘炉、初投运工程化技术及炉衬维护修理技术，实现节能、减排、降耗、高产的焙烧目标。其工艺流程见图4.42。

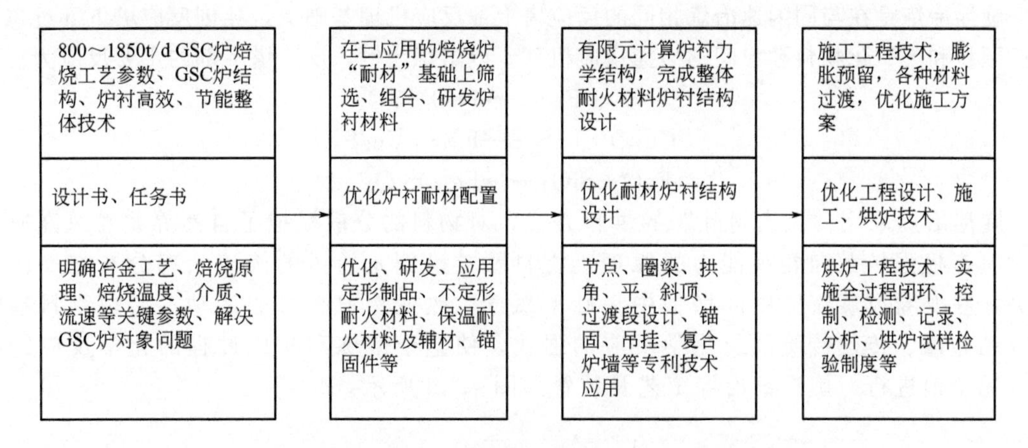


图4.42 流态化焙烧高效节能炉窑技术工艺流程

## 二、应用情况

流态化焙烧高效节能炉窑技术目前已在我国1850t/d及1400t/d、1300t/d、180t/d等不同类型的GSC炉推广应用，节能效果良好。

## 三、节能减碳效果

某公司年产65万吨$Al_2O_3$（1850t/d）气态悬浮焙烧炉采用该技术改造后，实现年节能22162tce，年减碳量57621t$CO_2$，年节能经济效益2550万元，提高产能11万吨$Al_2O_3$。某公司40万吨$Al_2O_3$（1400t/d）气态悬浮焙烧炉采用该技术改造后，实现年节能13638tce，年减碳量35459t$CO_2$，年节能经济效益1568万元，提高产能10万吨$Al_2O_3$。表4.16为某公司GSC炉改造效果。

**表4.16 某公司GSC炉改造效果**

| | |
|---|---|
| 建设规模 | 40万吨$Al_2O_3$/年，1400t/d汽态悬浮焙烧炉 |
| 主要改造内容 | ①国产化GSC炉耐火材料设置（定形、不定形、保温）<br>②GSC炉炉衬耐火材料结构设计、优化工程施工、烘炉、初投运维护工程技术及标准化 |
| 主要设备 | 1400t/d丹麦引进气态悬浮焙烧炉炉衬（GSC炉）及FFC炉、CFBC炉 |
| 节能技改投资额 | 480万元 |
| 建设期 | 60天 |
| 节能减碳量 | 年节约标准煤13638.54t，年减碳量35459t$CO_2$ |
| 节能经济效益 | 年节能经济效益1568.43万元，提高产能10万吨 |
| 投资回收期 | 1年 |

## 四、技术支撑单位

洛阳市洛华粉体工程特种耐火材料有限公司。

## 4-38 旋浮铜冶炼节能技术

### 一、技术介绍

旋浮冶炼是在与同闪速冶炼相同的反应塔上部反应机理基础上，独创反应塔下部过氧化物料颗粒和欠氧化物料颗粒间的碰撞反应机理。以熔炼为例，反应塔下部的主要反应为：

$$Fe_3O_4 + FeS \longrightarrow FeO + SO_2$$

$$Cu_2O + FeS \longrightarrow FeO + Cu_2S$$

$$FeO + SiO_2 \longrightarrow Fe_2OSiO_4$$

旋浮冶炼采用“风内料外”的供料方式，对物料的分散模拟了自然界龙卷风高速旋转时具有极强扩散和卷吸能力的原理，物料颗粒呈倒龙卷风的旋流状态分布在反应塔中央，在龙卷风旋流体中间增加中央脉动氧气，改变物料颗粒的运动，实现物料颗粒间脉动碰撞、传热传质以及化学反应的强化，使整个熔炼和吹炼过程的化学反应能够充分完全地进行。旋浮铜冶炼工艺及装置如图 4.43 所示。

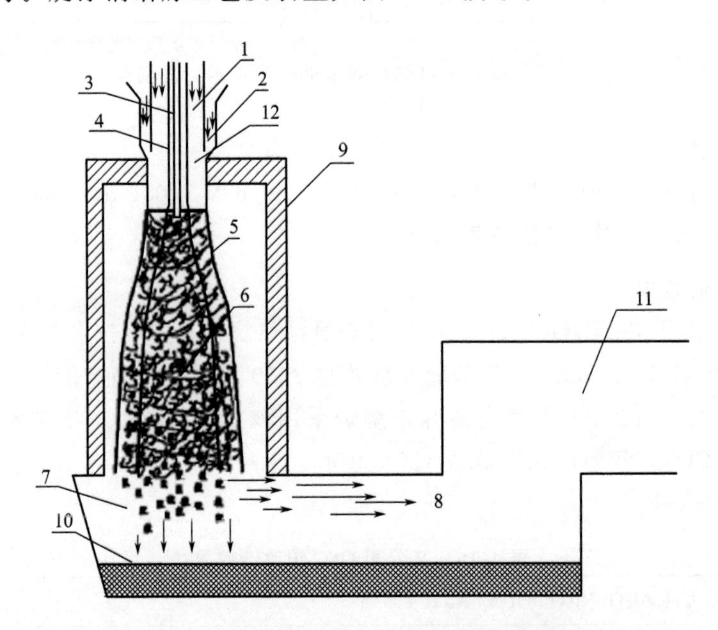


图 4.43 旋浮铜冶炼工艺及装置示意图

1—富氧空气；2—粉状物料；3—脉动氧气；4—脉动燃料枪；5—高旋流体；6—脉动紊流；7—分离出的液滴；8—高温烟气；9—反应器；10—熔池；11—排烟道；12—脉动旋流喷嘴

旋浮冶炼工艺技术具有以下特征：

(1) 具有倒龙卷的涡旋流场结构。通过模拟龙卷风的形成方式，在反应塔内形成涡旋气流强化反应与碰撞，涡旋气流使粒子群在向下的主流速度上增加了横向运动，由于粒子的质量和物理规格的差别导致横向运动的粒子群中大小粒子的运动方向和速度都不一样，运动轨迹杂乱无章，从而大大增加了大小粒子间、过氧化和欠氧化粒子间、熔融和非熔融粒子间的碰撞，促进交互反应的进行。

(2) 通过宏观脉动强化粒子脉动碰撞。通过对精矿喷嘴的设计控制脉动过程，引入中心低频脉动气流，宏观上强化了气、粒两相的脉动。通过宏观脉动控制，增强了大小粒子间的碰撞机会，中和了粒子间的氧化程度，减少四氧化三铁的生成量，降低烟尘发生率。

(3) *采用工艺风旋流扩散物料*。采用将旋流工艺风布置在中央、粒子群在工艺风外围加入呈环状幕墙的布料形式，工艺风由内向外的旋转扩张，带动粒子运动。由于采用的是全部工艺风，理论上扩散动量比可以达到0.9，并且扩散动量主要是依靠工艺风量而非速度，有效提高粒子的分散效果。

(4) *实现精矿与高温烟气的无间接触*。利用旋流优于直流的内、外卷吸特性，将大量高温烟气卷吸到气、粒两相流中，与高温回流烟气无间接触，使粒子能在第一时间顺利着火和稳定燃烧。

### 二、应用情况

旋浮冶炼适用于铜、镍、铅、金等有色金属冶炼工艺，在新建生产线和原有生产线改造均可应用，与闪速冶炼技术相比，该工艺具有生产能力大、反应充分、烟尘率低、自热冶炼(可处理大量吸热原料如氧化矿等)、原料适应性强（可处理高杂质铜精矿）等优点，目前已经在国内多家企业进行推广。

### 三、节能减碳效果

根据工程应用，旋浮铜冶炼工艺技术可使熔炼炉作业率达到98%，吹炼炉作业率达到97%，使粗铜综合能耗降至150kgce/t。

某公司年产20万吨阴极铜，工程采用旋浮铜冶炼工艺，采用旋风脉动型精矿喷嘴和冰铜喷嘴替代原有的中央扩散型精矿喷嘴和冰铜喷嘴，改造后产能由原来的20万吨/年提升为50万吨/年，改造后每年可节能95000tce，实现年减碳量15.5万吨$CO_2$，年节能经济效益为18572万元。

### 四、技术支撑单位

阳谷祥光铜业有限公司。

## 4-39 有色冶金高效节能电液控制集成技术

### 一、技术介绍

有色冶金高效节能电液控制集成技术采用虚拟样机、半实物联合仿真及电液比例伺服集成控制等现代设计及控制技术，自主创新研发电解精炼过程中的关键技术装备，实现了系列装备的大型化、高速化、连续化、自动化及节能化，以提高电解效率，降低电耗，达到高效节能的目的。以铜冶炼为例，电液控制铜电解阳极自动生产线工艺流程如图4.44所示。

### 二、应用情况

有色冶金高效节能电液控制集成技术适用于有色金属行业铜、铅、锌等采用湿法冶金的企业，目前已经应用于国内多家企业，节能效果显著，并出口国外。

### 三、节能减碳效果

有色冶金高效节能电液控制集成技术可使铜电解阳极自动生产线电耗降低约2.8kW·h/t，电解效率提高3%；铅电解精炼生产线电耗降低35～40kW·h/t，电解效率提高5%。同时有效降低电解短路率。

以年产10万吨电解铜生产线为例，采用该技术对铜阳极进行改造，改善阳极品质，提高电效，降低能耗，改造后每年节约841tce，实现年减碳量2187t$CO_2$，年节能经济效益642万元。以年产10万吨电解铅生产线为例，采用该技术进行改造，改善阴阳极品质，提

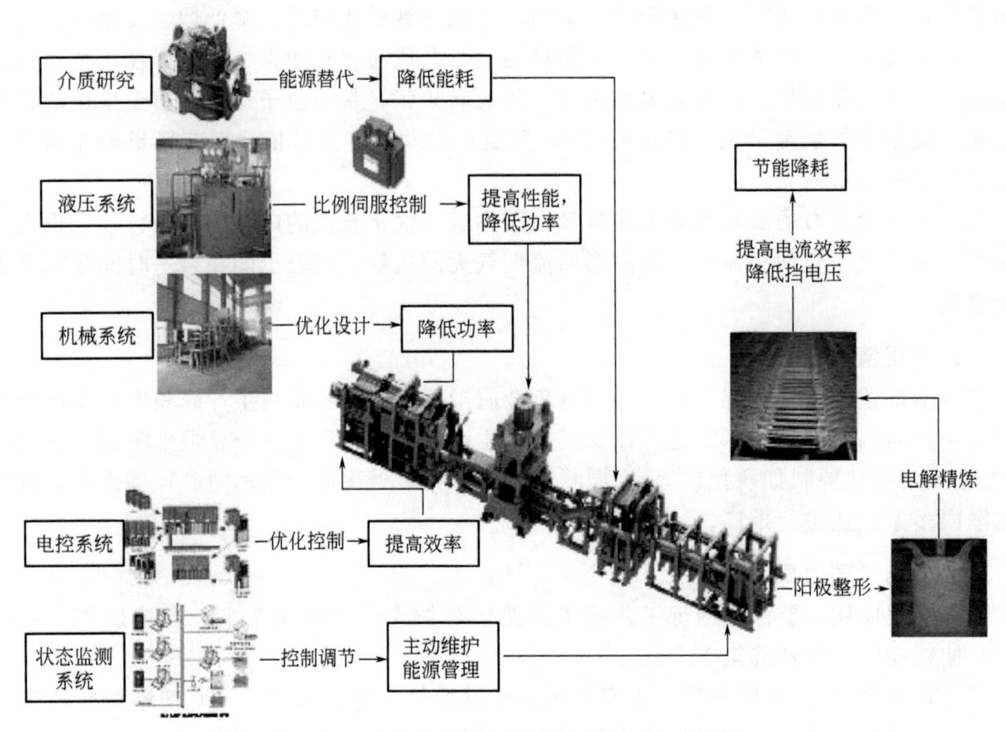


图 4.44 电液控制铜电解阳极自动生产线简图

高电效，降低能耗，改造后每年节约 3313tce，实现年减碳量 8614t$CO_2$，年节能经济效益约 1656 万元。

**四、技术支撑单位**

昆明理工大学。

## 4-40 双侧吹竖炉熔池熔炼技术

**一、技术介绍**

双侧吹竖炉熔池熔炼工艺技术主要通过双侧、多风道将 50%～90%浓度的富氧空气吹入熔炼炉内熔渣和新入炉物料的混合层，并直接接触和搅拌含有新进物料的熔体，在强烈而均匀的搅拌和高温作用下，使氧直接与炼铜物料中的铁和硫发生氧化反应。与传统熔炼方法相比，炉内反应更迅速、更均匀，鼓风压力更低，不但有效提高熔炼效率，节能效果明显，而且大大减轻熔炼过程中铁的过氧化现象，降低熔渣中的磁铁含量，达到降低渣含铜量的目的。同时，炼铜物料熔化后，熔体可在炉内完成渣铜分离，并分别从炉内流出，实现了在熔体温度较高时渣、铜的分离，不但分离效果好，还实现了贫化炉只贫化熔渣，贫化效果好、贫化电耗低。此外，采取特殊耐火材料浇筑烟道与余热锅炉对接，烟道不黏结，改善了余热锅炉的工作条件，使锅炉膜式壁不易结渣、不易爆管，保证了生产的稳定性和安全性；炉墙关键部位采用水冷铜水套挂渣保护技术，使炉墙耐高温耐冲刷，操作性能好、炉体寿命长，可减少优质耐火材料的消耗；风嘴采用不锈钢和紫铜复合材料，安装在铜水套炉墙内，耐高温腐蚀；可采用高富氧浓度进行熔炼，效率高、烟气量小，且 $SO_2$ 浓度高，不但制酸能耗低，还可实现“三转三吸”制酸，转化吸收率高，尾气达标排放效果好。另外，熔渣从炉内为连续溢流而出，冰铜为间断虹吸放出，操作简便易行，安全可靠。双侧吹竖炉熔池熔炼技术简图如图4.45所示。

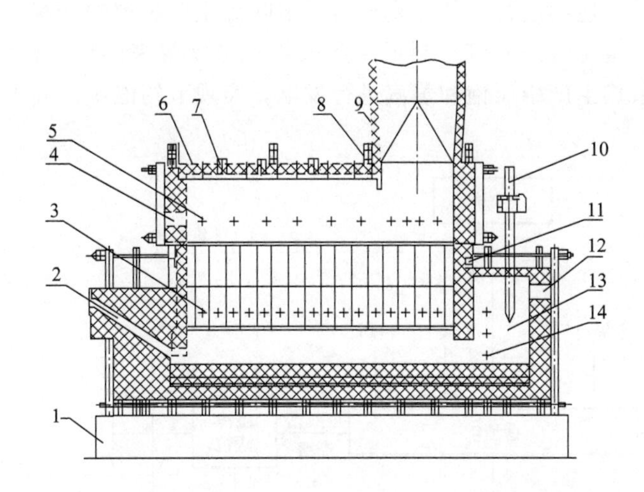


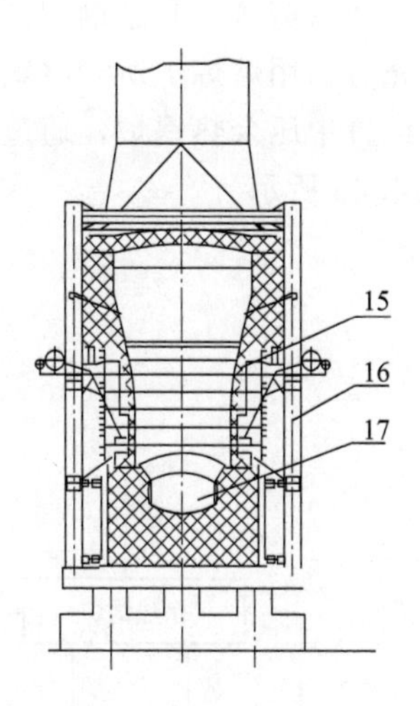


图4.45　双侧吹竖炉熔池熔炼技术简图

1—基础；2—铜流虹吸放出口；3—高氧浓鼓风口；4—观察口；5—二次燃烧鼓风口；6—炉顶；7—加料口；8—烟道挡屏水套；9—上升烟道；10—渣室电极；11—炉体铜水套；12—熔渣溢流口；13—渣室；14—安全阀；15—炉体铜水套；16—钢结构；17—炉缸

## 二、应用情况

双侧吹竖炉熔池熔炼工艺主要适用于10万～20万吨规模的铜、铅、镍火法冶炼的熔炼工序，目前已经应用于国内部分铜冶炼企业，生产稳定，各项指标优异。

内蒙古某公司采用铁/二氧化硅为1.5～2.0进行生产，各技术指标优良，主要技术指标为：熔炼炉面积25.5m$^2$，在70%氧浓度时，每小时处理矿量86～90t，产出冰铜品位55%～58%，渣含铜0.7%～1.0%，渣中四氧化三铁含量6%～7%，烟尘率1.8%左右，熔炼直收率95.5%～96.5%，出余热锅炉烟气中的二氧化硫浓度25%，平均配煤率2.2%（占精矿量比例），余热锅炉每小时产4.0MPa蒸汽36t（锅炉设计能力33t/h），炉况稳定顺行。

## 三、节能减碳效果

内蒙古某公司10万吨铜冶炼技术改造项目，采用双侧吹熔池熔炼炉代替密闭鼓风炉，增建节能型贫化电炉、转炉渣选厂、7000m$^3$/h制氧站，增添余热锅炉、发电站，改建配供料系统等，改造后与原来的密闭鼓风炉熔炼工艺相比，年节约标准煤45153t，年减碳量117398t$CO_2$，年节能效益4515万元。广西某公司20万吨铜冶炼新建项目采用双侧吹竖炉熔池熔炼工艺，实现粗铜综合能耗266.3kgce/t，与行业标准530kgce/t相比，节约263.7kgce/t，年节能52740tce，年减碳量13.71万吨$CO_2$，年节能效益5274万元。

## 四、技术支撑单位

赤峰云铜有色金属有限公司。

# 4-41　双炉侧顶吹粗铜连续吹炼工艺技术

## 一、技术介绍

双炉侧顶吹粗铜连续吹炼工艺主要是将粗铜吹炼所必须经过的造渣期和造铜期，由传统的间歇式P-S转炉吹炼过程在一个吹炼空间分先后、间断进行，改为分置到两个独立固定的吹炼空间（造渣炉和造铜炉）分前后、连续进行，从而真正实现铜吹炼生产过程的连续。该工艺充分利用熔炼炉所产冰铜显热，避免转炉吹炼等料而导致鼓风机空吹带来的电力消耗，同时设置中压余热锅炉，通过回收余热生产中压饱和蒸汽进行发电，实现节约能源。其工艺如图4.46所示。

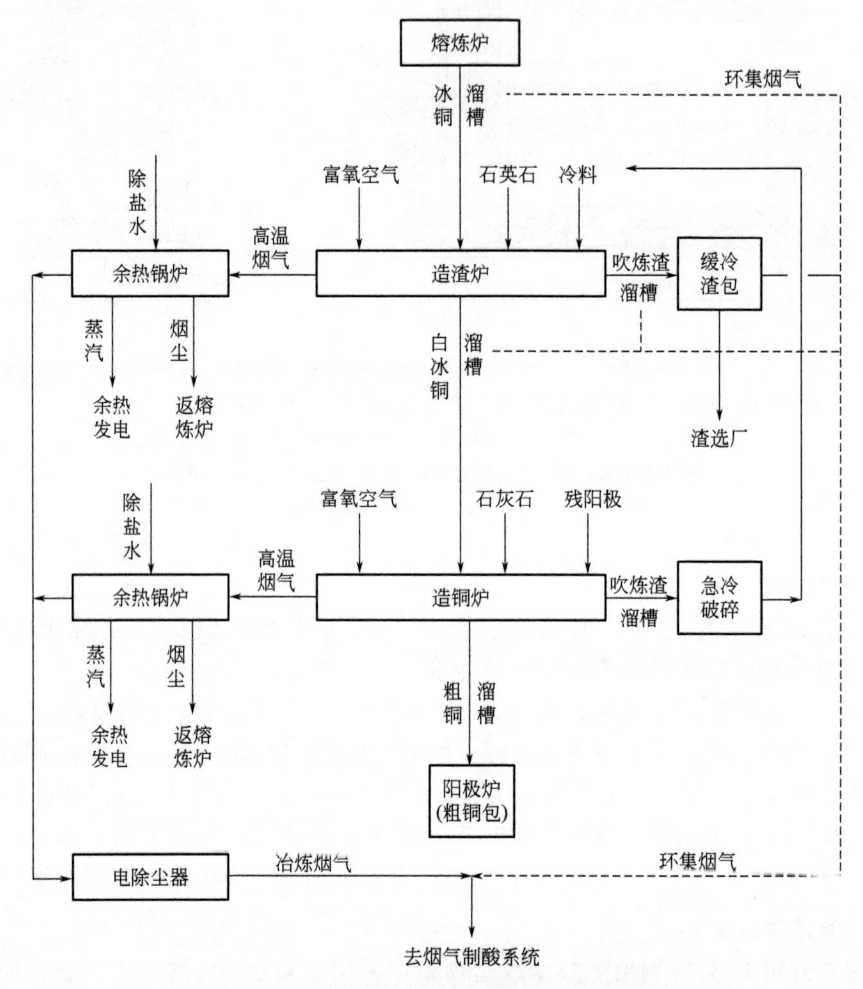


图4.46 双炉粗铜连续吹炼工艺流程示意图

（1）造渣吹炼。熔炼炉产出的55%～60%冰铜通过溜槽连续流入造渣炉，同时按照设计好的风料比和熔剂加入量，向熔池中鼓入富氧空气，并通过炉顶加料口向熔池内加入熔剂；同时根据炉温调节富氧浓度，并适量向炉内加入造铜炉渣和火法精炼渣等低品位含铜冷料。吹炼形成的渣浮在熔池上面，经沉淀分离后连续从溢流口排出，进入渣包，运至缓冷场，进行浮选贫化处理；吹炼形成的白冰铜沉入熔池下部，从虹吸口连续放出并通过溜槽进入造铜炉；造渣吹炼产生的烟气经出口烟道进入余热锅炉，降温后进入冶炼烟气除尘、脱硫处理系统。

（2）造铜吹炼。白冰铜进入造铜炉后，按照计算的风料比和熔剂加入量，向熔池中鼓入富氧空气，并通过炉顶加料口向熔池内加入熔剂；同时根据炉温的高低，适量向炉内加入残阳极等高品位含铜冷料，并调节富氧浓度。由于造铜期的渣量很小，仅为总渣量的1/10，因此采用间断放出的操作模式，间断放出的造铜期渣通过渣包倒入渣冷却场，自然冷却破碎后均匀返回造渣炉。造铜炉中的粗铜也相应采用间断放出的操作模式，粗铜流入冶金包后吊运倒入阳极炉；造铜吹炼烟气经烟道出口进入余热锅炉，经降温后进入除尘、脱硫系统。

**二、应用情况**

双炉侧顶吹粗铜连续吹炼工艺技术主要应用于粗铜吹炼，目前已经应用于国内部分企业。

内蒙古某公司双炉侧顶吹粗铜连续吹炼炉于 2014 年投料生产，造渣炉和造铜炉的炉况非常稳定，炉内反应状况良好，渣含铜、粗铜含硫、直收率等控制指标正常，各项主要技术经济指标达到行业先进水平。粗铜质量优于国家行业标准《粗铜》规定的牌号 98.50 产品的化学成分要求。其主要技术指标和工艺参数见表 4.17。

**表 4.17　某公司双炉粗铜连续吹炼工艺主要技术指标和工艺参数**

| 项目 | 设计值 | 实际运行值 | 实际均值 |
|---|---|---|---|
| 粗铜品位 Cu/% | 99.0 | 98.8～99.18 | 99.022 |
| 粗铜含硫/% | 0.10 | 0.018～0.035 | 0.022 |
| 造渣炉吹炼渣含铜/% | 3.0 | 1.7～3.5 | 2.253 |
| 造渣炉吨粗铜渣量/t | 0.52 | 0.45～0.6 | 0.52 |
| 造铜炉吨粗铜渣量/t | 0.075 | 0.07～0.11 | 0.095 |
| 冰铜至粗铜的直收率/% | 98.21 | 98.39 | 98.39 |

**三、节能减碳效果**

根据企业实际应用，采用双炉侧顶吹粗铜连续吹炼工艺，粗铜综合能耗比传统的 P-S 转炉吹炼工艺可降低约 30kgce/t。以粗铜 12.5 万吨/年规模为例，每年可实现节能量 4822tce，实现减碳量 12537.2t$CO_2$。

**四、技术支撑单位**

赤峰云铜有色金属有限公司、赤峰金峰冶金技术发展有限公司。

## 第 4 节　建材行业工艺过程低碳技术

### 4-42　高效优化粉磨节能技术

**一、技术介绍**

高效优化粉磨节能技术采用高效冲击、挤压、碾压粉碎物料的原理，配合适当的分级设备，使入球磨机物料粒度控制在 2mm 以下，改善物料的易磨性；使入磨物料同时具备“粒度效应”及“裂纹效应”，并优化球磨机内部构造和研磨体级配方案。该技术利用 HT 高效优化粉磨机（图 4.47）与球磨机组成联合粉磨系统，实现粉磨系统“分段粉磨”，从而达到整个粉磨系统优质、高产、低消耗的目的。

该技术流程为：粉磨物料经过计量配料后，进入物料分选设备进行分选，细颗粒物料（粒度＜2mm）进入球磨机进行研磨作业；粗颗粒物料（粒度≥2mm）进入 HT 高效优化粉

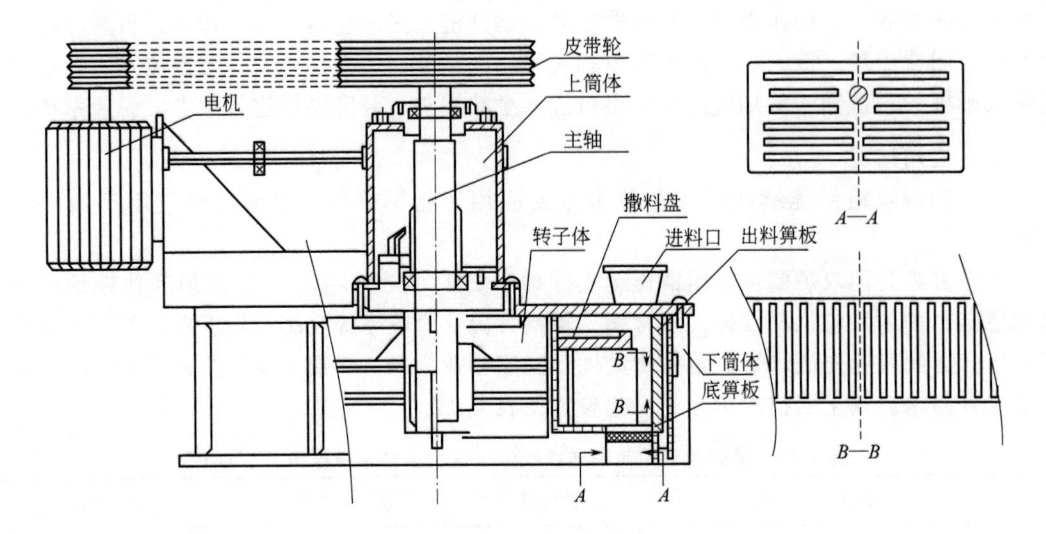


图 4.47 HT 高效优化粉磨机设备结构简图

磨机进行破碎、粉磨，出 HT 高效优化粉磨机物料，再进入物料分选设备进行分选，分选后的细颗粒物料（粒度＜2mm）进入球磨机进行研磨作业，粗颗粒物料（粒度≥2mm）返回 HT 高效优化粉磨机再进行粉碎。进入球磨机的物料经球磨机研磨后，达到一定细度和比表面积要求，出磨后进入成品库。高效优化粉磨节能技术工艺流程见图 4.48。

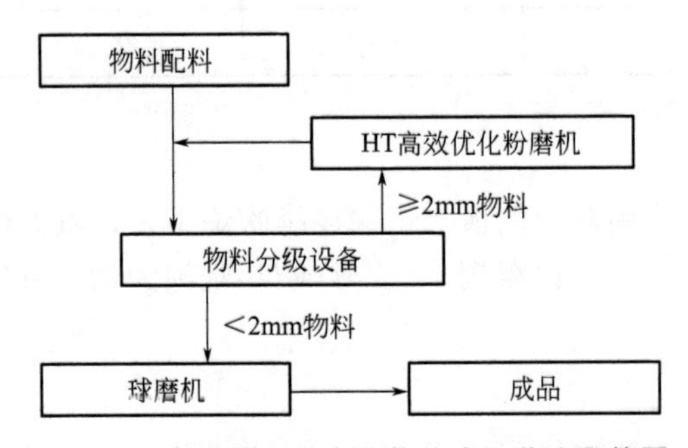


图 4.48 高效优化粉磨节能技术工艺流程简图

### 二、应用情况

高效优化粉磨节能技术及其设备目前已在全国多家水泥制造、矿山企业粉磨生产线应用。通过对水泥粉磨生产线进行技改，系统优化，可使水泥磨机大幅提产，降低单位产品电耗，提高水泥比表面积，降低熟料掺加量。

### 三、节能减碳效果

高效优化粉磨节能技术可使入磨物料粒度控制在 2mm 以下，0.08mm 筛筛余小于 70%；吨水泥粉磨电耗达到 28kW·h 以下；吨水泥粉磨电耗下降 25%以上；成品（出磨）水泥比表面积提高 20%以上；粉磨系统机物料消耗降低 30%以上。

根据不同企业的实际应用，采用高效优化粉磨节能技术对 Φ3.2m×13m 水泥球磨机粉磨系统实施改造，实现年节电节能量达 1575tce，年减碳量 4095t$CO_2$，年经济效益 293 万元；对 Φ3.8m×13m 水泥球磨机粉磨系统实施改造，实现年节电节能量 2940tce，年减碳量 7644t$CO_2$，年经济效益 546 万元；对 MB32130 水泥球磨机生产系统实施改造，实现年节能

4107tce，年减碳量 10678t$CO_2$，年经济效益 762 万元。

### 四、技术支撑单位

安徽华特绿源节能环保科技有限公司。

## 4-43 高效节能选粉技术

### 一、技术介绍

高效节能选粉技术利用空气动力学原理，采用先进的第三代笼型转子高效选粉分级技术，对分选物料进行充分分散和多次分级分选，达到高精度、高效率分选。其工艺流程如图 4.49 所示。

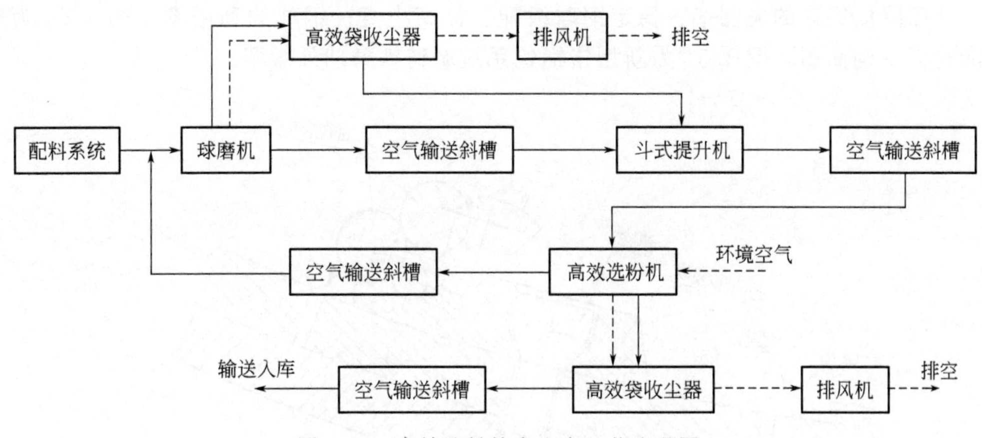


图 4.49 高效选粉技术生产工艺流程图

### 二、应用情况

高效节能选粉技术适用于建材行业水泥粉磨生产线、化工行业干法粉体制备以及工业废渣综合利用，目前已经应用于多家水泥企业、电厂以及石化等行业企业，推广达 700 多套，并出口国外。

### 三、节能减碳效果

根据企业实际应用，高效节能选粉技术可使系统电耗降低约 5kW·h/t 水泥，选粉效率达到 80%以上，并提高水泥强度，改善水泥质量。

浙江某公司 5000t/d 水泥熟料生产线配套年产 200 万吨水泥粉磨生产线闭路粉磨系统，采用高效节能选粉技术改造后系统单产电耗由 36kW·h/t 下降至 31kW·h/t，年节约电量 1000 万千瓦·时，减碳量 7035t$CO_2$；江苏某公司 3700t/d 水泥熟料生产线水泥粉磨系统采用高效节能选粉技术对两台 $\Phi$4.2m×13.12m 闭路水泥磨系统进行改造，改造后系统运行平稳，水泥产量提高 10%以上，系统电耗降低 2～3kW·h/t，实现年节电 420 万千瓦·时，年减碳量 2962t$CO_2$。

### 四、技术支撑单位

南京工业大学。

## 4-44 球磨机高效球磨综合节能技术

### 一、技术介绍

球磨机高效球磨综合节能技术利用球磨机衬板优化设计和钢球级配优化设计技术两个关

键技术，大幅度提高球磨机的破碎和研磨效率，降低球磨机电能消耗，提高球磨机的使用效率，降低单位产量的研磨成本。其基本原理是根据物料特性、球磨机参数、制粉参数（磨矿细度参数），设计球磨机衬板的台阶个数、台阶宽度、台阶角度，控制球磨机钢球的提升数量、提升高度、钢球落点、抛落与泻落的钢球数量的比例，大幅度提高球磨机的破碎和研磨效率，大幅度降低球磨机电耗；根据物料特性、球磨机衬板参数、制粉参数（磨矿细度参数）、物料的粒度分布，把不同直径的钢球按其作用划分为粗碎、细碎、粗磨、细磨四个组群，合理设计各组群钢球的平均直径及重量比例，大幅减少非关键直径钢球的数量，从而大幅度减少低功效钢球的数量，进一步提高球磨机的破碎和研磨效率，降低球磨机电耗。此外，采用铬锰钨复合碳化物细化材料的碳化物晶粒，使材料磨损的均匀性及耐磨性得到显著改善，从而降低钢球的失圆率、稳定钢球级配、提高小直径钢球的利用率。图 4.50 为球磨机节能衬板结构简图，图 4.51 为新型铬锰钨系抗磨铸铁磨球外观图。

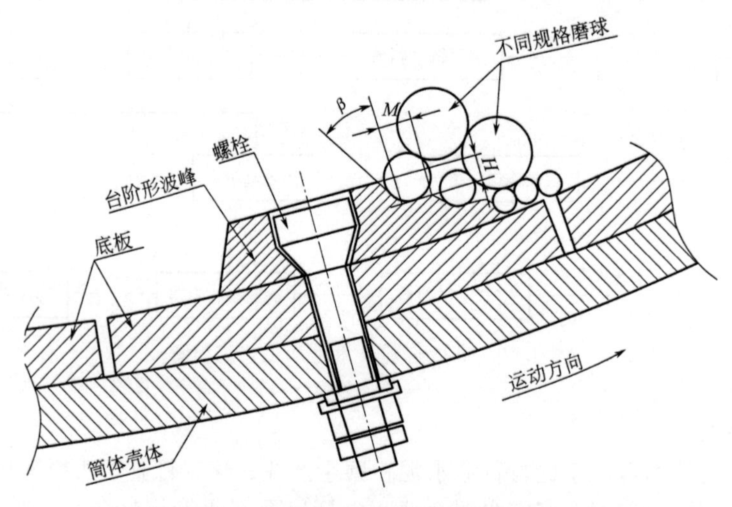


图 4.50 球磨机节能衬板结构简图

图 4.51 新型铬锰钨系抗磨铸铁磨球外观图

## 二、应用情况

球磨机高效球磨综合节能技术适用于电力、钢铁、有色金属、石油石化等行业。在火电行业，国家五大发电集团目前均已采用该技术，取得良好的节能效果。此外，该技术还在大型矿山、水泥行业等推广应用。

### 三、节能减碳效果

根据实际应用统计，球磨机高效球磨综合节能技术可使火电厂钢球磨煤机节电 20%～40%，矿山的球磨机节电 10%～20%，水泥厂磨煤机节电 10%～20%。

湖南某电厂机组配套的 60t/h 磨煤机采用该技术实施改造，将球磨机的衬板和钢球更换，采用优化设计的台阶形衬板和新的钢球级配，改造后每年节能 1260tce，年减碳量 3276t$CO_2$，年节能经济效益 165.4 万元。云南某电厂发电机组配套的 6 台总产能 260t/h 的磨煤机采用该技术实施改造，改造后每年节能 4048tce，年减碳量 10524t$CO_2$，年节能经济效益 531 万元。

### 四、技术支撑单位

湖南红宇耐磨新材料股份有限公司。

## 4-45 辊压机+球磨机联合水泥粉磨技术

### 一、技术介绍

联合水泥粉磨系统由辊压机、打散分级机（或 V 形选粉机）、球磨机和第三代高效选粉机组成。经辊压机挤压后的物料（包括料饼）再进入打散分级机（或 V 形选粉机），使小于一定粒径（一般为小于 0.5～2.0mm）的半成品送入球磨机继续粉磨，粗颗粒返回辊压机再次挤压。辊压机＋球磨机联合水泥粉磨技术工艺流程见图 4.52。

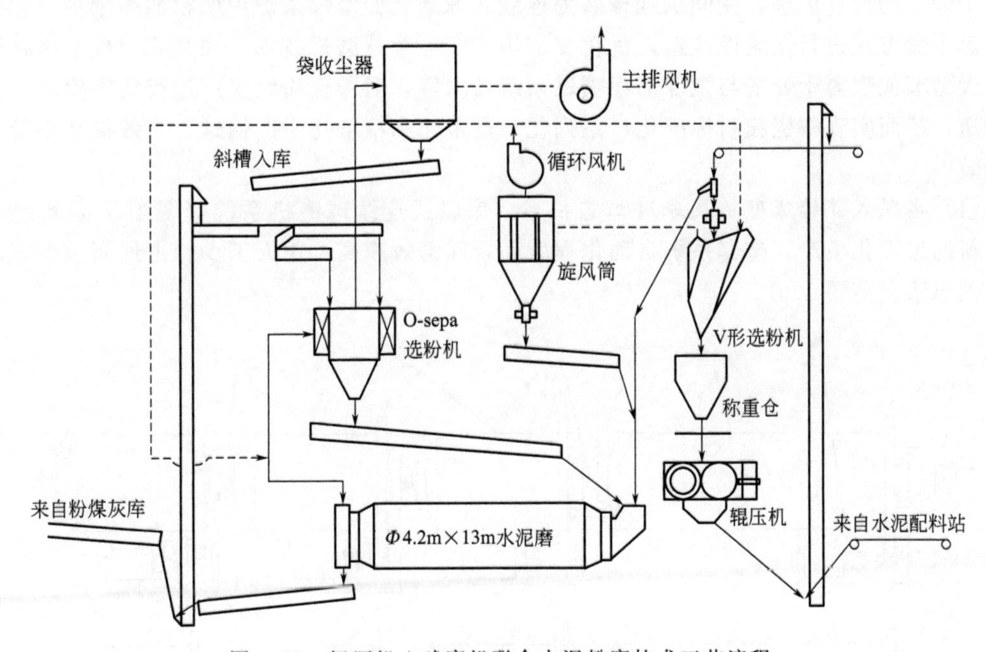


图 4.52 辊压机＋球磨机联合水泥粉磨技术工艺流程

### 二、应用情况

辊压机＋球磨机联合水泥粉磨技术适用于新建新型干法水泥生产线和水泥粉磨站，也适用于原有粉磨系统的升级改造，目前已经应用于国内多家水泥企业。

### 三、节能减碳效果

辊压机＋球磨机联合水泥粉磨技术与传统球磨系统相比，可节电 15%～30%，实现大幅增产，同时还可以提高混合材的掺加量，减少熟料用量，降低生产成本。

海南某公司年产 200 万吨水泥粉磨站一期工程采用 HFCG160-140 大型辊压机＋HFV4000 气流分级机＋$\Phi$4.2m×13.0m 球磨机闭路挤压联合粉磨工艺，生产 PO42.5 等级水泥，改造后单位水泥节电达 10kW·h/t 以上，实现年节电 1400 万千瓦·时，年减碳量 12380t$CO_2$，节约电费 700 多万元。合肥某公司年产 200 万吨水泥粉磨站一期工程采用 HFCG160-140 大型辊压机＋SF650/140 打散分级机＋$\Phi$4.2m×13.0m 球磨机开路挤压联合粉磨工艺，生产 PO42.5 等级水泥，改造后与传统球磨机系统相比，单位水泥节电达 12kW·h/t 左右，实现年节电 1200 万千瓦·时，年减碳量 10611t$CO_2$，节约电费 600 多万元。天津某公司二线（2400t/d）配套的辊压机联合水泥粉磨系统，与一线 $\Phi$3.8m×13m 圈流球磨系统相比，单位水泥节电 7.0kW·h/t，实现年节电 630 万千瓦·时，年减碳量 5571t$CO_2$，节电费用 300 多万元。

### 四、技术支撑单位

天津水泥工业设计研究院、合肥水泥工业研究设计院。

## 4-46 建筑陶瓷制粉系统用能优化技术

### 一、技术介绍

建筑陶瓷制粉系统用能优化技术是根据“以破代磨、分类粉碎、连续球磨；以干代湿、集中干燥”的设计原理，变间歇式球磨为连续式球磨，变水煤浆炉为微粉洁净燃煤，并对传统喷雾干燥方式进行系统性改造，优化集成串联式连续球磨机技术、往复式对极永磁磁选技术、大型节能喷雾干燥塔与微煤洁净喷燃系统技术等，对陶瓷粉料生产进行集中生产、管理和配送，从而实现陶瓷粉料标准化、系列化、规范化和精细化生产输送，有效提高制粉系统的能效。

（1）*串联式连续球磨机及球磨工艺技术*。串联式连续球磨机系统（图 4.53）实现了陶瓷粉料的连续化生产，整套系统自动化程度高，球磨效率高、用人工少、占地面积少等，从进料到出浆只需要 1.5h。

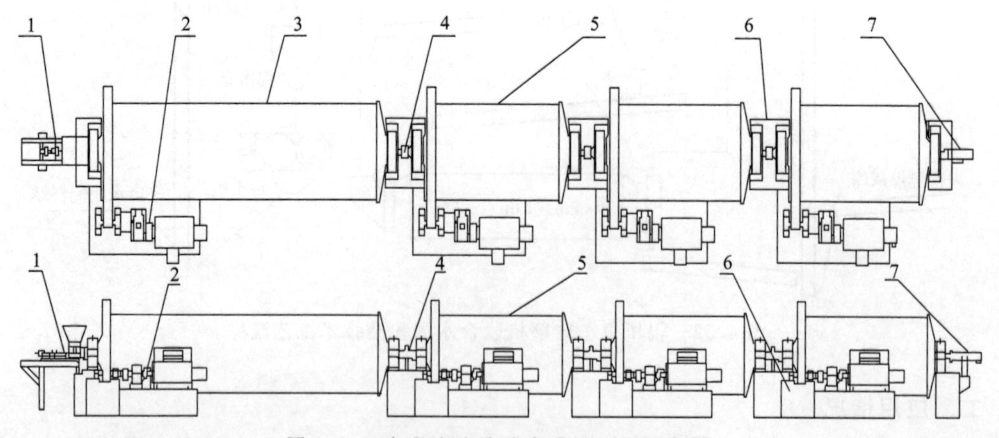


图 4.53 串联式连续球磨系统机组示意图

1—给料装置；2—传动装置；3—一级球磨罐；4—连接装置；5—二级球磨罐；6—连接装置；7—出料装置

（2）*往复式对极永磁磁选技术*。往复式对极永磁磁选机的磁场为两极集中磁场，磁选介质采用横向排列的介质棒，介质棒之间可以产生梯度磁场，磁选时，矿浆为自然流动状态，在流动过程中可使矿浆与磁介质充分接触，有效避免磁性矿的漏选，通过速度快、效率高、有效地磁选除铁，从而提高陶瓷原料的纯度和白度。

（3）*大型节能喷雾干燥塔与微煤洁净喷燃系统技术*。通过煤块粉碎风送一体机把细煤研磨成圆形颗粒状微粉，同时用风机输送到燃烧塔内燃烧，煤粉燃烧时不容易结块，着火速度快，比湿煤浆燃烧更充分，燃烧率高达98%以上。同时，由于减少了蒸发水分环节，极大地减少热损耗，显著提高干燥效率。大型节能喷雾干燥塔如图4.54所示，建筑陶瓷集中制粉工艺流程如图4.55所示。

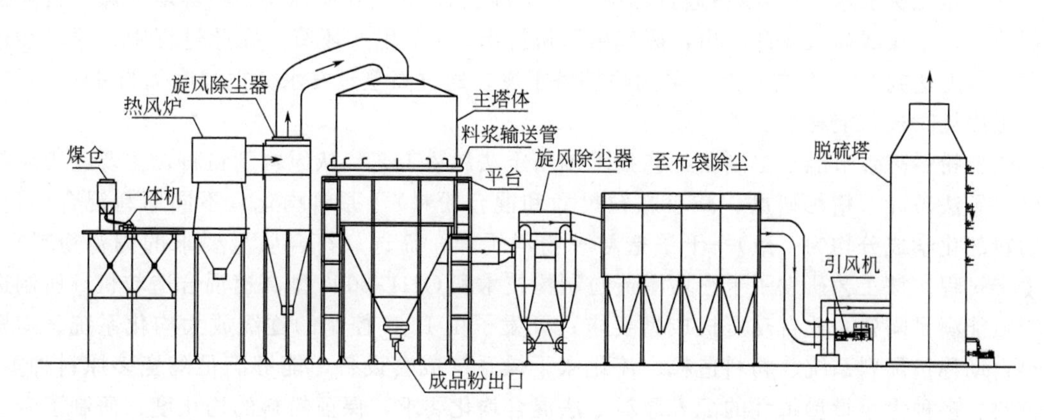


图4.54 大型节能喷雾干燥塔示意图

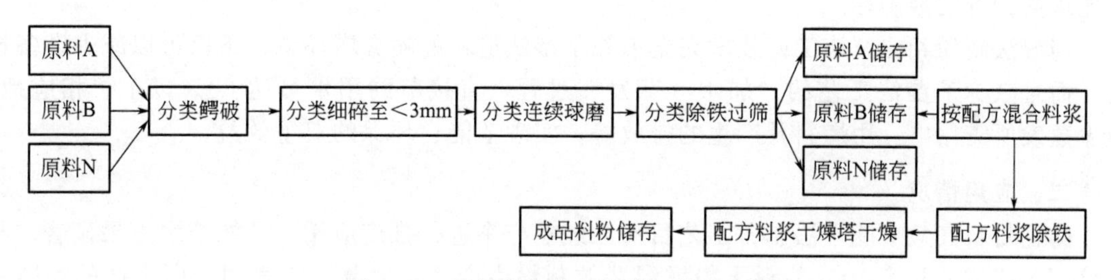


图4.55 建筑陶瓷集中制粉工艺流程图

## 二、应用情况

建筑陶瓷制粉系统用能优化技术主要适用于卫生陶瓷/陶瓷粉料生产制备，目前已在山东淄博、广州佛山清远等地多家企业进行推广应用。

## 三、节能减碳效果

目前国内大部分建筑陶瓷企业采用传统的间歇式球磨和水煤浆炉作为热源的干燥工艺方式，通过对建筑陶瓷制粉系统用能进行优化，陶瓷粉料球磨阶段与传统间歇式球磨机相比综合能耗可降低50%左右；喷雾干燥阶段煤炭消耗量降低40%～50%；球磨阶段和喷雾干燥阶段综合节水10%左右。

某公司对其日产1000t陶瓷干粉料生产线进行优化，对陶瓷原料车间建设和改造，包括原料输送、串联式连续球磨机系统、除铁、微煤燃烧炉、节能喷雾干燥塔、布袋尘器、脱硫塔等建设，将传统间歇式球磨改造为连续式球磨，把传统水煤浆炉改造为微粉洁净喷燃热风炉，对传统喷雾干燥方式进行系统性改造，改造后每年可节能17651tce，年减碳量45893t$CO_2$，年节能经济效益达2100万元。

#### 四、技术支撑单位

淄博唯能新材料科技有限公司。

## 4-47 陶瓷粉料高效节能干法制备工艺技术

#### 一、技术介绍

目前国内陶瓷砖生产主要以湿法制粉技术为主，从原料到粉料，主要经历原料投放→加水（按一定比例加水）→对原料进行球磨（将原料磨细）→放入搅拌池→喷雾塔干燥（料液从塔顶喷出，干燥成品从底部排出，废气由风机排出）5个生产环节。在此过程中，原料经过加水，湿度达到35%左右，然后采用喷雾塔干燥，通过高温蒸发水分把湿度降为6%～8%，整个工序耗时长，能耗大。

陶瓷粉料高效节能干法制备工艺技术创新干法制粉工艺，从原料到粉料，主要经历原料投放→干法破碎（精细研磨，减小颗粒尺寸和混合粉料）→原料均化（不同原料混合均化，使物料的化学成分均匀一致）→干法造粒→粉料干燥、筛选（符合质量要求的陶瓷粉料）5个生产过程。该工艺研发了干粉增湿造粒制粉技术和GHL-2000型高速混合造粒机，所制造的粉料能满足陶瓷企业自动压机成型要求；开发了由PLC控制的逐级放大均化系统、陶瓷粉料自动称量配料系统、粉料造粒、流化床干燥系统成套设备，能够满足陶瓷多原料种类、多色料、多种大小批量特性的配方原料干法混合均化要求，保证粉料的均化度；研制了专用控制系统，即陶瓷粉料自动称量配料、均化系统和干粉造粒、干燥系统，实现自动操作，极大地提高配方的准确性。

与湿法制粉相比，该工艺技术完全消除了湿法造粒的喷雾塔环节，不仅可以减少设备投资，而且减少了湿法工艺的“加水→蒸发”过程，直接节约用水可达60%以上。相应地，减少蒸发所需用电、用燃料及产生的排放等，实现节能、环保的双重效益。

#### 二、应用情况

陶瓷粉料高效节能干法制备工艺目前已经在广东进行推广应用，节能节水效果显著。改用该工艺建成的日产100t粉料干粉增湿造粒制粉生产线，运营一年表明，所生产的粉料满足陶瓷企业生产要求，该粉料所生产的陶瓷砖经国家陶瓷及水暖卫浴产品质量监督检验中心等机构检测，各项指标符合标准要求。

#### 三、节能减碳效果

陶瓷粉料高效节能干法制备工艺与传统湿法制粉相比，喷雾干燥制粉需要将含水量31%～35%的泥浆蒸发水后，获得含水量仅为6%～8%的粉料，干法制粉生产技术仅将含水量12%～14%的粉料干燥成含水量6%～8%的粉料，能够实现节能35%左右、节水60%～80%。

某公司采用陶瓷粉料高效节能干法制备工艺建成的日产100t粉料干粉增湿造粒制粉生产线，经监测，干法制粉生产相对传统的湿法生产节能率为35.47%。

#### 四、技术支撑单位

佛山溶洲建筑陶瓷二厂有限公司。

## 4-48 XDL水泥熟料煅烧工艺技术

#### 一、技术介绍

XDL水泥熟料煅烧工艺技术是通过提高系统内固体物料与气流的质量比（高固气比），

达到提高系统热效率、增强系统热稳定性的效果，具有节能减排、增产提质等综合效益，其主要由高固气比悬浮预热器和外循环式高固气比反应器两部分组成。其中高固气比悬浮预热器采用平行双系列气流、交叉单向料流的方式进行气固换热，增加了气固两相换热面积和换热次数，大幅度提高换热效率，显著降低预热器出口废气温度；外循环式高固气比反应器，能使没有燃烧或反应不完全的粗颗粒物质返回并多次通过反应器，既提高分解炉内固气比，又延长物料在分解炉内的停留时间，使生料物料反应率接近 100%。该技术与箅冷机等装备和过程控制技术配合应用，能够发挥更好的集成效应。

XDL 水泥熟料煅烧工艺流程如图 4.56 所示。水泥原料通过计量装置，定量喂入高固气比预热器系统的顶层预热单元，在各级各列预热单元内逐次与废烟气热交换，粉体物料预热至 780℃以上；进入外循环式高固气比分解炉系统，在悬浮态下完成碳酸盐的分解。通过五级旋风分离器气固分离后，物料进入回转窑内煅烧成熟料，经冷却机冷却破碎后由输送机送至熟料库。气体流向为冷空气由风机送入冷却机，在冷却熟料的同时，二次空气预热至 1100℃以上，进入回转窑，三次空气预热至 900℃以上，进入外循环式高固气比分解炉，经煤粉燃烧后变成热烟气，进入预热器系统，分两列与物料逐级热交换，换热后的烟气温度降至 260℃左右，由高温风机抽出，送至原料制备车间，用作原料烘干热源。

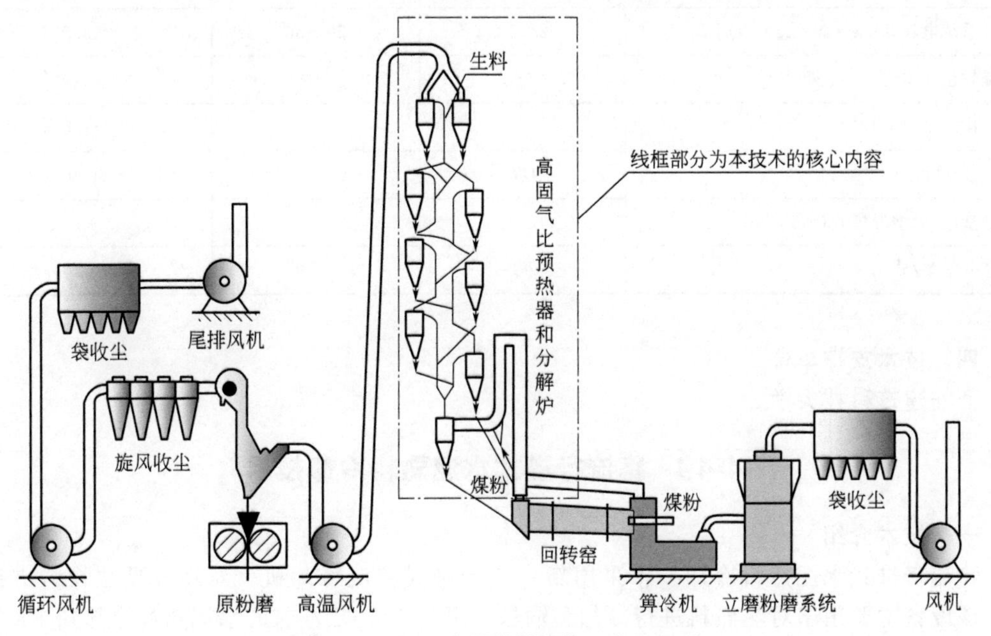


图 4.56　XDL 水泥熟料煅烧工艺流程图

## 二、应用情况

XDL 水泥熟料煅烧工艺适用于水泥熟料煅烧，并可应用于粉体的换热与反应工程，目前已在不同规模（300～3000t/d）的十多条水泥生产线上使用，累计为企业新增高质量水泥达 3000 万吨，节约煤炭 48 万吨，减排 $SO_2$ 16800t，实现减碳量约 84t $CO_2$，取得显著的社会和经济效益。

某水泥企业 2500t/d 生产线采用 XDL 水泥熟料煅烧工艺，检测表明，与同规格回转窑的普通新型干法生产线相比，产量增加 40%以上，通过降低排气温度使热耗减少 20%以上，通过增产和降低系统压降，单位电耗减少 15%以上，废气中的 $SO_2$ 排放降低 70%以上，

$NO_x$ 排放降低 50%以上。

### 三、节能减碳效果

XDL 水泥熟料煅烧工艺与普通的五级换热技术相比，产能可提高 40%左右；吨熟料煤耗降低约 16kg，烧成电耗降低 13%左右，系统节能率超过 10%。以日产 2500t 熟料的水泥熟料煅烧生产线为例，采用 XDL 水泥熟料煅烧工艺设计水泥熟料烧成系统，每年可节能 19500tce，年减碳量 50700t$CO_2$，年节能经济效益达 3540 万元。XDL 水泥熟料煅烧与五级预热预分解型技术的指标对比见表 4.18。

**表 4.18 XDL 水泥熟料煅烧与五级预热预分解型技术指标对比**

| 技术经济指标 | 高固气比型 | 普通五级型 | 增减率/% |
|---|---|---|---|
| 固气比 | 2.0 | 0.9 | +122.00% |
| 产能/(t/d) | 3592 | 2500 | +43.68% |
| 热耗/[kJ/(kg·Cl)] | 2839 | 3350 | −15.25% |
| 废气温度/℃ | 265 | 320～360 | −22.06% |
| 废气量/[$m^3$/(kg·Cl)] | 1.23 | 1.52 | −19.08% |
| 烧成系统电耗/[kW·h/(kg·Cl)] | 24.22 | 26～30 | −13.5% |
| 系统收尘效率/% | 95 | 91 | +4.40% |
| $SO_2$ 排放量/$10^{-6}$ | 45 | 200 | −77.5% |
| $NO_x$ 排放量/$10^{-6}$ | 136 | 400 | −66.00% |
| 用水量(有无增湿塔)/(t/d) | 0(无) | 300(有) | |
| 入窑分解率/% | 98 | 90～96 | +4.26% |

### 四、技术支撑单位

西安建筑科技大学。

## 4-49 稳流行进式水泥熟料冷却技术

### 一、技术介绍

稳流行进式水泥熟料冷却技术采用新一代行进式稳流冷却机，对高温颗粒物料进行冷却。该设备主要用于对热熟料进行冷却和输送，可将 1400℃左右的水泥熟料冷却到 100℃以下，同时保证熟料的性质和进行下一道工序。冷却形式为风冷，利用冷风和热熟料进行热交换，同时设备可将熟料所含热量进行回收，用于辅助上一工序的熟料煅烧，以达到节能减排的目的。稳流行进式冷却机总体结构见图 4.57。

该稳流行进式冷却机具有以下特点：

(1) 标准化模块设计。该设备采用标准化模块设计，由新颖而紧凑的模块组建而成，通过增加或减少箅床箅板的数量，可以适应不同规模水泥生产线，模块的优化组合可节省设计和工程设备的安装时间，提高维护效率，降低维护成本，同时也大大方便备品、备件的供给。

(2) 水平行进式箅床。箅床由固定箅床和水平箅床组成，水平箅床由若干列纵向排开的箅板组成，纵向箅床均由液压推动，运行速度可以调节。熟料冷却输送箅床由若干条平行的

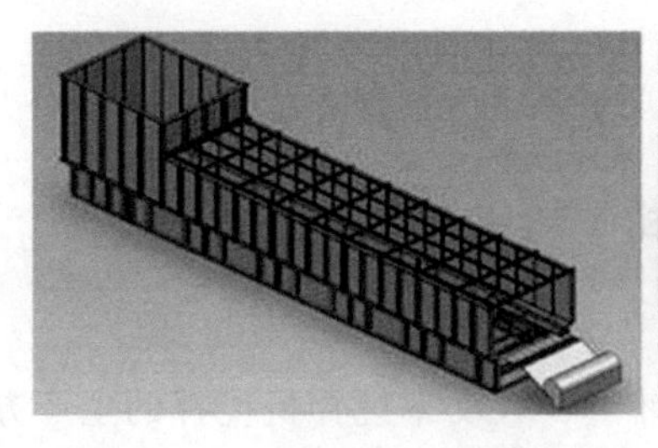
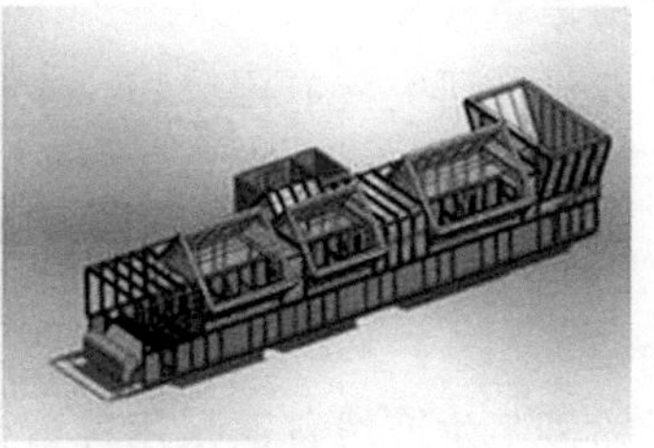

图 4.57 稳流行进式冷却机总体结构图

熟料槽型输送单元组合而成，其运行方式为：首先由箅床同时统一向熟料输送方向移动（冲程向前），然后各单元单独或交替地进行反向移动，所有列一起向前运动，带动料床向前运动，然后所有列分三次分批间隔后退，由于熟料间摩擦力的作用，前端熟料被卸在出料口。这样，通过列间的交替往复运动，达到输送熟料的目的。此外，每条通道单元的移动速度均可以调节，且单独通冷风，从而保证熟料的冷却效果。

(3) *四连杆传动机构*。该设备采用经典的四连杆机构，保证上部箅床保持水平的往复运动。该机构非常适合水平物料输送形式，在四连杆传动机构的滑动轴承上完成循环往复运动，密封性能好。同时，由于为各个箅板提供动力的四连杆机构都是相同规格，具有显著的便于维护优势：维护简单且维护费用低，在长时间运转后仅需维护轴承，易于备品、备件的准备和储存。

(4) *流量自动控制调节装置*。该设备控制系统为纯机械件，可以实现根据箅床上料层的厚度自动调节阀门的开闭和调大调小，进而自动调节供风量，提高单位风量冷却效率，降低不必要的能耗。

(5) *液压传动系统*。该设备采用液压传动，纵向每一列箅床由一套液压系统供油，每一个模块控制几个液油缸，液压缸带动驱动板运动。采用多模块控制驱动系统，避免因个别液压系统故障引起的事故停车，在生产中可以关停个别液压系统，其他组液压系统继续工作，可保证设备长期连续生产。此外，液压系统还可实现在线检修更换，使整机的运转率大幅提高。

## 二、应用情况

新一代行进式稳流冷却机热回收率高、用风量少，系统各项指标优异，目前已经在国内多家水泥企业应用，在1000～10000t/d规模熟料生产线应用。

某公司5500t/d新型干法生产线使用行进式稳流冷却机，烧成系统热工测试结果表明，在熟料产量为6210t/d时，单位箅板面积产量45.59t/($m^2$·d)，每千克熟料的冷却用风量由2.26$m^3$/kg降至1.77$m^3$/kg，冷却机热回收率由67.9%提高到75.5%。

## 三、节能减碳效果

该行进式稳流冷却机主要指标：单位面积产量44～46t/($m^2$·d)；单位冷却风量1.7～1.9$m^3$/kg熟料；热效率≥75%，电耗≤5kW·h/t熟料。与传统冷却机相比，可使水泥熟料的热耗下降10%～18%，电耗降低约20%。

河北某公司5500t/d水泥生产线采用该行进式稳流冷却机，改造后实现年节能量5330tce，年减碳量13858t$CO_2$，年节能经济效益约370万元；江西某公司3000t/d水泥生产线用该技术装备进行改造，改造后实现年节能量3390tce，年减碳量8814t$CO_2$，年节能经济效益约237万元。

## 四、技术支撑单位

天津水泥工业设计研究院有限公司、中天仕名科技集团有限公司。

# 4-50　智能连续式干粉砂浆生产技术

## 一、技术介绍

目前企业干粉砂浆生产线普遍采用称重计量、大功率搅拌机搅拌的生产方式，每吨砂浆耗电4～8kW·h，能耗巨大。智能连续式干粉砂浆生产技术则通过动态计量系统、三级搅拌系统及计算机控制系统，充分利用物料的自重，使用小功率电机实现连续计量、连续下料、连续搅拌、连续出料，替代传统间歇式生产方式，在保证均匀搅拌的前提下，提高产量，并显著降低电耗。其工艺流程见图4.58。其关键技术包括：

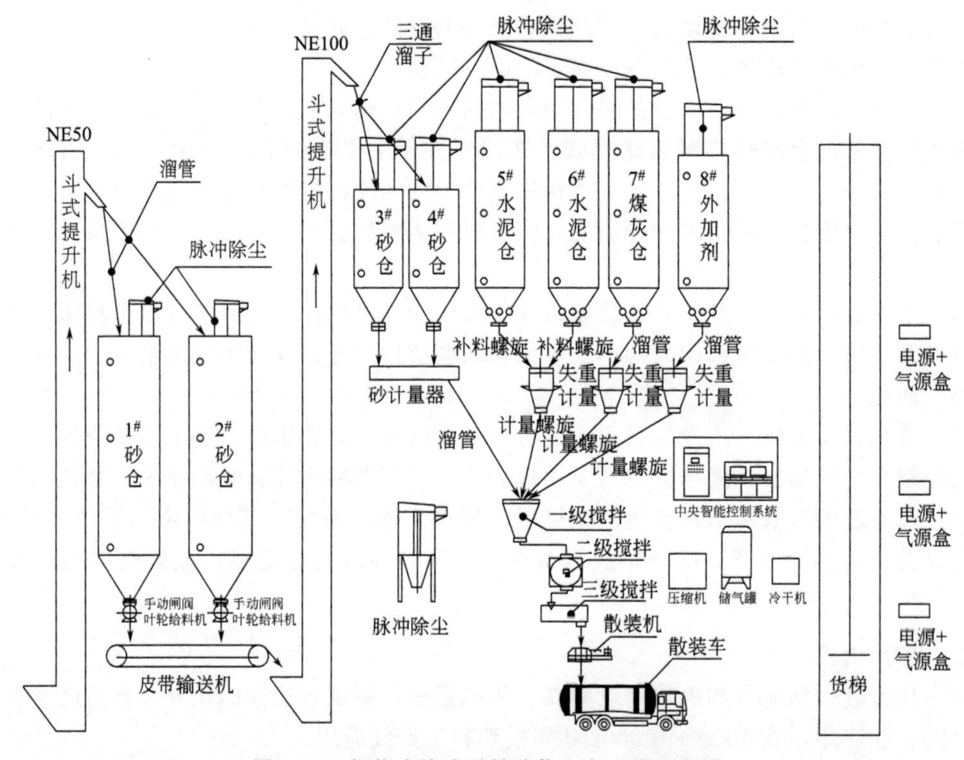


图4.58　智能连续式干粉砂浆生产工艺流程图

(1) 动态失重计量技术。通过称重传感器适时将感知的重量计量值传输给PLC控制器，通过PLC控制器对传感器传输的计量值进行相关计算，通过对输送螺旋的转速及补料螺旋的开启与关闭进行控制，保证输送螺旋在单位时间内输送设定量的粉料，从而对连续流动的粉料进行精准计量。

(2) 三级搅拌混合技术。一级混合充分利用物料的自重及良好的流动性，让物料不断地快速流动混合，即集中-分散，集中-分散，再集中-再分散，实现了无动力混合。二级搅拌使用小功率电机，进行无死角快速强制搅拌。三级搅拌是强化搅拌，在一二级混合搅拌效果非常完美的基础上，通过特殊设计的螺旋进行输送与再搅拌，以保证混合率达100%。

(3) 智能化的控制技术。智能控制系统具有先进的触摸技术、动态模拟图、自动调整配方、故障自动报警等一系列功能，可实现单人控制整条生产线。

**二、应用情况**

智能连续式干粉砂浆生产技术颠覆了传统的间断式生产方式，实现连续下料、搅拌及出料，具有生产效率高、能耗小、计量准确、搅拌均匀、使用成本低、自动化程度高、无粉尘排放等诸多优点。目前该技术已经在江苏、浙江、河南、河北、广西等地30多条生产线上进行应用，节能环保效益良好。

**三、节能减碳效果**

智能连续式干粉砂浆生产技术主要指标为：产量≥80t/h；耗电量＜1kW·h/t；混合机总功率13.2kW；骨料计量精度±0.5%；粉料计量精度±0.5%。

河南某公司年产40万吨干粉砂浆生产线项目采用智能连续式干粉砂浆生产技术，实现年节能量771tce，年减碳量2005t$CO_2$，年节能经济效益140万元。

**四、技术支撑单位**

北京德重节能科技有限公司。

# 第5节　机械行业工艺过程低碳技术

## 4-51　数字化无模铸造精密成形技术

**一、技术介绍**

数字化无模铸造精密成形技术与装备是计算机、自动控制、新材料、铸造等技术的集成创新和原始创新，由三维CAD模型直接驱动铸型制造，是一种全新的复杂金属件快速制造方法，能够实现复杂金属件制造的柔性化、数字化、精密化、绿色化、智能化。该技术主要流程为：首先根据铸型三维CAD模型进行分模，并结合加工参数进行砂型切削路径规划；对规划好的路径模拟仿真，确保不会发生刀具干涉和砂型破坏；将砂坯置于加工平台上加工，产生的废砂被喷嘴吹出的气体排出；最后将加工的砂型单元砍合组装成铸型，浇注，得到合格金属件。图4.59为数字化无模铸造精密成形图。

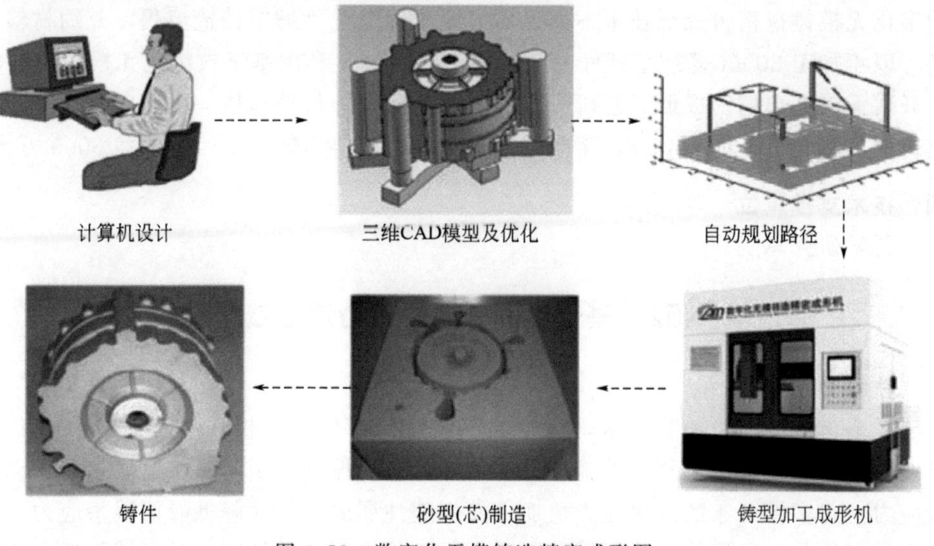


图4.59　数字化无模铸造精密成形图

该技术不需要木模及模具，缩短了铸造流程，实现传统铸造行业的数字化制造，特别适合于复杂零部件的快速制造，在节约铸造材料、缩短工艺流程、减少铸造废弃物、提升铸造质量、降低铸件能耗等方面具有显著特色和优势。与传统有模铸件制造相比，数字化无模铸造加工费用仅为有模方法的 1/10 左右，开发时间缩短 50%～80%，制造成本降低 30%～50%。

### 二、应用情况

数字化无模铸造精密成形技术与装备通用于机械行业汽车、工程机械、船舶、电力、交通、航空航天等领域复杂零部件制造，目前已在北京、长春、烟台、洛阳、常州、玉林等地建立了应用示范基地，成功应用于轮毂、齿轮壳体、进排气管、缸盖、缸体等 400 余种复杂零部件的快速开发。

中国一汽采用数字化无模铸造精密成形技术装备，完成多种汽车零部件的快速开发试制，其齿轮壳体、前轮毂体的开发，从 CAD 模型到铸造 5 天内可全部完成；广西玉柴采用数字化无模铸造精密成形技术装备开发出 1M 曲轴箱、1M 机体、1.35M 机体等系列化柴油机部件，砂模加工时间仅为 70h 左右，从 CAD 模型到铸造仅需 10 天左右，产品开发周期缩短 2/3 以上。图 4.60 为轮毂铸件无模铸造。

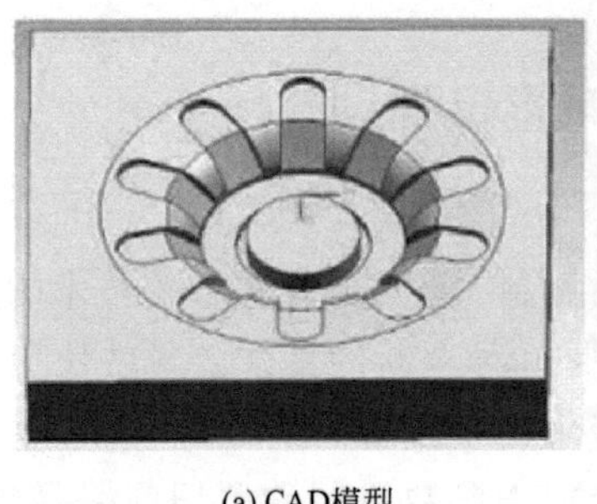

(a) CAD模型

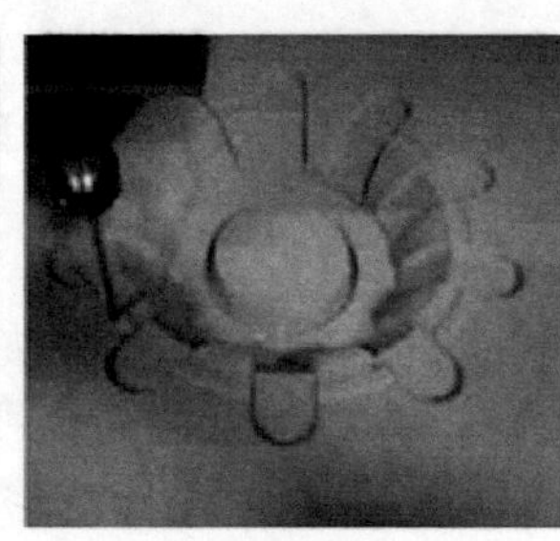

(b) 砂模

(c) 铸件

图 4.60　轮毂铸件无模铸造

### 三、节能减碳效果

数字化无模铸造精密成形技术不需要木模或金属模，可缩短铸造流程，节约材料，并减少能耗。以年加工 3000t 复杂零部件的铸造生产线为例，利用基于数字化无模铸造精密成形设备，开展无模铸造精密成形工艺研究，实现复杂涡壳、传动箱体、机床床身等复杂零部件的无模铸造，每年可节能 300tce，年减碳量 780t$CO_2$，年节能节材经济效益 3000 万元。

### 四、技术支撑单位

机械科学研究总院。

## 4-52　基于频谱谐波的应力消除技术

### 一、技术介绍

基于频谱谐波的应力消除技术是对金属工件进行傅里叶分析，不需扫描，在 100Hz 内寻找谐波频率，在多个谐波频率处施加足够的能量进行振动，引起高次谐波累积振动产生多方向动应力，与多维分布的残余应力叠加，发生塑性屈服，从而降低峰值残余应力，同时使残余应力分布均化。采用该技术不再需要对金属工件进行加热处理，即可消除残余应力，从而节约能源。该技术具有如下特点：

(1) 采用频谱分析技术，解决了亚共振模式因激振器频率范围限制而不能对高刚性固有频率工件进行振动处理的难题，把振动时效在机械制造领域的应用面从23%提升到近100%。

(2) 对所有工件都能分析出几十个谐振频率优选处理效果最佳的5种振型频率，2种备选频率，从而解决了亚共振模式不能对残余应力呈多维分布，精度要求高、结构复杂的工件进行时效处理的难题。多种振型多方向与工件多维残余应力充分叠加，使处理效果显著优于热时效和亚共振时效。

(3) 自动确定振动时效工艺参数，对激振点、支撑点、传感器位置无特殊需求，对振动参数自动选取、自动优化，解决了传统处理需要依靠操作者经验选取工艺参数造成的处理效果各异等不足。

(4) 采用6000RMP以下的低频谐波，振动处理噪声低。

**二、应用情况**

基于频谱谐波的应力消除技术适用于消除金属工件铸造、锻压、焊接、切削等加工后的残余应力；主要应用于小型、轻薄壁金属工件的应力消除，也可用于一些大型结构件的应力消除。目前在航空、航天、兵器、船舶、机床、汽车、风电等领域均有应用。

**三、节能减碳效果**

目前常用热时效炉平均功率为800kW、1000kW，时效周期从4h到几十小时不等。该应力消除技术采用机械振动的方式进行残余应力消除，常用机型额定功率为2.5kW、3.2kW，处理时间为1h，消耗电能为1～3kW·h。与传统热时效相比，可节约能源90%以上。

重庆某公司采用25台频谱谐波时效设备用于建材行业和风电行业，每年热时效工件产量3.5万吨，据统计，采用频谱谐波时效设备替代热时效后，节电1198万千瓦·时，节约天然气120万立方米，减碳量8892t$CO_2$，节约能源成本1989万元。

**四、技术支撑单位**

北京翔博科技有限责任公司。

## 4-53 精密可控气氛渗氮技术

**一、技术介绍**

气体渗氮是重要的热处理表面强化工艺，其基本过程是工件在一定的渗氮温度和渗氮气氛氮势条件下，氨与金属表面发生化学反应所生成的氮原子被金属吸收并向金属内部扩散，在工件表面形成渗氮层的组织结构。精密可控气氛渗氮是以氮＋氨分解气等为气源，通过氮势传感器、氮势控制仪和质量流量计等组成的氮势控制系统，运用集散式计算机系统控制技术和动态可控渗氮技术，实施对氮势的精确控制，从而精确控制渗氮层组织，实现对机件的精密渗氮。

精密可控气氛渗氮技术主要通过精密可控气氛渗氮炉系统的运行来实现，精密可控气氛渗氮炉通过对炉内气体流场和温度场进行数值模拟，改进渗氮炉的内部结构；应用渗氮数学模型和计算机辅助预测进行最优化工艺的设计和实现；通过集散式热处理计算机控制系统，对温度、氮势和时间等进行智能化的最优关联控制，实现炉内动态氮势精确控制；同时能对尾气进行净化处理或二次利用，强化节能效果和洁净生产效果。该系统主要由炉体、测量控制系统、计算机系统、真空脉冲控制系统和执行部件等组成，如图4.61所示。

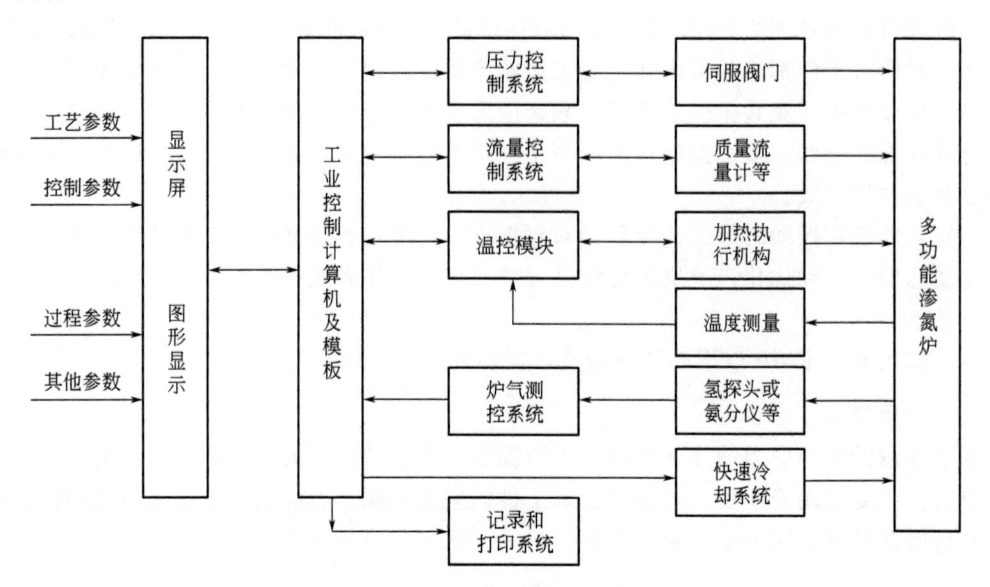


图 4.61 精密可控气氛渗氮炉系统示意图

（1）炉体。炉体采用全纤维板保温结构，确保炉子的保温性能优异，炉内气体循环结构采用导风筒、底部托盘、上部导风板等组成，通过循环风扇强制炉气先由导风筒外壁与炉罐内壁之间向下流动并通过底部托盘再由导风筒内部向上循环，以保证炉膛内部温度和渗氮气氛的均匀性。

（2）控制系统和供气系统。炉内氮势测量采氢探头，采用渗氮气氛控制系统对炉气的氮势值进行精确测量和控制；氨分解炉用于调整氮势所需的稀释气体，通过炉内的氨气、氨裂解气采用质量流量计进行精密流量控制；通入炉内的氮气采用高精度的流量计控制。

（3）尾气环保排放。尾气（废气）裂解炉用于将渗氮炉排出的废气进行再次裂解，将残余废气中的氨转换为氢气和氮气，从尾气出口燃烧排放。

## 二、应用情况

精密可控气氛渗氮技术适用于各种机械设备的热处理工艺，如轴、曲轴、高精度齿轮和工模具、量具等重要零件的可控氮化热处理，以及工件的回火及铝、镁合金淬火、时效等热处理，能够实现对渗氮层、化合物层和渗层深度的精确控制，并实现炉尾气二次处理，环保排放或二次利用，节能环保效益显著。目前精密可控气氛渗氮炉在国内机械行业使用已达上千台，功能齐全、性能先进。

## 三、节能减碳效果

以风电行业用齿轮长轴件渗氮及碳氮共渗处理为例，新建热处理车间3000m$^2$，采用5台精密可控气氛渗氮装备，年氮化处理量约1.2万吨，改造后实现年节电量80.88万千瓦·时，年减碳量715t$CO_2$，节能经济效益约97.38万元。

## 四、技术支撑单位

南京摄炉（集团）有限公司、广东世创金属科技股份有限公司。

## 4-54 金属涂装前常温锆化处理节能技术

### 一、技术介绍

锆化技术采用氟锆酸作为主剂，利用氟锆酸的水解反应在金属基材表面形成一种化学性质稳定的无定形氧化物转化膜；转化膜依靠锆化物与金属基材牢固结合。同时，依靠锆化液中的高分子化合物与涂层强烈结合，从而获得高性能的金属表面皮膜，从而达到优异的附着力和防腐能力。其在冷轧板上的成膜机理如反应方程式（1）、（2）所示。

$$Fe+3HF \rightleftharpoons FeF_3+3/2H_2 \tag{1}$$

$$H_2ZrF_6+2H_2O \rightleftharpoons ZrO_2+6HF \tag{2}$$

通过反应方程式（1）的腐蚀反应，HF 被消耗，使反应（2）的平衡向右移动形成 $ZrO_2$，膜的主要成分为 Zr 的氧化物和氢氧化物。在此过程中，Zr 的氧化物和氢氧化物的羟基可与高分子化合物结合，常温下可形成纳米尺寸厚度的有机-无机杂化膜。

常温锆化处理采用锆化液替代磷化液对金属表面进行预处理，省略磷化工艺中对槽液进行加热处理的升温环节，简化生产工艺，能够显著降低企业生产能耗，并消除传统工艺引发的铬酸盐、磷、镍等危险化学品的水体污染。同时，首次将稀土元素铈引入锆化前处理工艺，锆化液在与高分子化合物成膜过程中，铈掺杂入复合锆化膜中，使形成的纳米厚度锆化膜在结构上更为致密均匀，可有效防止处理后金属件的二次氧化，解决了常温锆化技术推广中的过度腐蚀和反锈问题。该技术与传统磷化工艺的流程对比详见图 4.62。

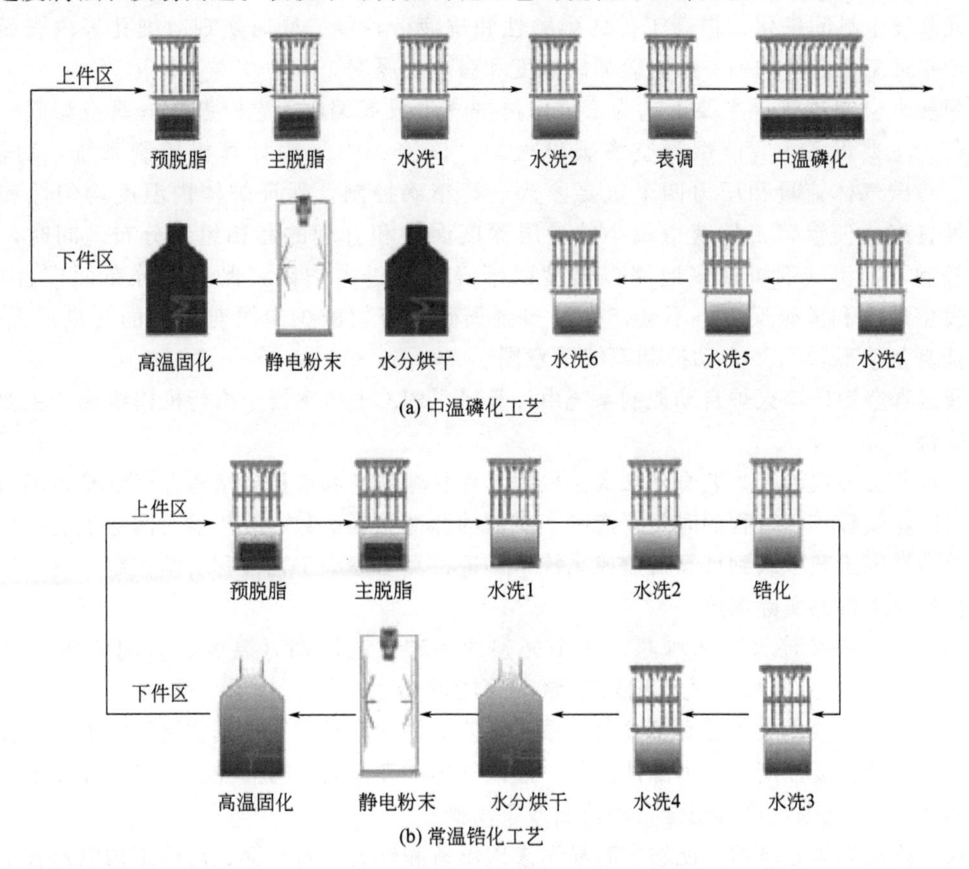


图 4.62 常温锆化工艺与中温磷化工艺

### 二、应用情况

常温锆化处理工艺适用于轻工行业，汽车、家电、机电、建材、装备制造业，铝型材、彩涂板等金属制品行业，目前已在辽宁、浙江、江苏、山东、天津、广东等地进行推广，已经在40多家企业中得到应用，节能环保效益显著。

### 三、节能减碳效果

据统计，通过对企业进行金属前处理工艺改造，槽液平均温度可从中温磷化工艺的50℃降低到常温锆化工艺的20℃，仅此工段每吨处理液即可节省标准煤22.8t。以年产300万台冷藏设备，1200万平方米涂装面积规模为例，与加温磷化工艺相比，改造后每年可节能2023tce，年减碳量5260t$CO_2$，年节能经济效益172万元。

### 四、技术支撑单位

大连工业大学、大连九合表面技术有限公司。

## 4-55 智能真空渗碳淬火技术

### 一、技术介绍

真空渗碳是一种真空热处理工艺，由于渗碳在真空环境中进行，可以精确控制碳势，工件表面洁净，有利于碳原子的吸附和扩散，提高高温渗碳速度。相对于普通渗碳，可将渗碳时间缩短50%以上，大幅节约电能。在真空环境下，还可有效避免氧化性气体与工件表面合金元素发生晶间氧化，提高工件的耐磨性和抗疲劳性能，同时实现对细孔等内表面的渗碳，使整批工件获得均匀一致的表面碳浓度和渗碳层厚度。

智能真空渗碳淬火主要工艺为工件→清洗→生成或编制工艺→装炉→真空渗碳→淬火或冷却，主要设备为智能型真空渗碳淬火炉。该淬火炉采用计算机控制系统，对温度、时间、渗碳气体流量和压力四个重要参数进行精确控制，保证炉体内温度均匀性和气氛均匀性良好，使渗碳工件获得最小的渗层深度误差和合理的晶相组织分布。同时，在计算机控制下，渗碳剂可由多通路多喷嘴以精确流量进入炉内，保证其分布面广且均匀，充分发生裂解和渗碳反应，不会产生过多游离碳，有效减少炭黑对炉体的污染。图4.63为智能真空渗碳淬火炉自动控制系统示意图。

智能真空渗碳淬火炉自动控制系统由计算机＋PLC＋传感器＋执行机构组成，主要有以下功能特点：

(1) 真空渗碳淬火工艺自动生成。根据工件材料特性和渗层要求等，经计算机模拟生成包括每次渗碳和扩散过程的时间、渗碳＋扩散的脉冲循环次数、终扩散时间等工艺参数，然后将总的渗碳工艺下载到计算机监控系统中，进行真空渗碳工艺过程自动控制，最终达到计算机模拟与工件的实际渗层。

(2) 真空渗碳淬火工艺编辑。一个完整的渗碳工艺周期（温度、时间、压力等）可由操作者以工艺文件形式进行编辑存储，并能够随时调用、查看、修改。

(3) 真空渗碳淬火工艺自动控制。根据工艺文件计算机能实现真空渗碳淬火全过程的自动控制，包括温度控制、压力脉冲控制、渗碳气体脉冲控制、时间控制、工艺段控制以及自动/手动切换功能等，可实现全自动控制或手动操作。

(4) 热处理工艺跟踪。能够实时显示渗碳设备和辅助设备外部、内部结构以及各个运行工作部件当前的工况，实时记录温度、压力、流量、渗碳时间、扩散时间、渗碳总时间、工

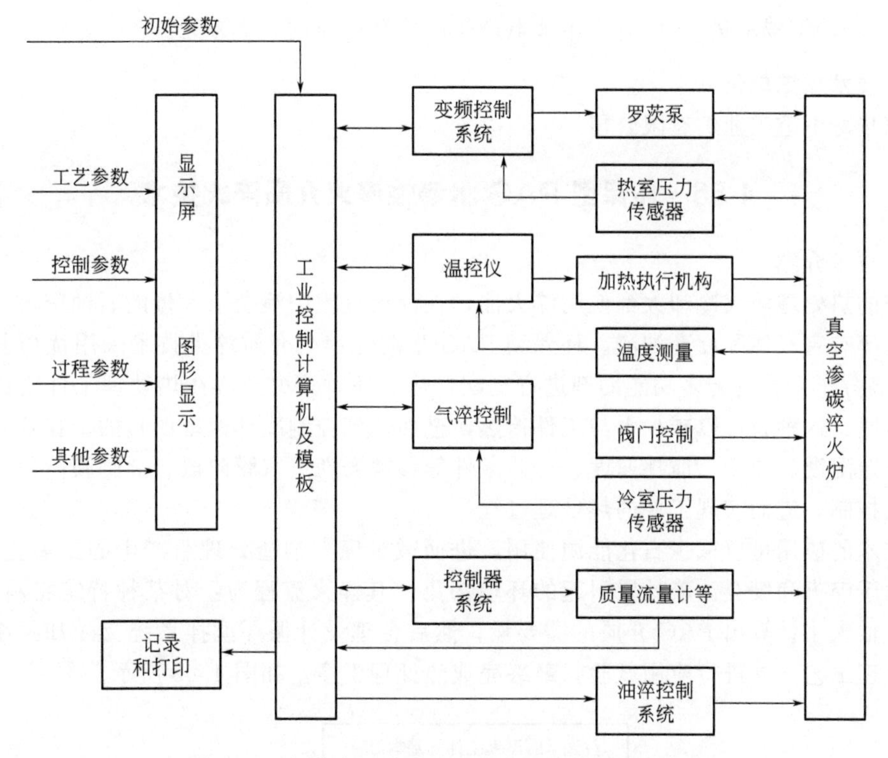


图 4.63 智能真空渗碳淬火炉自动控制系统示意图

艺段和脉冲数等工艺参数，实现实时跟踪控制。

## 二、应用情况

智能真空渗碳淬火技术及其装备通用于机械行业有渗碳热处理工艺需求的企业，目前已有多台智能真空渗碳淬火炉在国内机械行业中应用。

某公司采用该渗碳炉对 13Cr4Mo4Ni4VA 钢零件进行真空渗碳，经过检验，13Cr4Mo4Ni4VA 钢渗碳试样的渗层碳化物呈现细小、点状形态，弥散、均匀分布，是理想的碳化物形态与分布，其显微组织见图 4.64。按照相关标准，碳化物级别在 2～3 级，渗层为马氏体＋碳化物，未见残留奥氏体，心部组织为典型的板条状回火马氏体组织，渗层质量优异，渗碳效果理想。

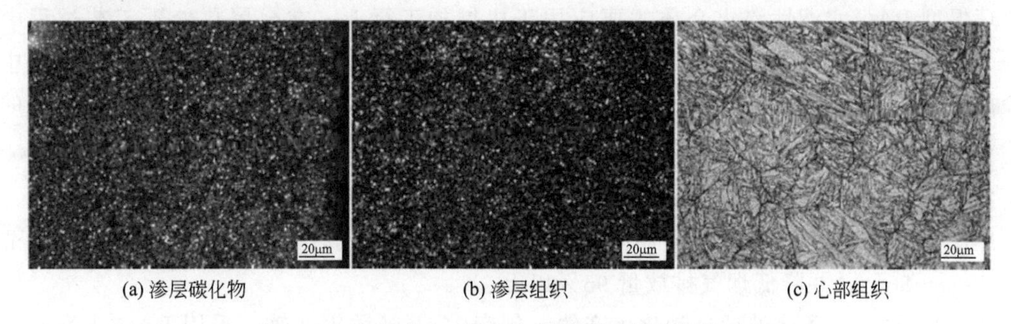


(a) 渗层碳化物　(b) 渗层组织　(c) 心部组织

图 4.64 13Cr4Mo4Ni4VA 钢渗碳试样的显微组织

## 三、节能减碳效果

1 台日处理 150～200kg 的智能真空渗碳炉，与目前常用的箱式多用炉相比，可实现年节能量 30tce，年减碳量 78t$CO_2$，年节电产生的经济效益约 8.7 万元。

### 四、技术支撑单位

北京华海中谊工业炉有限公司。

## 4-56 环保型 PAG 水溶性淬火介质淬火技术

### 一、技术介绍

传统的热处理淬火冷却大都使用淬火油，在淬火过程中浪费了大量的石油资源，并产生大量油烟等有害气体和废弃油渣。环保型 PAG 水溶性淬火介质淬火技术采用优质复合环保型 PAG 高分子聚合物与多功能助剂进行复配，热处理时淬火介质在热处理工件表面产生聚合物包覆膜，这种膜可以减少水与工件传热，进而达到控制冷却速率的目的。在热处理过程中通过设定温度、浓度、搅拌速度、工艺条件等参数实现蒸汽膜阶段、沸腾膜阶段、对流阶段的有效控制，进而实现工件的热处理过程。

该技术的应用可以减少石化能源使用，进而减少废弃油渣处理后产生的二氧化碳排放，并减少由于淬火和废弃油渣处置引起的环境污染。其淬火流程为：对某种特定材料的淬火，根据淬火槽大小计算出 PAG 介质的需要量，然后合理设计循环搅拌系统及冷却系统，最终确定热处理工艺，并进行应用试验，最终完成热处理工序。如图 4.65 所示。

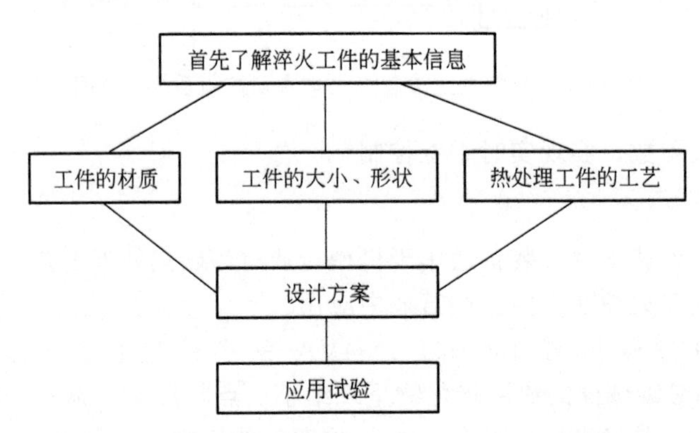


图 4.65 环保型 PAG 水溶性淬火介质淬火流程图

### 二、应用情况

环保型 PAG 水溶性淬火介质主要应用于机械加工行业，在金属热处理工艺过程中淬火、调质、渗碳、感应淬火等工序中，其淬火特性可满足中低碳钢、中低合金钢、某些中高合金钢的热处理要求，其应用面广泛，目前已在全国近百余家企业推广应用，具有良好的经济和社会效益。

### 三、节能减碳效果

环保型 PAG 水溶性淬火介质淬火技术与采用淬火油相比，可以节省 90%淬火油，节约成本 70%～80%，并降低烟气排放量 95%以上。

辽宁某公司 42 条热处理自动化生产线，年产 10 万吨锻钢曲轴，采用 PAG 水性介质代替淬火油，改造后实现年节能量约 8012tce，年减碳量约 2.08 万吨 $CO_2$，年获得经济效益 2000 万元。山西某公司两个 100$m^3$ 油槽改水槽项目，年产 5 万吨热处理工件，将淬火油改成 PAG 水溶性淬火介质，改造后实现年节能量约 3430tce，年减碳量约 8189t$CO_2$，年获得经济效益 1100 万元。

**四、技术支撑单位**

辽宁海明化学品有限公司。

# 第 6 节　其他行业工艺过程低碳技术

## 4-57　染整企业节能集热技术

**一、技术介绍**

染整企业节能集热技术基本原理是利用太阳能对染整企业工艺用水进行升温，从而减少企业对蒸汽的依赖。该技术主要为跟踪太阳运动的太阳能聚光集热器和位于聚光器焦线处的吸热管组成的太阳能油/水蒸气发生系统，由抛物面槽式聚光器、吸热管、储热单元、蒸汽发生器和控制系统等单元组成。其中，曲面反射镜拼接成面形为抛物柱面的反射面，动力机通过传动系统驱动支架和抛物柱面跟踪太阳，吸热管固定在抛物面槽式聚光器的焦线处，通过抛物面槽式聚光集热器跟踪太阳，使得直射太阳光聚集到吸热管表面，以加热吸热管内传热流体，并送至终端用热设备，或生产蒸汽供给终端设备使用。该技术一般采用一定容量的储热单元或直接与常规能源锅炉系统串并联耦合，以平衡太阳能波动对热能输出稳定性的影响，提升运行效率，保障能源系统的稳定性。

**二、应用情况**

染整企业节能集热技术在欧美及埃及等国家和地区的原油开采与输运、医药加工等行业得到应用，国内在太阳能空调、海水淡化及纺织领域已经完成相关示范项目的运行与测试，技术成熟可靠，可以实现常规能源的替代与补充，目前已经应用于纺织工业领域的漂洗、印染、定型等工艺。

**三、节能减碳效果**

染整企业节能集热技术光热转换效率大于 50%，能够替代常规燃煤、燃气锅炉，实现运行过程零排放。

某印染企业 13000$m^2$ 平板式太阳能集热工程，将印染车间生产用水由蒸汽加热改为蒸汽辅助加热（工艺用水温度 70～90℃），改造后年生产 55℃的热水 267134$m^3$，可节约蒸汽 32938t，折合标准煤 3134t，实现减碳量 8148t$CO_2$，节约蒸汽费用 410 万元。

**四、技术支撑单位**

北京中科熙源节能科技有限公司。

## 4-58　超低浴比高温高压纱线染色机节能染整装备技术

**一、技术介绍**

超低浴比高温高压纱线染色机节能染整装备技术是采用离心泵和轴流泵的三级叶轮泵和短流程冲击式脉流染色技术，实现超低浴比（1∶3）、高效率染色。超低浴比高温高压纱线染色机设备示意图见图 4.66。

（1）*三级叶轮泵技术*。超低浴比染色主循环泵具有大流量、高扬程、高比转数的特点，采用三级叶轮泵（图 4.67），电机通过连接座与三级叶轮泵连接，从而驱动叶轮泵旋转对染液做功；内泵体套在泵壳中，形成内外两条染液通道；三级叶轮泵对染液做功，使染液获得所需压头，并通过内通道向上流向待染的纱线，穿透纱线之后，染液通过外通道回流到三级叶轮泵中再次循环，从而利用电机和三级叶轮泵实现染液的循环。该循环系统最高能达到32 次/分的循环，使染料在相同时间上染率提高，缩短染色时间，提高染色均匀性，较好地解决了传统筒子纱染色机所存在的浴比大、能耗高、排污量大等问题。

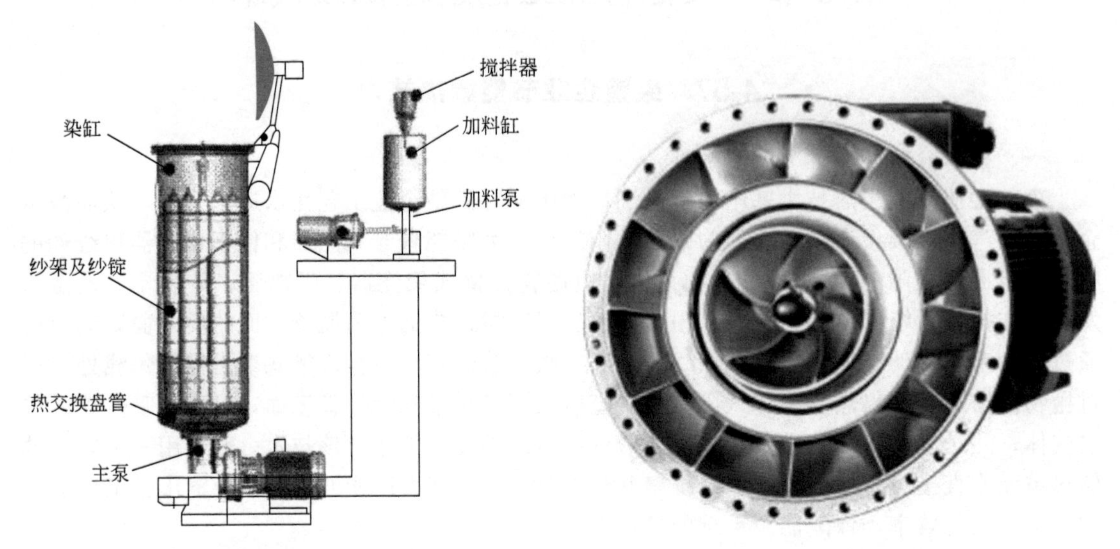


图 4.66 超低浴比高温高压纱线染色机设备示意图

图 4.67 三级叶轮泵

（2）冲击式脉流染色技术。脉流冲击式染色原理如图 4.68 所示，“时间脉动发生器”由计算机按照随机信号发出脉流信号给控制器，以每分钟改变点击 16 次冲击脉流波动频率进行染色，该频率变化在水位允许范围内产生波动；控制器采用理想参考模型（水位调节规律），与变频点击控制超低比三级叶轮泵，输出脉流冲击波，理想模型与输出脉流（水泵入口水位）比较得到误差，自适应水位监测水的警戒线给出水位参考辨识，调节变频电机转速达到染色工艺的冲击脉流。

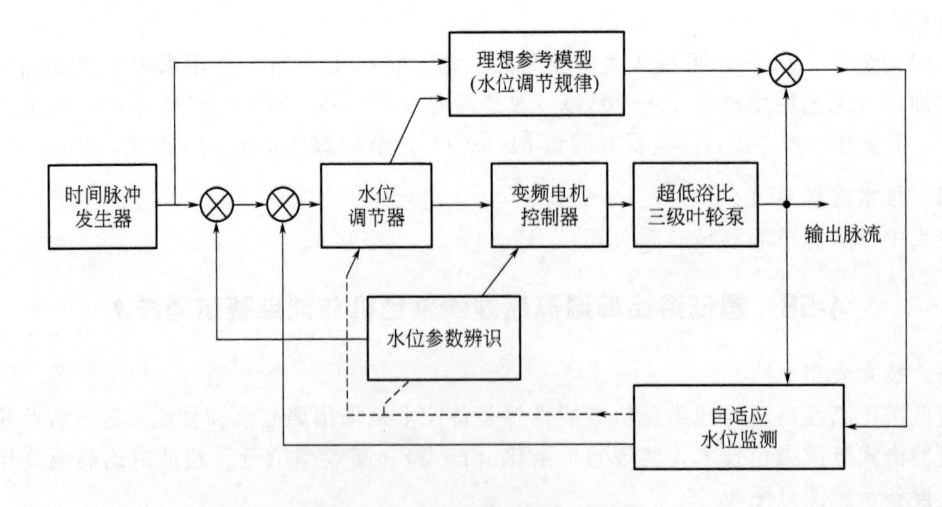


图 4.68 冲击式脉流染色原理图

染色机理想参考模型是染纱新工艺质量控制规律，根据染色物料选定不同染纱工艺规律，冲击式脉流染色在超低比下进行，染液不浸泡纱锭，减少了染料助剂用量，纱锭与染液不浸泡在水中，减少了纱锭渗透阻力，加速染色交换速度，有利于匀染和缩短染纱时间。同时，由于大幅降低浴比，明显减少助染剂消耗，减少水、电力以及蒸汽用量。

### 二、应用情况

超低浴比高温高压纱线染色机节能染整装备技术适用于纺织印染行业纱线、棉纱、羊毛、化纤、拉链、织带等织物染色，有效解决了传统设备效率低、污染大、耗水耗电耗汽量大等问题，目前已在全国推广应用350多台（套），具有良好的经济和社会效益。

### 三、节能减碳效果

超低浴比高温高压纱线染色机节能染整装备浴比小，耗能低，对环境污染小，据统计，对染料、助剂、水资源的消耗只相当于同类机的1/3，其中水消耗节约70%～80%，电消耗节约20%～43%，蒸汽消耗节约60%～75%。

山东某公司采用超低浴比高温高压纱线染色机节能染整装备对生产线实施改造，采用34台超低浴比高温高压纱线染色机，年产纱线1.3万吨，改造后实现年节能量15367tce，年减碳量39954t$CO_2$，年节省水、电、蒸汽能源成本达2914万元，每生产1t纱线降低成本1500～2527元。

### 四、技术支撑单位

广州番禺高勋染整设备制造有限公司。

## 4-59 塑料动态成型加工节能技术

### 一、技术介绍

塑料动态成型加工技术与装备，是将振动力场引入塑料塑化成型加工全过程，使成型加工过程中的各种物理量发生周期性变化，变传统的塑料纯剪切稳态塑化输运机理为振动剪切动态塑化输运机理，达到缩短热机械历程、降低成型加工能耗、提高加工制品质量的目的。塑料动态塑化成型加工技术与装备包括塑料动态塑化挤出设备和动态注射成型设备，其关键技术主要包括：

（1）针对塑料挤出制品包括管材、棒材、片材、薄膜、各种异型材等高效节能加工的需要，将振动力场引入塑料塑化挤出全过程，实现动态固体压实、动态熔融塑化和动态熔体输送等，变传统的“稳态”塑化挤出成型为周期性的动态塑化挤出成型，发明并研制出塑料动态塑化挤出成套技术装备。

（2）根据成型外形复杂、尺寸精确的塑料注射成型制品高效节能加工的需要，将振动力场引入物料的塑化、注射、持压和冷却全过程，实现动态塑化计量、动态注射、动态持压和冷却，即塑料塑化注射成型全过程均处于周期性振动状态，发明并研制出塑料动态塑化注射成套技术装备。

### 二、应用情况

塑料动态成型加工技术可广泛用于塑料制品的生产，与传统螺杆式设备相比，具有加工热机械历程短、加工能耗低、制品性能提高、对物料适应性广等显著特点，目前已经在塑料挤出成型、注射成型和改性加工等方面推广应用。

### 三、节能减碳效果

塑料动态成型加工技术与传统技术及设备相比较，加工历程可缩短50%以上，加工能耗可降低30%左右。

（1）惠州某公司对其生产车间内的3台PET瓶坯注塑机进行动态注射综合节能改造，在原注射缸的控制阀上加入脉动信号，将振动力场引入物料注射、持压和冷却全过程，即注射冲模全过程均处于周期性振动状态，同时利用负载感应型液压驱动与传动技术对原有的液压系统进行改造升级，改造后设备运行稳定，经测试各设备制品单耗为1号机0.32kW·h/kg、2号机0.35kW·h/kg、3号机0.33kW·h/kg，较之前分别较低35%、33%、40%，实现年节能量316.8tce，年减碳量823.68 $tCO_2$。

（2）东莞某公司对其5条多层共挤吹膜机组的21台挤出机进行动态挤出节能改造，通过在原挤出机上增加轴向振动装置，变传统的“稳态”螺杆塑化挤出为周期性的动态塑化挤出，有效降低成型温度与电机负载，改造后设备运行稳定，经测试，挤出机单耗为0.35～0.42kW·h/kg，节能率达38%～46%，该项目年节能158.4tce，年减碳量411.84$tCO_2$。

**四、技术支撑单位**

华南理工大学。

## 4-60 造纸靴式压榨节能技术

**一、技术介绍**

靴式压榨技术是将辊式压榨的瞬时动态脱水改为静压下的长时间宽压区脱水，靴板上凹形弧面和背辊复合形成压区，靴式结构不仅增加了压区宽度，同时可保证在高达1000kN/m的线压下不会将纸压溃，宽的压区和高的线压力，使脱水效率大幅度提高，可比传统的辊式压榨节约20%以上的干燥蒸汽。其关键技术包括：

（1）静压下长时间高效脱水技术。靴板上凹形弧面和背辊复合形成了压区，靴的这种结构增加了压区宽度（250mm），同时保证了在高达1000kN/m的线压下不会将纸压溃，宽的压区和高的线压力，使脱水效率大幅度提高。

（2）靴辊制造技术。靴辊是实现靴式压榨的核心部件，靴辊制造技术包括高线压下的靴板、承载梁、液压缸、旋转头等关键部件的设计、制造和集成。靴板的特殊设计、制造确保了靴压的宽区压榨及纸幅的均匀脱水，承载梁、液压缸的设计、制造保证了靴压可实现高线压力的加压。靴压压区结构见图4.69。

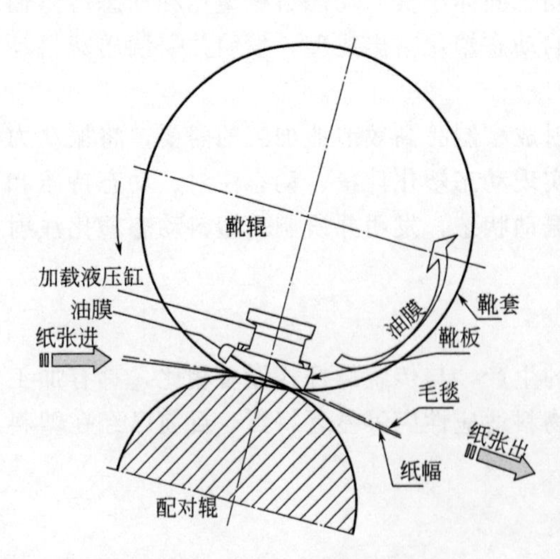

图4.69 靴压压区结构示意图

（3）辅助系统设计与集成技术。对液压加压系统、靴套张紧系统、靴套润滑系统、靴板温度控制系统、靴辊内压力控制系统等进行设计集成，这些系统可确保靴压加压均匀、靴套张紧适度、靴套与靴板得到充分润滑，避免发生由于发热而损坏设备，辅助系统是确保靴压实现正常运行的根本保证。

（4）与纸机衔接设计技术。包括自动控制技术以及与整机控制的衔接，其中自动控制技术可实现靴压加压的闭环稳定控制、边缘加压控制、在线监测靴板稳定及油压、控制靴辊内气压等等。整机衔接不仅体现在靴压在整机的排布格局设计，更重要的体现在当纸机发生断纸或其他异常情况时靴压的联锁反应，车速越高要求联锁反应越及时，对自动控制要求就越严格。

## 二、应用情况

靴式压榨技术主要应用于轻工行业造纸机压榨工序，目前已在河南某纸业公司高速 5600 型文化纸生产线上应用，经过近三年的运行，各项指标完全达到设计要求，运行平稳，节能效果显著。

## 三、节能减碳效果

靴式压榨与传统辊式压榨相比，可节约蒸汽 20%以上。

河南某纸业公司年产 20 万吨高档文化用纸生产线采用靴式压榨技术，项目建设条件：净纸幅宽 5600mm，设计车速 1500m/min，靴辊直径 1425mm，靴压压区宽度 250mm，设计线压 1000kN/m，纸机压榨部前配稀释水流浆箱、水平夹网等，纸页进压榨前干度不低于 20%。项目投用后实现年节能量 9899tce，年减碳量 24737t$CO_2$，年节能收益 1205 万元。

## 四、技术支撑单位

河南大指造纸装备集成工程有限公司。

# 4-61　废纸鼓式连续碎浆技术

## 一、技术介绍

废纸碎解是在适当的化学和温度条件下，通过机械作用，将原先交织成纸页的纤维最大程度地离解成单根纤维且最大限度地保持纤维的原有形态和强度，并使夹杂其中的轻质、重质杂质与纤维分离。

废纸鼓式连续碎浆技术工作原理为：废纸由运输机送入转鼓式碎浆机，同时加入稀释水和化学品，在 15%～20%的浓度和 45～50℃的温度下将废纸碎解。由于圆筒内壁装有轴向隔板，圆筒转动时，内壁上的隔板重复地把废纸带起并跌落在圆筒底部硬表面上，产生温和的剪切力和摩擦力，使废纸纤维化而不会切断纤维和破坏杂质。当圆筒的转动作用于浆团时，摩擦作用增加，使废纸中的油墨、胶料和热熔型胶黏剂等物质与纤维有效分离。然后，离解的浆料逐步由碎浆区进入筛选区，筛选区一般分为两段或三段，筛孔直径分别为 8mm 和 7mm 或 6mm，浆料在筛选区被稀释至 3.0%～4.5%的浓度。筛选后废纸浆中的砂、石、金属等重杂质及绳索、破布条、塑料等体积大的杂质与纤维有效分离，良浆进入碎浆机底部浆槽，粗渣从圆筒尾端排出。其主要设备鼓式连续碎浆机见图 4.70。

鼓式连续碎浆机既没有复杂的设备组合也没有反锁的控制程序，一台设备即可完成分离纤维、排渣等过程，不易出现生产故障，同时具有良好的除杂能力，对杂质含量也没有特殊要求，废纸不经分选即可直接使用，可节省大量分选费用。与间歇碎浆机相比，其动力消耗节省 50%以上，化学药品可节省 10%以上，蒸汽节省 60%，生产能力大，单位产能的设备投资费用较低，易维修保养。

## 二、应用情况

废纸鼓式连续碎浆技术主要适用于 200 风干吨脱墨浆/天以上生产能力脱墨浆生产线的碎浆段，目前应用该技术的产能达 250 万吨，主要集中在大型脱墨浆生产企业，如广州造纸集团日产 250tONP（旧报纸）浮选脱墨生产线、上海新伦纸业日产 250tONP 浮选脱墨生产

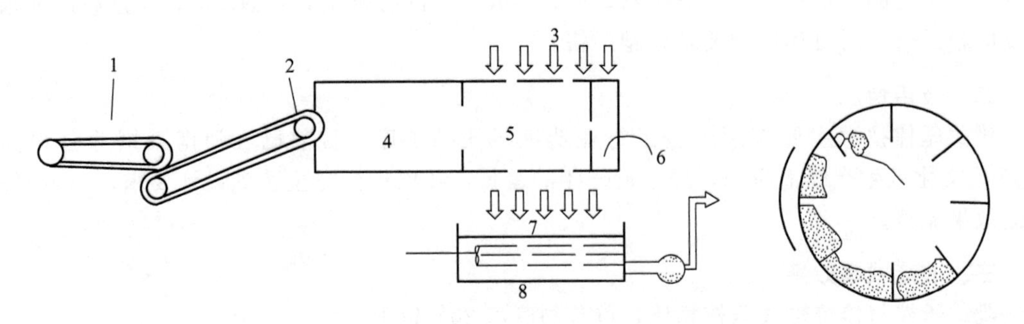


图 4.70 鼓式连续碎浆机工作流程示意图

1—废纸；2—化学药品及水；3—水；4—高浓度离解区；
5—筛选区；6—粗渣；7—良浆；8—浆池

线、福建南纸日产 500tONP 浮选脱墨生产线、山东华泰日产 500tONP 浮选脱墨生产线、青岛海王日产 350tAOCC（旧瓦楞箱）生产线、山东华众纸业日产 600t 纸板生产线等。

### 三、节能减碳效果

废纸鼓式连续碎浆技术主要能耗指标为：电耗 15～30kW·h/风干吨脱墨浆，取水量 1～5t/风干吨脱墨浆。与间歇碎浆技术相比，节约取水量 20%～95%，节约电耗 25%～75%，节水节电效果明显。

### 四、技术支撑单位

济宁华一轻工机械有限公司。

## 4-62 合成纤维熔纺长丝环吹冷却技术

### 一、技术介绍

合成纤维熔纺长丝环吹冷却技术采用高均匀低能耗型外环吹冷却装置和技术，不但解决了侧吹的不利因素，减小各丝束之间冷却差异，而且与适纺超细纤维的纺丝、卷绕工艺技术以及精密卷绕设备与技术相结合，使纺丝机纺出高品质的超细纤维。其主要工艺流程为：PET 切片→熔融挤压（或直接纺)→精确计量→多孔纺丝→缓冷装置→均匀冷却（侧吹风或环吹风)→均匀上油→多级牵伸→热辊定型→精密卷绕→涤纶丝饼。该工艺可在 $\Phi$85mm 的喷丝板上纺出 144f、0.5dpf 以下的超细纤维，对多孔细旦纤维具有极佳的可生产性并且产品具有高品质。其主要装备为外环吹风装置，结构如图 4.71 所示。

装置结构：环吹风装置风道与水平的进风箱连接，风道从下到上依次设有过滤层和第一层多孔板；环吹风箱设置在进风箱上方，与进风箱之间还设有一水平多孔板；进风箱内设有若干导向筒座，环吹风箱内设有与导向筒座相同数量的风向整流筒，导向筒座与风向整流筒相接，风筒采用多孔板和若干层不同目数组合的不锈钢金属丝网组成，保证各风筒之间和风筒内各区风压风速一致。

### 二、应用情况

合成纤维熔纺长丝环吹冷却技术主要应用于纺织行业的合成纤维熔纺长丝生产，目前已在我国涤纶超细旦长丝领域推广使用，取得良好效果。

浙江某公司采用该外环吹冷却装置技术，每条生产线 8 个纺丝位，12 个丝饼/位、位距 1200mm，与采用侧吹风冷却装置达到同等产量相比，每年生产所需冷却风量 0.47×

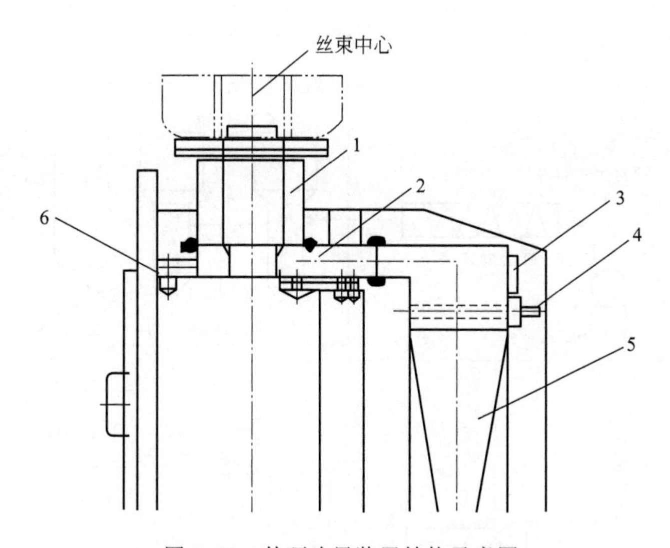


图 4.71　外环吹风装置结构示意图

1—吹风头箱；2—水平风道；3—限位传感器；4—水平风网；5—下风道；6—手动限位

108m³，仅为侧吹风装置供风量的 1/3，生产过程能源消耗大大降低。

### 三、节能减碳效果

合成纤维熔纺长丝环吹冷却技术采用的外环吹冷却装置用风量仅为侧吹风量的 30%左右，可节约 70%的侧吹空调冷却风，节能效果显著。以年产涤纶细旦丝 10000t 的 48 个纺丝位生产线为例，改造后实现年节能量 270tce，年减碳量 702t$CO_2$。

### 四、技术支撑单位

北京中丽制机工程技术有限公司。

## 4-63　低碳低硫制糖工艺技术

### 一、技术介绍

低碳低硫制糖工艺主要采用低碳低硫制糖新工艺改造传统制糖生产的亚硫酸法工艺，即利用锅炉排放烟道气中的二氧化碳或酒精生产过程产生的二氧化碳，经净化提纯后替代传统亚硫酸法中的部分二氧化硫，应用于蔗汁或糖浆的澄清过程，实现传统亚硫酸法与碳酸法工艺结合，减少硫黄用量和温室气体排放，并提高产糖量和糖品质量。该技术工艺流程如图 4.72 所示。

### 二、应用情况

低碳低硫制糖工艺主要适用于亚硫酸法甘蔗糖厂，能够有效解决亚硫酸法糖厂白糖品质不高、不稳定等问题，同时降低成品糖二氧化硫的含量，对传统的亚硫酸法制糖工艺实现彻底改良。目前已经建立 100 万吨甘蔗/年的烟道气利用与半碳法制糖工艺示范工程，有效回收利用烟道气中的二氧化碳，并降低成品糖二氧化硫的含量，提高产品质量。该工艺技术已经在广西多家制糖厂进行推广，取得较好的节能环保和经济效益。

### 三、节能减碳效果

根据企业应用统计，采用低碳低硫制糖工艺技术每百吨甘蔗减排约 0.5t 二氧化碳，吨糖减排二氧化碳量约 14kg。此外，由于该工艺生成碳酸钙沉淀的溶解度不到亚硫酸法制糖

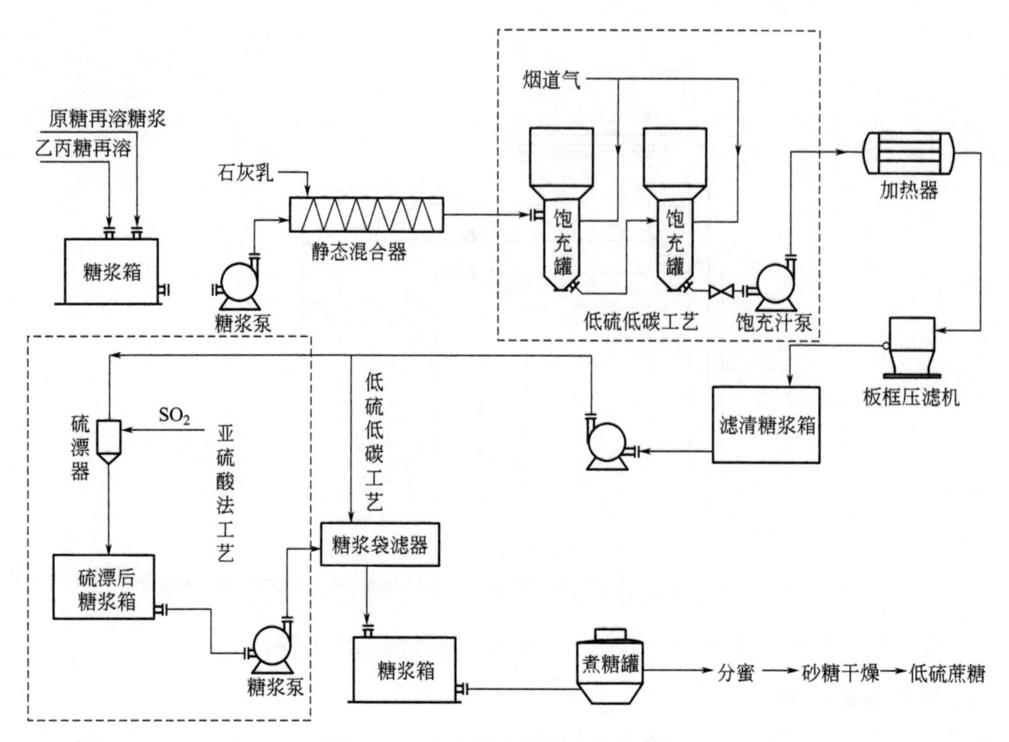


图 4.72 低碳低硫制糖工艺流程图

工艺亚硫酸钙的 1%，可大幅度减少加热、蒸发等工序的积垢，降低能源消耗。以年加工 100 万吨甘蔗、产糖 12 万吨的糖厂为例，实现年节能 0.87 万吨标准煤，减少二氧化碳排放 5000t。

**四、技术支撑单位**

华南理工大学。

## 4-64 低浓度瓦斯真空变压吸附提浓技术

**一、技术介绍**

低浓度瓦斯真空变压吸附提浓技术的核心是改进的真空变压吸附（VPSA）工艺，可以回收低浓度瓦斯气，实现低浓度瓦斯气提浓，为低浓度瓦斯能源化利用提供一条重要的解决途径，对减少温室气体排放（甲烷）、增加能源供给具有重要意义。其主要内容包括：

(1) 使用在低压下具有较大吸附容量的低压甲烷吸附剂，使整个吸附过程在常压下进行，减少压缩、升压环节，降低能耗和投资，提高安全性。

(2) VPSA 提浓装置的吸附塔由六塔或八塔组成，可以多塔吸附，也可实现多塔再生，吸附塔内采用多层复杂的静电消除设施。

(3) 开发了多次均压的低压真空再生吸附提浓瓦斯中甲烷的工艺流程，实现在小于 20kPa (G) 压力下，将浓度为 12%左右的低浓度瓦斯提浓到 30%以上。

(4) 实现了 12%左右低浓度瓦斯通过 VPSA 技术提高浓度到 30%以上，扩大了煤矿低浓度瓦斯利用范围。

该技术采用VPSA提浓工艺流程，其吸附和再生工艺过程由吸附、均压降压、抽真空、均压升压和产品气升压等步骤组成，具体过程包括：吸附过程；均压降压过程；抽真空过程；均压升压过程；产品气升压过程。

## 二、应用情况

低浓度瓦斯真空变压吸附提浓技术目前已经应用于国内部分煤矿，以安徽某煤矿瓦斯抽放站为例，采用低浓度瓦斯真空变压吸附提浓工艺对低浓度瓦斯进行提浓。该站工艺瓦斯浓缩装置主要为六个吸附塔，其吸附和再生工艺过程由吸附、均压降压、抽真空、均压升压和产品气升压等步骤组成。

（1）吸附过程。温度40℃、压力大于30kPa（G）的瓦斯自升压真空泵来，由塔底进入正处于吸附状态的吸附塔内。在多种吸附剂的依次选择吸附下，其中的$H_2O$、$CH_4$等组分被吸附下来，未被吸附的$N_2$、$O_2$等从塔顶流出，经压力调节系统稳压后直接高点排空。当被吸附物质的传质区前沿（称为吸附前沿）到达床层出口预留段时，关掉该吸附塔的原料气进料阀和产品气出口阀，停止吸附。吸附床开始转入再生过程。

（2）均压降压过程。在吸附过程结束后，顺着吸附方向将塔内较高压力的$CH_4$放入其他已完成再生的较低压力吸附塔。该过程不仅是降压过程，更是回收床层死空间$CH_4$的过程。

（3）抽真空过程。在均压过程结束后，逆着吸附方向将被吸附剂吸附的$CH_4$抽出来，抽出来的产品$CH_4$送产品缓冲罐。

（4）均压升压过程。在真空再生过程完成后，用来自其他吸附塔的较高压力$CH_4$对该吸附塔进行升压。该过程与均压降压过程相对应，不仅是升压过程，而且更是回收其他塔的床层死空间$CH_4$的过程。

（5）产品气升压过程。在均压升压过程完成后，为使吸附塔可以平稳地切换至下一次吸附，并保证产品纯度在这一过程中不发生波动，需要通过升压调节阀缓慢而平稳地用排放气将吸附塔压力升至吸附压力。

经过上述过程后，吸附塔便完成一个完整的“吸附-再生”循环，又为下一次吸附做好准备，六个吸附塔交替进行以上吸附、再生操作，实现$CH_4$气体的连续浓缩。低浓度瓦斯真空变压吸附提浓工艺流程见图4.73。

该站采用低浓度瓦斯真空变压吸附提浓工艺对低浓度瓦斯进行提浓，原料气、产品及尾气指标见表4.19。

**表4.19　某瓦斯抽放站原料气、产品及尾气指标**

| 名称 | $CH_4$浓度 | 温度/℃ | 压力(G)/MPa | 质量流率/(kg/h) | 流量/($m^3$/h) |
|---|---|---|---|---|---|
| 原料气 | ≥12% | 40 | 0.012 | 6093 | 5000 |
| 产品气 | 30% | 40 | 0.01 | 2008 | 1800 |
| 尾气 | 1.9% | 40 | 0.005 | 4085 | 3200 |

## 三、节能减碳效果

（1）某煤矿瓦斯提纯项目公称处理原料气能力（$CH_4$浓度12%以上）5000$m^3$/h，公称产品气（$CH_4$浓度30%以上）能力1800$m^3$/h，提供民用燃气用户4万户，瓦斯发电装机容量4360kW，实现年经济效益1240万元，年减碳量2.5万吨$CO_2$。

（2）某煤矿瓦斯浓缩项目公称处理原料气能力（$CH_4$浓度12%以上）10000$m^3$/h，公

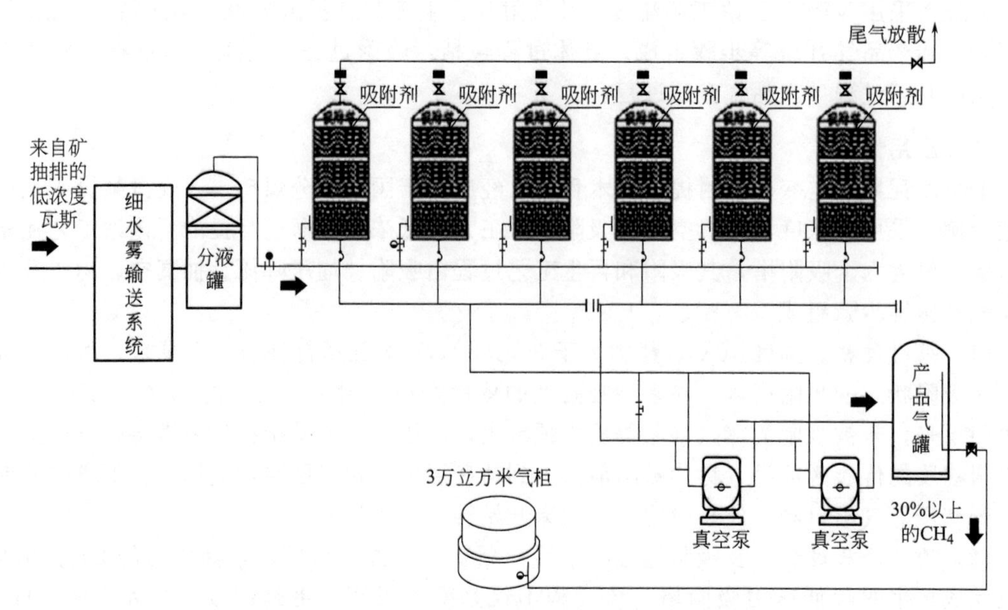


图 4.73 低浓度瓦斯真空变压吸附提浓工艺流程图

称产品气（$CH_4$ 浓度 30%以上）能力 3300$m^3$/h，用于居民燃气供应，实现年经济效益 1920 万元，年减碳量 4.1 万吨 $CO_2$。

### 四、技术支撑单位

上海汉兴能源科技有限公司、安徽华东化工医药工程有限责任公司。

## 4-65 低阶煤低温热解改质利用技术（LCC 技术）

### 一、技术介绍

低阶煤低温热解改质利用技术（LCC 技术）主要由干燥、热解、焦油收集、精制钝化等工段模块组成，各工段既相对独立，又能满足流程的连续性。根据不同性质的煤种和不同的生产目的，选用不同的模块和工艺条件组合，以获得最佳产率、最佳品质产品。其中，干燥工段原煤被均匀线性加热到 200℃左右，可除去煤中的大量水分，使水分降至 3%（质量分数）以下，同时控制温度和停留时间确保煤中的挥发组分及污染物不被析出；热解工段温度大约为 500℃，此时煤中 60%以上的挥发分和大部分污染物析出，生成的热解气经除尘后进入焦油收集工段；焦油收集工段有效实现煤焦油最大产率的回收，该工段采用特殊的激冷塔冷凝焦油收集工艺，冷却水和其他冷凝介质与焦油无直接接触，焦油的收集、输送和储存完全在密闭系统中完成，无含油废水的生成和排放；精制钝化工段采用强制引/送风气流、连续四通混合、产品重力流设计，通过固/气反应对半焦产品进行水合、弱氧化、冷却等处理，以达到稳定（精制）加工低阶煤。该工艺中的低阶煤净化工艺也可干燥、热解两段处理过程完全独立，传热效率高，经测试能效可达 88%以上，且干燥排放气不含焦油组分，生产过程清洁环保。LCC 技术工艺流程简图见图 4.74。

低阶煤低温热解改质利用工艺技术能够提高低阶煤的能量密度，降低水分含量，可明显减少二氧化碳排放和燃料消耗，降低电厂配套系统的损耗，提高发电效率；工艺产品热值高、稳定性好，燃烧无烟无味，与原煤在产生相同发热量的情况下，硫排放比原煤减少

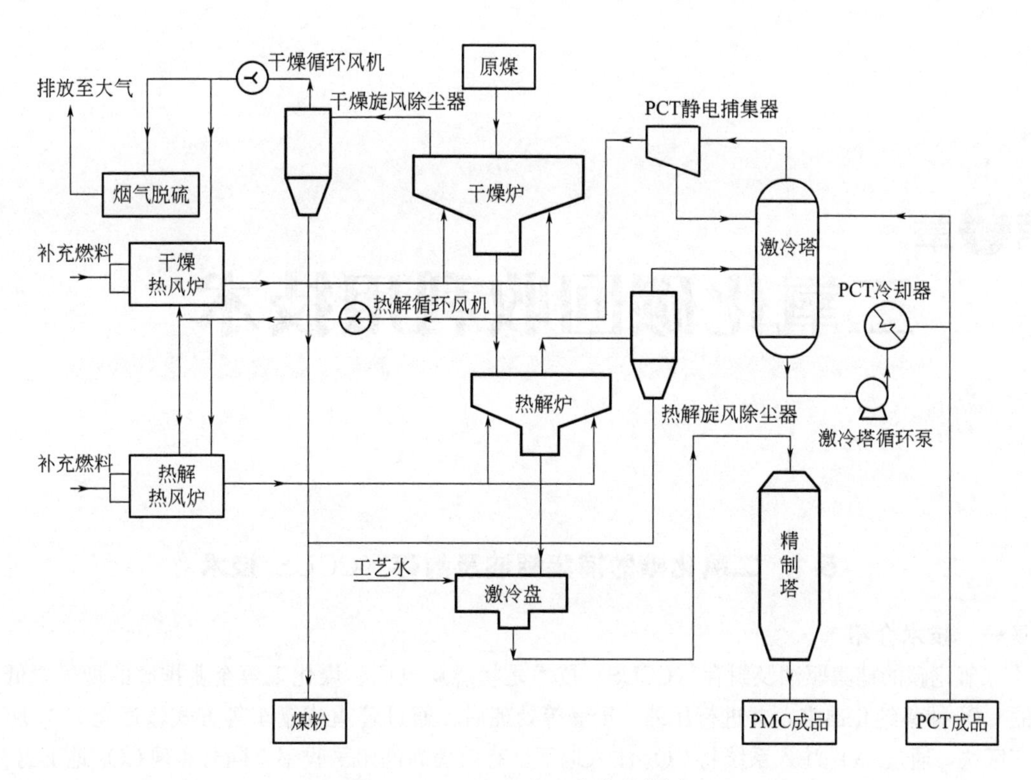


图 4.74 LCC 技术工艺流程简图

80%以上，并可替代无烟煤用于高炉喷吹或冶金行业。同时，还副产高收率的煤焦油产品，实现能源分级利用。

## 二、应用情况

低阶煤低温热解改质利用工艺可应用于低阶煤、油页岩、油砂、高挥发分煤等的提质、提油洁净，主要以对原煤的提质、提油来提升煤炭的经济附加值，目前在内蒙古、新疆、陕西等低阶煤富藏省份及地区政府规划中取得推荐支持。以内蒙古锡林郭勒地区单套处理量30 万吨/年的示范装置为例，该装置于 2011 年正式投产，经过近两年的试验运行验证，各项性能指标全面达到或超过设计要求，并于 2013 年通过国家能源局对示范装置科技成果鉴定的现场见证和性能测试工作，2014 年正式通过国家能源局组织的 LCC 技术科技成果鉴定。

## 三、节能减碳效果

工程规模为 100 万吨/年的低阶煤热解改质利用技术，与外燃内热式褐煤低温干馏炉相比，每年可实现节能 5.7 万吨标准煤，年减碳量 14.82 万吨 $CO_2$。

## 四、技术支撑单位

湖南华银能源技术有限公司。

# 第5章 二氧化碳回收利用技术

## 5-1 二氧化碳的捕集驱油及封存（CCUS）技术

### 一、技术介绍

二氧化碳的捕集驱油及封存（CCUS）技术是将燃煤电厂、煤化工等企业排放的烟气中低分压的$CO_2$捕集纯化出来，并进行压缩、干燥等处理后，通过管道或罐车等方式输送至$CO_2$驱油封存区块，通过$CO_2$注入系统将$CO_2$注入地下，有效提高油田采收率，同时实现$CO_2$地下封存，通过采出气$CO_2$捕集系统将返回至地面的$CO_2$回收，并再次注入地下，实现较高的$CO_2$封存率，从而实现降低二氧化碳驱油成本，封存、减排二氧化碳的目的。其工艺流程如图5.1所示。

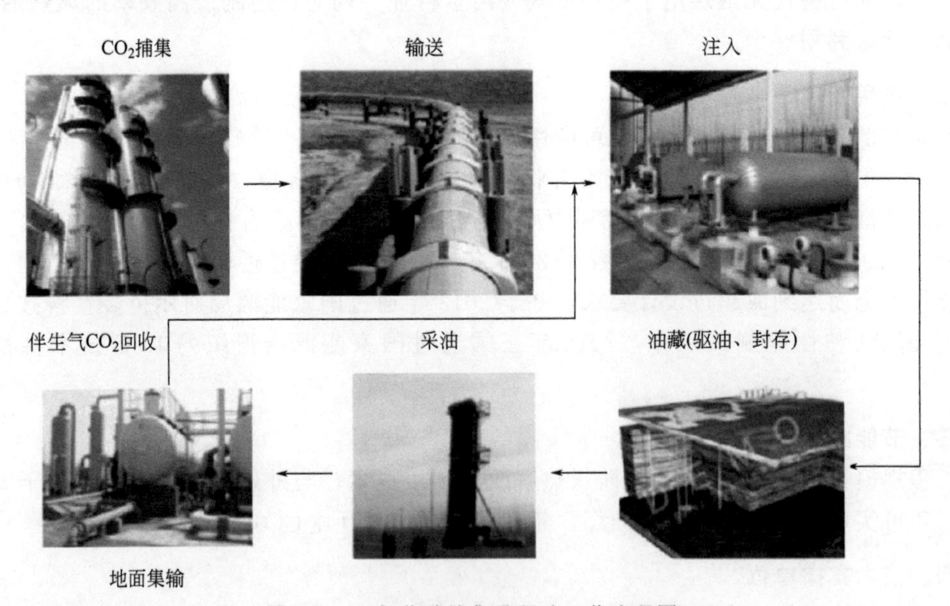


图5.1 二氧化碳捕集及驱油工艺流程图

### 二、应用情况

二氧化碳的捕集驱油及封存技术是直接减少二氧化碳排放的储碳技术，目前主要应用于燃煤电厂、油田等领域，其推广主要受初始投资高、投资回收期较长等因素限制，目前国内胜利油田已建成首个工业化规模燃煤电厂烟气$CO_2$捕集、驱油与地下封存全流程示范工程，包括年处理 4 万吨烟气的 $CO_2$ 捕集装置，并在特低渗透油藏上进行驱油。另外，吉林油田、中原油田、延长石油靖边油田等也建设运营了示范项目，储碳及驱油增产效果显著。

### 三、节能减碳效果

根据工业应用，二氧化碳的捕集驱油及封存技术 $CO_2$ 捕集能耗低于 $2.7GJ/tCO_2$，$CO_2$ 动态封存率 50%以上，可提高采收率 5%以上。

胜利油田 4 万吨/年燃煤电厂烟气 $CO_2$ 捕集、驱油及封存项目，捕集纯化装置应用新开发的 MSA 碳捕集工艺，与传统的 MEA 工艺再生相比，能耗降低 20%，同时吸收剂损耗大幅下降，捕集成本降低 25%。该装置 $CO_2$ 捕集率大于 80%，$CO_2$ 纯度大于 99.5%，捕集运行成本约 197 元/吨。同时在纯梁采油厂高 89-1 块进行低渗透油藏驱油与封存，建设配套的 $CO_2$ 注入系统、$CO_2$ 驱采出系统、$CO_2$ 驱采出液地面集输处理系统。该项目实现年减碳量约 1 万吨 $CO_2$，年经济效益为 2609 万元。

### 四、技术支撑单位

中国石化胜利油田分公司。

## 5-2　石灰窑废气回收液态 $CO_2$ 技术

### 一、技术介绍

石灰窑废气回收液态 $CO_2$ 技术主要是对石灰生产过程中窑顶排放出来的 $CO_2$ 气体进行回收、净化处理，得到高纯度的食品级 $CO_2$ 气体，并压缩成液态 $CO_2$ 产品，装瓶。该技术工艺一般包括预处理系统、$CO_2$ 回收系统、精馏深度提纯系统三大部分。

### 二、应用情况

石灰窑废气回收液态 $CO_2$ 技术运行成本较大，但其综合利用生产的产品效益较高，目前在建材、钢铁、化工、石灰企业均有应用。

山东某公司回收石灰窑尾气建设一条 3 万吨/年的食品级 $CO_2$ 生产线，其主要工艺为：首先对回转窑尾气进行净化去除粉尘等杂质，之后选择复合 MEDA 醇胺溶液作为吸收剂回收提纯 $CO_2$ 气体；为满足食品级 $CO_2$ 的高要求，采用干法吸附脱除微量的硫化物等杂质，再采用变温吸附法（TSA）去除微水分；经过上述装置提纯的 $CO_2$ 质量分数≥99%，然后对于高浓度的 $CO_2$ 气体进一步采用低温分离法，以精馏的形式深度提纯 $CO_2$；为满足精馏的条件要求，高浓度 $CO_2$ 气体首先液化，通过精馏获得的液态 $CO_2$ 产品，以低温球罐的方式存储（见图 5.2）。该项目产品为液态 $CO_2$，可采用槽车运输。

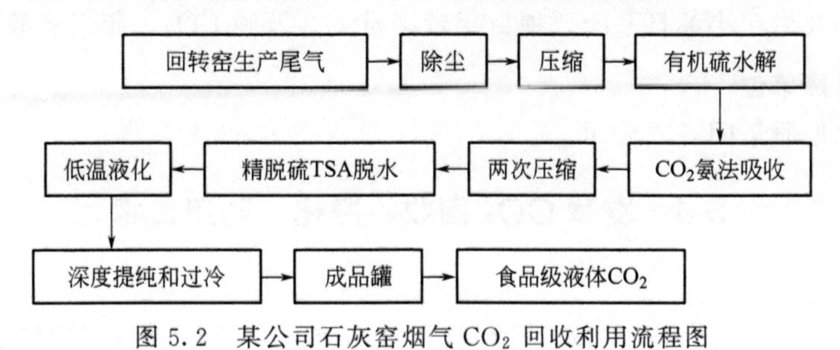


图 5.2　某公司石灰窑烟气 $CO_2$ 回收利用流程图

### 三、节能减碳效果

石灰窑废气回收液态 $CO_2$ 技术在窑气回收和净化处理的过程中回收 $CO_2$，从而有效减

少 $CO_2$ 排放。以 3 万吨/年的食品级 $CO_2$ 生产线为例，每年工艺产量 3 万吨 $CO_2$，即相当于年减少碳排放 3 万吨 $CO_2$。

### 四、技术支撑单位

中钢集团天澄环保科技股份有限公司、林州现代石灰窑研究所。

## 5-3 二氧化碳捕集生产小苏打技术

### 一、技术介绍

二氧化碳捕集生产小苏打技术主要包含二氧化碳捕集及提纯和小苏打生产两部分。该技术通过高效变压吸附装置将烟道气中的 $CO_2$ 浓度由 10%提升至 40%以上，被吸附的二氧化碳与联碱装置中的纯碱或烧碱充分反应生成小苏打晶体，经离心机分离、干燥获得小苏打产品，最终实现二氧化碳的捕集及综合利用。其工艺流程见图 5.3。

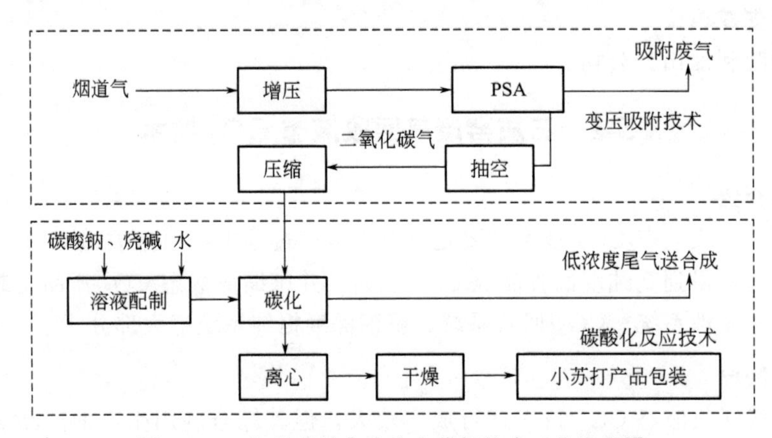


图 5.3 二氧化碳捕集生产小苏打技术工艺流程图

### 二、应用情况

二氧化碳捕集生产小苏打技术处于产业化初期发展阶段，有良好的社会效益和经济效益，在工业领域具有广阔的应用前景，目前已在河北张家口、四川自贡、广西来宾等地的企业得到应用。

### 三、节能减碳效果

二氧化碳捕集生产小苏打技术通过回收利用锅炉烟气中的 $CO_2$ 实现减碳，以四川某公司二氧化碳提浓制注射用碳酸氢钠项目为例，项目年处理 11000 万立方米烟道尾气，新建一套二氧化碳捕集及生产小苏打系统，项目年减碳量 2.2 万吨 $CO_2$，年经济效益 1150 万元。

### 四、技术支撑单位

内蒙古博源控股集团有限公司。

## 5-4 发酵 $CO_2$ 回收、净化、利用技术

### 一、技术介绍

发酵 $CO_2$ 回收、净化、利用技术采用低温低压液化工艺回收酒精发酵过程中产生的大量 $CO_2$，其主要工艺流程为：由发酵罐酒精发酵产生的二氧化碳气体，经初级净化系统除去气体中的醇醛酸等主要成分后，进入二级压缩机压缩，每级压缩后经冷却和水气分离后，气体压力分别为 1.6MPa 和 2.5MPa，再进入二级净化系统，除去气体中残留的微量醇、

醛、酯等杂质成分和水分，使气体成分达到质量要求，进入冷凝液化器，制冷机输入的制冷剂使二氧化碳液化进入储罐储藏，即得到液化产品，然后根据需求进行不同方式储运或增压灌入高压钢瓶，即可作为商品销售。二氧化碳低温低压液化工艺流程见图 5.4。

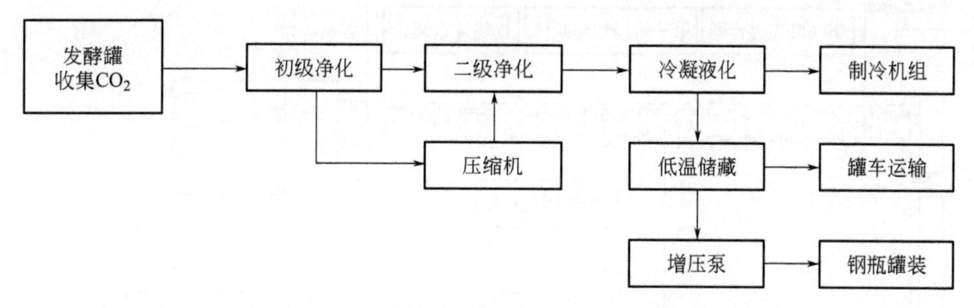


图 5.4 二氧化碳低温低压液化工艺流程

该技术工艺成熟，同时由于采用比较低的液化压力，降低了设备的耐压要求和投资费用，生产能力大幅度提高。同时，可将低压液化二氧化碳通过增压泵升压进行钢瓶灌装，生产不同规格的二氧化碳产品，满足市场需求。

### 二、应用情况

发酵 $CO_2$ 回收、净化、利用技术主要适用于发酵酒精产生的二氧化碳气体回收，其推广使用主要受使用途径、销售成本等限制，目前已经应用于中粮生化能源（肇东）有限公司、江苏徐州香醅酒业有限公司、吉林新天龙酒业有限公司等企业，减碳效果显著。

### 三、节能减碳效果

发酵 $CO_2$ 回收、净化、利用技术对 $CO_2$ 进行回收利用，每回收 1t $CO_2$ 即实现减排 1t $CO_2$。

### 四、技术支撑单位

石家庄市滕泰环保设备有限公司。

## 5-5 利用 $CO_2$ 替代 HFCs 发泡生产挤塑板技术

### 一、技术介绍

传统挤塑板通常采用氟里昂（HFCs）系列化合物作为发泡剂，该技术采用二氧化碳发泡挤塑板专用设备，通过恒压泵将二氧化碳稳定在超临界状态，在第一静态混合器中将二氧化碳与促进剂充分混合，用高压计量泵配合质量流量计将二氧化碳稳定注入第一阶螺杆，通过第二静态混合器、第三静态混合器与聚苯乙烯塑料（PS）实现分级充分混合，达到二氧化碳稳定注入和顺利发泡的目的。由于氟里昂类物质的温室效应潜值是 $CO_2$ 的数百倍到上万倍，会对环境造成较大影响，使用二氧化碳替代氟里昂作为发泡剂，能够避免高潜值温室气体的排放，从而实现碳减排。

该技术专用设备包括二氧化碳前端恒压泵、二氧化碳供应装置、促进剂供应装置、物料输送装置、第一静态混合器、第一阶熔炼螺杆、第二静态混合器、第二阶挤出螺杆、第三静态混合器和成形模头。其生产工艺流程如图 5.5 所示。

### 二、应用情况

利用 $CO_2$ 替代 HFCs 发泡生产挤塑板技术主要应用于建材行业挤塑板生产，目前已使用该技术成功建设和改造多条氟里昂发泡生产挤塑板的生产线，实现无氟生产。

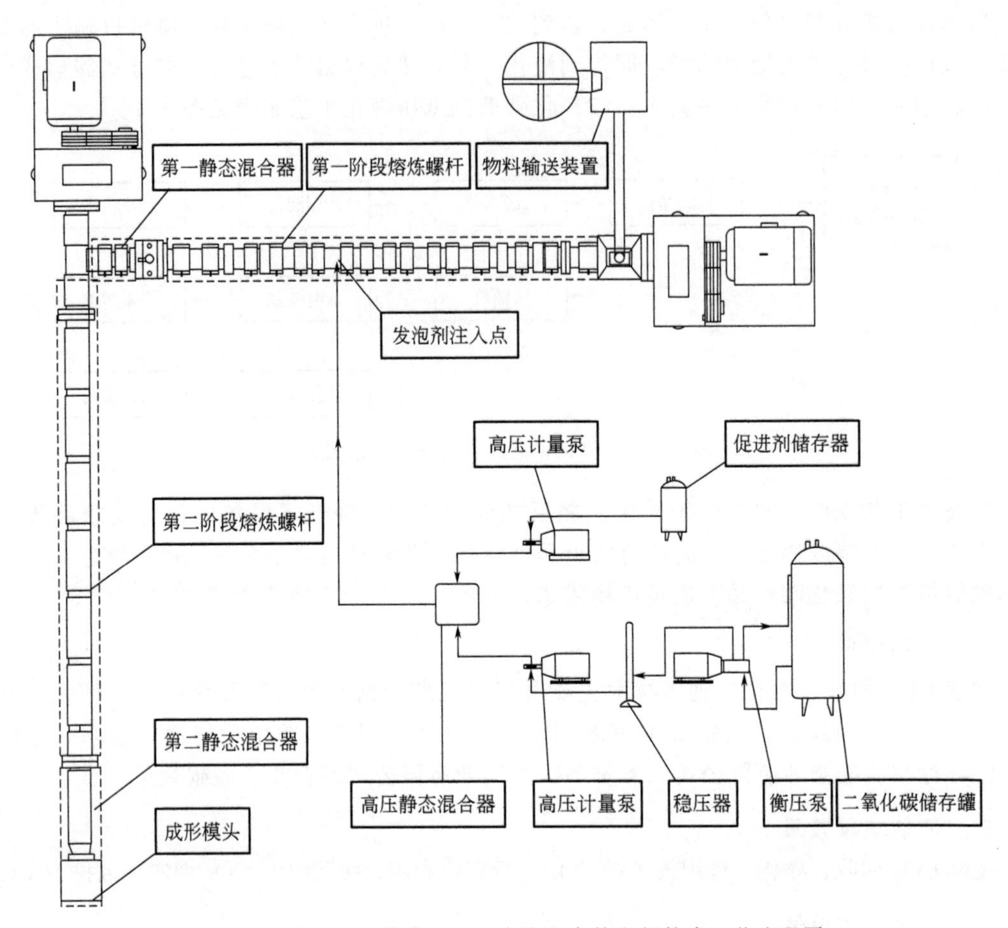


图 5.5 利用 $CO_2$ 替代 HFCs 发泡生产挤塑板技术工艺流程图

## 三、节能减碳效果

利用 $CO_2$ 替代 HFCs 发泡生产挤塑板技术通过使用二氧化碳替代氟里昂作为发泡剂，能够避免高潜值温室气体的排放，从而实现碳减排。

河北某公司改造年产 10 万立方米二氧化碳发泡挤塑板生产线，对原有 HFCs 发泡挤塑板生产线进行改造，新增二氧化碳注入系统一套；改造二级螺杆一条，加装静态混合器两台，更换二氧化碳专用模具一台。改造后项目实现减排量约 90 万吨 $CO_2$，产生经济效益 600 万元。

## 四、技术支撑单位

宁夏鼎盛阳光环保科技有限公司。

# 5-6 二氧化碳减排与资源化绿色利用技术

## 一、技术介绍

二氧化碳减排与资源化绿色利用是减排二氧化碳并实现资源化、绿色化利用的节能可持续发展的低碳技术，其基本原理是以二氧化碳为原料，通过过程耦合和产品耦合等方法，开发一系列产品清洁生产新工艺，形成具有自主知识产权的创新成果。

(1) 借用环氧化合物生产二元醇过程浪费的活性和能量活化二氧化碳，发明了近临界催化反应、热循环节能和反应吸收耦合过程强化新技术，经碳酸丙（乙）烯酯，合成绿色化工原料碳酸二甲酯并联产二元醇。

（2）在循环经济和节能减排领域，首先提出原子有效利用率和社会资源有效利用率的环境友好评价理论体系，开发了反应耦合过程特性多尺度模拟与优化及工程放大技术。

（3）从二氧化碳资源化绿色利用的角度，通过碳酸二甲酯间接实现二氧化碳代替剧毒光气，开发了原来以光气为原料生产的碳酸酯系列产品等。

（4）发明了产品耦合过程耦合能量系统集成等多项过程强化关键技术和塔设备单元强化技术。

### 二、应用情况

二氧化碳减排与资源化绿色利用技术目前已经推广应用于 12 家企业，其中铜陵金泰化工实业公司达到 10 万吨产能。

### 三、节能减碳效果

二氧化碳减排与资源化绿色利用技术与国外先进的甲醇氧化羰基化法相比，可节约投资 75%以上，节能 90%以上，此外，还具有投资少、成本低等优势。

### 四、技术支撑单位

华东理工大学。

## 5-7　全生物降解 $CO_2$ 基共聚物生产技术

### 一、技术介绍

全生物降解 $CO_2$ 基共聚物生产技术的基本原理是以 $CO_2$ 为原料合成一种 $CO_2$ 基共聚物，利用 $CO_2$ 生产一种具有良好生物降解性能的脂肪族聚碳酸酯共聚物——聚碳酸亚丙酯(PPC)，其由 $CO_2$ 和环氧丙烷在催化剂作用下共聚而成，可用于农用塑料膜制品、型材、包装材料、垃圾袋等多种领域，应用领域广泛。聚碳酸亚丙酯分子结构如图 5.6 所示。

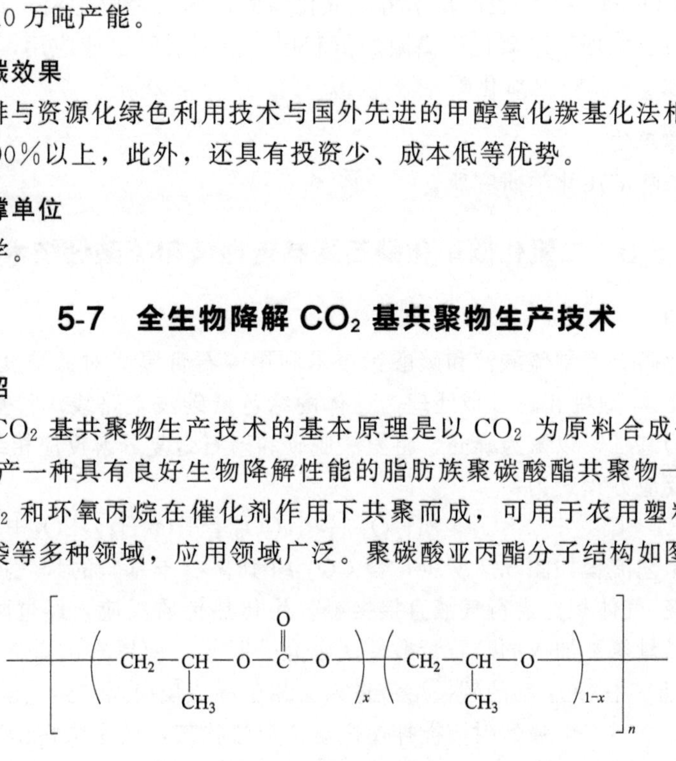

$$\left[\left(-CH_2-\underset{\displaystyle CH_3}{\underset{|}{CH}}-O-\overset{\displaystyle O}{\overset{\|}{C}}-O-\right)_x\left(-CH_2-\underset{\displaystyle CH_3}{\underset{|}{CH}}-O-\right)_{1-x}\right]_n$$

$x$=0.95～1.0

图 5.6　PPC 分子结构

### 二、应用情况

全生物降解 $CO_2$ 基共聚物生产技术目前已经在国内多家企业进行应用，如内蒙古蒙西高新技术集团建立的年产 3000t PPC 生产线，是我国第一条千吨级二氧化碳共聚物生产线，该生产线以水泥窑尾气排出的二氧化碳为原料，通过一系列工艺将其制备成食品级产品，再作为原料用于全降解塑料生产，所产二氧化碳基塑料数均分子量超过 15 万、重均分子量超过 100 万、共聚物中二氧化碳质量分数大于 42%，产品性能良好（详见表 5.1）。河南天冠集团建成的 5000t/a 生产线，利用乙醇生产过程中的副产品二氧化碳来合成全降解塑料，该产品二氧化碳含量达到 42%左右、数均分子量为 50000～300000 可调，产品经国家塑料制品质量监督检验中心检测，性能指标符合企业标准。此外，浙江台州邦丰塑料有限公司也已建成万吨级二氧化碳基塑料生产线。

表 5.1　蒙西高新技术集团工业化 PPC 产品性能

| 项目 | 指标 | 项目 | 指标 |
| --- | --- | --- | --- |
| 杨氏模量/MPa | 800 | $T_g$/℃ | 35 |
| 拉伸强度/MPa | 38 | 灰分/% | 0.3 |
| 断裂伸长率/% | 14 | 挥发分/% | 0.6 |
| 悬臂梁冲击强度/(J/m)(有缺口) | 41 | MFR/(g/10min)(140℃,2160g) | 0.2～3 |
| 球压硬度/($N/mm^2$) | 40.8 | $M_n$/kDa | 80～200 |
| 维卡软化温度/℃ | 48.7 | PDI | 2～6 |

### 三、节能减碳效果

全生物降解 $CO_2$ 基共聚物生产技术将二氧化碳固定为可降解塑料，实现控制减缓二氧化碳的排放，同时也实现了二氧化碳高附加值利用。根据实际工业应用，生产 1t 二氧化碳可降解塑料消耗 0.4～0.5t 二氧化碳。

### 四、技术支撑单位

中国科学院长春应用化学研究所。

## 5-8　二氧化碳矿化磷石膏制硫酸铵和碳酸钙技术

### 一、技术介绍

二氧化碳矿化磷石膏制硫酸铵和碳酸钙技术利用磷石膏废渣对低浓度尾气 $CO_2$ 进行矿化处理，是实现 $CO_2$ 减排和磷石膏处理为一体的绿色低碳技术路线。其基本原理是以“一步矿化法”工艺为基础，以氨为媒介，将氨法脱碳和磷石膏复分解反应相结合，生产硫酸铵和碳酸钙，其总反应方程式为：

$$2NH_3+CO_2+CaSO_4\cdot 2H_2O \longrightarrow CaCO_3\downarrow +(NH_4)_2SO_4+H_2O$$

该技术主要工艺流程如图 5.7 所示，含 $CO_2$ 约 15%（干基）的烟气进入吸收塔，与富氧溶液按一定的液/气体积比进行气液直接接触发生传热传质反应，经过两级洗涤进入酸洗槽，气相残留的微量氨被加入的磷石膏酸性洗水充分吸收，使尾气出口 $NH_3$ 质量浓度低于 $10mg/m^3$。脱除烟气中 $CO_2$ 后的碳铵溶液进入三相全混流反应器与经过洗涤的磷石膏反应。氨气对反应器内的物料产生强烈射流搅拌使之呈全混流状态，反应浆料在保持恒定液位下自动溢流出料，再经过养晶、脱氨工序，降温过滤后得到碳酸钙产品和硫酸铵溶液。

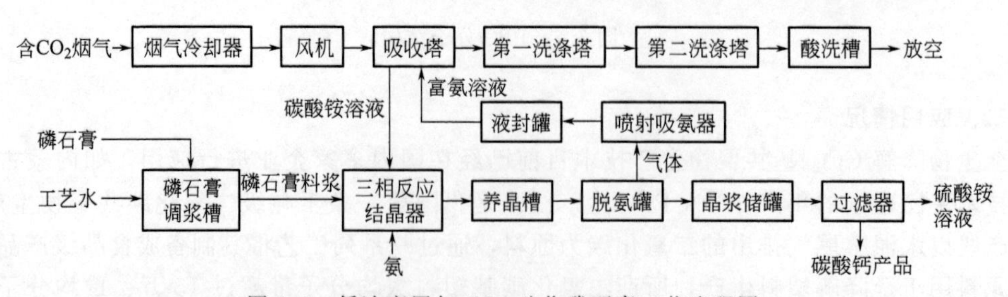


图 5.7　低浓度尾气 $CO_2$ 矿化磷石膏工艺流程图

该技术工艺主要创新性为：

(1) 提出以工业固废磷石膏直接矿化低浓度尾气 $CO_2$ 联产硫基复肥与碳酸钙的 CCU（$CO_2$ 捕集与利用）技术路线，其工艺系统具有热力学原理上的先进性和循环利用技术路线上的创新性。

（2）采用“一步矿化法”低浓度 $CO_2$ 烟气脱碳工艺，将 $CO_2$ 从气相—液相—固相产品同步转移，将 $CO_2$ 一步矿化并固定为碳酸盐进行稳定固存。该工艺通过尾气 $CO_2$ 直接矿化技术把捕集与利用两个环节合二为一，节省捕集成本。

（3）汽液相三相全混流反应结晶技术是该工艺的核心技术，采用以氨气为动力源、热源和反应促进剂的多项全混流氨促 $CO_2$ 矿化反应技术，替代传统的液固搅拌反应和复杂的加热装置，缩短流程，减少设备，降低能耗。

（4）提出低浓度尾气 $CO_2$ 直接矿化磷石膏联产硫基复肥与碳酸钙的热力学系统优化组合，浓度梯度、温度梯度、压力梯度和速度梯度（统称热力学势）多级利用技术组合，对化工系统循环回收低位能、减少 $CO_2$ 排放具有普遍意义。

### 二、应用情况

二氧化碳矿化磷石膏制硫酸铵和碳酸钙技术适用于低浓度 $CO_2$ 的直接利用，同时涉及低浓度 $CO_2$ 减排和工业固废磷石膏处理，其特点是以废制废，提高了低浓度 $CO_2$ 和磷石膏资源化利用的经济性，为工业固废矿化 $CO_2$ 联产化工产品的 CCU 技术路线提供了一个示范装置。目前该工艺技术已经通过中试验证，进入工业示范装置阶段。

中国石化普光气田天然气净化厂建成一套 $100m^3/h$（烟气）规模中试装置，利用瓮福集团磷肥厂排出的磷石膏废渣对普光气田天然气净化过程中排出的 $CO_2$ 进行矿化处理。中试装置磷石膏处理量 127kg/h（湿基），尾气 $CO_2$ 捕集率达到 75%；磷石膏转化率超过 92%；产品碳酸钙过滤强度超过 $880kg/(m^2 \cdot h)$、平均粒径 56mm；硫酸铵洗涤率大于 99%；排放尾气氮含量低于 $10\times10^{-6}$。

### 三、节能减碳效果

根据中试装置考核，采用二氧化碳矿化磷石膏制硫酸铵和碳酸钙技术，1t 磷石膏可矿化 $CO_2$ 0.25t，联产硫酸铵 0.78t、碳酸钙 0.58t，实现有经济效益的 $CO_2$ 减排和工业固废循环利用。若该技术在全国推广应用，以矿化 50000kt/a 磷石膏为例，可矿化和资源化利用的 $CO_2$ 超过 12000kt/a。

### 四、技术支撑单位

中国石化南京工程有限公司、四川大学。

## 5-9　低碳低盐无氨氮分离提纯稀土化合物新技术

### 一、技术介绍

低碳低盐无氨氮分离提纯稀土化合物新技术采用碳酸氢镁溶液皂化萃取分离稀土技术，用碳酸氢镁溶液代替液氨或高成本的液碱用于稀土萃取分离，可解决稀土萃取分离过程中氨氮或高钠盐废水排放问题；采用新型稀土沉淀结晶技术，用低成本的碱土金属沉淀剂碳酸氢镁溶液替代原碳铵沉淀工艺，可解决稀土沉淀过程中的氨氮排放问题；采用稀土分离提纯过程中化工材料及 $CO_2$ 低成本循环利用技术，将高盐度废水和 $CO_2$ 气体有效回收利用制备碳酸氢镁溶液，可降低原料消耗和生产成本，减少温室气体和三废排放。其工艺流程见图 5.8。其关键技术主要包括：

（1）$CO_2$ 低成本循环利用技术。将 $CO_2$ 利用和稀土萃取、沉淀、焙烧工艺相结合，通过净化除尘、除油、脱水、压缩等综合手段，处理稀土萃取、稀土沉淀、焙烧、锅炉燃烧等各个环节中产生的不同浓度的 $CO_2$ 气体，并通过梯度碳化，实现 $CO_2$ 高效循环利用。

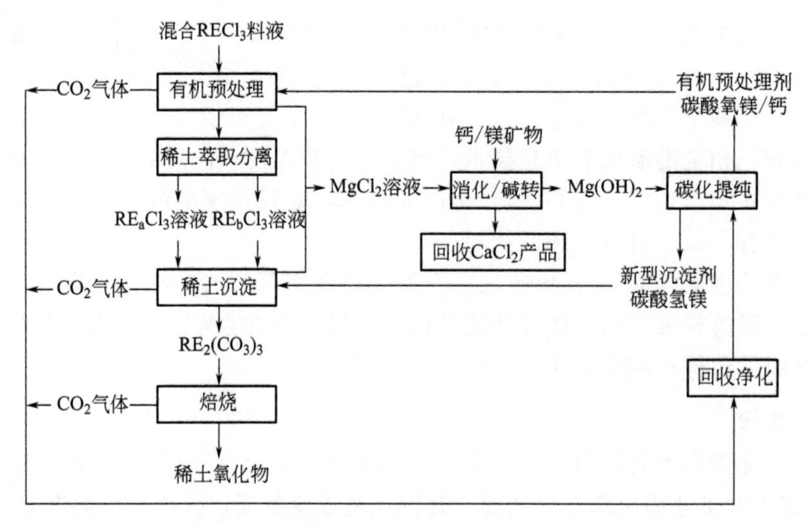


图 5.8 低碳低盐无氨氮分离提纯稀土化合物新技术工艺流程图

（2）碳酸氢镁溶液皂化萃取分离稀土技术。将碳酸氢镁溶液用于稀土萃取分离，即以自然界广泛存在的钙镁矿物为原料，稀土提取过程回收的 $CO_2$ 为介质，通过碳化反应制备碳酸氢镁溶液，代替液氨或液碱用于稀土分离过程，实现稀土萃取分离过程无氨氮排放，可解决早期开发的钙皂化及非皂化工艺中存在的三相物、杂质含量高、反应慢等问题，进一步降低生产成本。

（3）酸、盐等化工材料循环利用技术。利用 Mg、Ca 性质差异，采用轻烧白云石或石灰石消化得到氢氧化钙，将稀土萃取分离和沉淀过程产生的氯化镁废水转化为氢氧化镁，用于碳化制备碳酸氢镁溶液，实现镁盐的循环再利用；采用氯化钙废水回收制备盐酸和石膏技术，无须对含盐废水进行高能耗的蒸发浓缩或高成本的膜分离，可实现低盐排放，使运行成本大幅度降低。

（4）新型稀土沉淀结晶技术。将纯化的碳酸氢镁溶液用于稀土沉淀结晶，用碱土金属沉淀剂和稀土沉淀结晶工艺代替碳铵沉淀工艺，并通过物理性能溶解及差异控制技术对非稀土杂质的沉淀结晶行为进行控制，彻底革除氨氮废水污染，消除 Fe、Al、Si 等杂质干扰，获得不同类别的高品质、低成本稀土氧化物。

## 二、应用情况

低碳低盐无氨氮分离提纯稀土化合物新技术主要应用于稀土湿法冶炼分离与稀土氧化物生产，目前已在江苏、广西等地进行推广应用。

## 三、节能减碳效果

低碳低盐无氨氮分离提纯稀土化合物新技术与传统的氢氧化钠皂化萃取分离法相比，产生的 $CO_2$ 气体可以循环用于镁盐碳化，从而减少 $CO_2$ 的排放。其中在稀土分离提取过程中，镁和 $CO_2$ 气体回收利用率达 90%以上，水资源循环利用率 85%以上，同时使材料成本降低 35%以上，并减少水污染。

江苏某公司采用低碳低盐无氨氮分离提纯稀土化合物新技术改建 3000t REO/a 稀土氧化物生产线，与工厂现有工序相配套，新建钙镁矿物预处理、碳化、皂化萃取、化工材料循环回收等工序，并改造沉淀、焙烧、锅炉等区域，以回收 $CO_2$ 温室气体。改造后项目实现年减碳量约 9900t$CO_2$，由生产成本降低产生的年经济效益达 600 万元。

## 四、技术支撑单位

北京有色金属研究总院。

# 第6章 节电技术

## 6-1 配电网全网无功优化及协调控制技术

### 一、技术介绍

配电网全网无功优化及协调控制技术通过用户用电信息采集系统、10kV配变无功补偿设备运行监控主站系统（基于GPRS无线通信通道）、10kV线路调压器运行监控主站系统（基于GPRS无线通信通道）、10kV线路无功补偿设备运行监控主站系统（基于GPRS无线通信通道）、县调度自动化系统（SCADA）系统采集县网各节点遥测信量等实时数据，进行无功优化计算，并根据计算结果形成对有载调压变压器分接开关的调节、无功补偿设备投切等控制指令，各台配变分级头控制器、线路无功补偿设备控制器、线路调压器控制器、主变电压无功综合控制器接收主站发来的“遥控”指令，实现相应的动作，从而实现对配网内各公配变、无功补偿设备、主变的集中管理、分级监视和分布式控制，实现配电网电压无功的优化运行和闭环控制，最大程度改善关键节点电压、关口无功功率因数。其关键技术包括：

（1）以电压调整为主，同时实现节能降损。降损的前提是电网安全稳定运行及满足用户对电能质量的需求，在具体实施过程中，一个周期的控制命令可能既包含分接头调整，又包括补偿装置动作，如果分接头及补偿装置同属一个设备，则先调整分接头，下一周期再动作补偿装置。

（2）电压自下而上判断，自上而下调整。该要求需要两种措施来保证：一是通过短期、超短期负荷预测，合理分配开关在各时段的动作次数；二是如果低电压现象在一个区域内比较普遍，则优先调整该区域上级调压设备。

（3）无功自上而下判断，自下而上调整。无功自上而下判断，若上级电网有无功补偿需求，应首先向下级电网申请补偿，在下级电网无法满足补偿要求的情况下，再形成本地补偿的控制命令。控制命令的执行应自下而上逐级进行，从而既能满足本地无功需求，又能减少无功在电网中的流动，最大限度降低网损。

### 二、应用情况

配电网全网无功优化及协调控制技术主要适用于110kV及以下电网无功协调控制，目前已经在江西、辽宁、陕西、新疆等地得到推广应用。

### 三、节能减碳效果

以安徽某县供电公司变电站为例，改造前安装的电压无功调控设备的调控仅依据安装点的测量值进行“各自为政”式的独立控制，电网各级调压与补偿设备的全网协调性不够，往往出现上级电网电压处于合格区间范围、下级电网调节手段已用尽而用户电压仍超限的情况。该公司年供电量约2亿千瓦时，采用该技术改造后，线损率降低1.2个百分点，每年节约电量25万千瓦时，实现年减碳量176t$CO_2$，年经济效益12万余元。

### 四、技术支撑单位

北京电研华源电力技术有限公司。

## 6-2 可控自动调容调压配电变压器技术

### 一、技术介绍

可控自动调容调压配电变压器技术通过参数监测，主动发出相关指令，控制组合式调压调容开关改变变压器线圈各抽头的接法和负荷开关状态，实现10kV配电变压器的自动调容调压和远程停送电功能，具有集成保护、36级精细无功补偿、有功三相不平衡调节和防盗计量等功能。自动调容调压组合式变压器的原理及内部结构示意详见图6.1和图6.2。

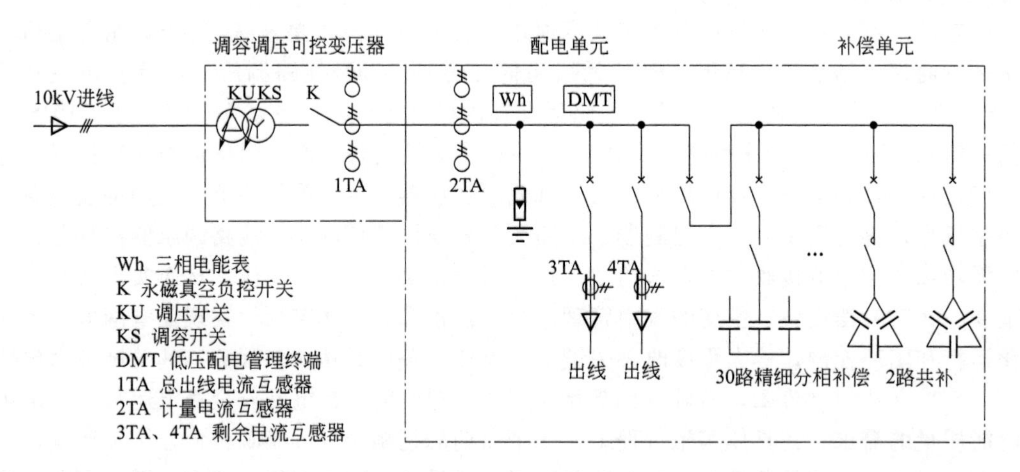


图6.1 自动调容调压组合式变压器一次原理图

### 二、应用情况

可控自动调容调压配电变压器目前已在河南、黑龙江等地推广应用，运行性能稳定，取得良好的经济效益和社会效益。

### 三、节能减碳效果

可控自动调容调压配电变压器与S11型变压器相比，运行总损耗降低48%；与S9型变压器相比，运行总损耗降低53%。

河南某供电公司配网智能化系统工程采用可控自动调容调压配电变压器，对昼夜负荷变化较大的10kV变电台区，35条10kV配网线路实施改造，新建及改造智能化配电台区215台，改造后实现年节能量1800tce，年减碳量4680t$CO_2$，年节能经济效益270万元。

### 四、技术支撑单位

北京博瑞莱智能科技有限公司。

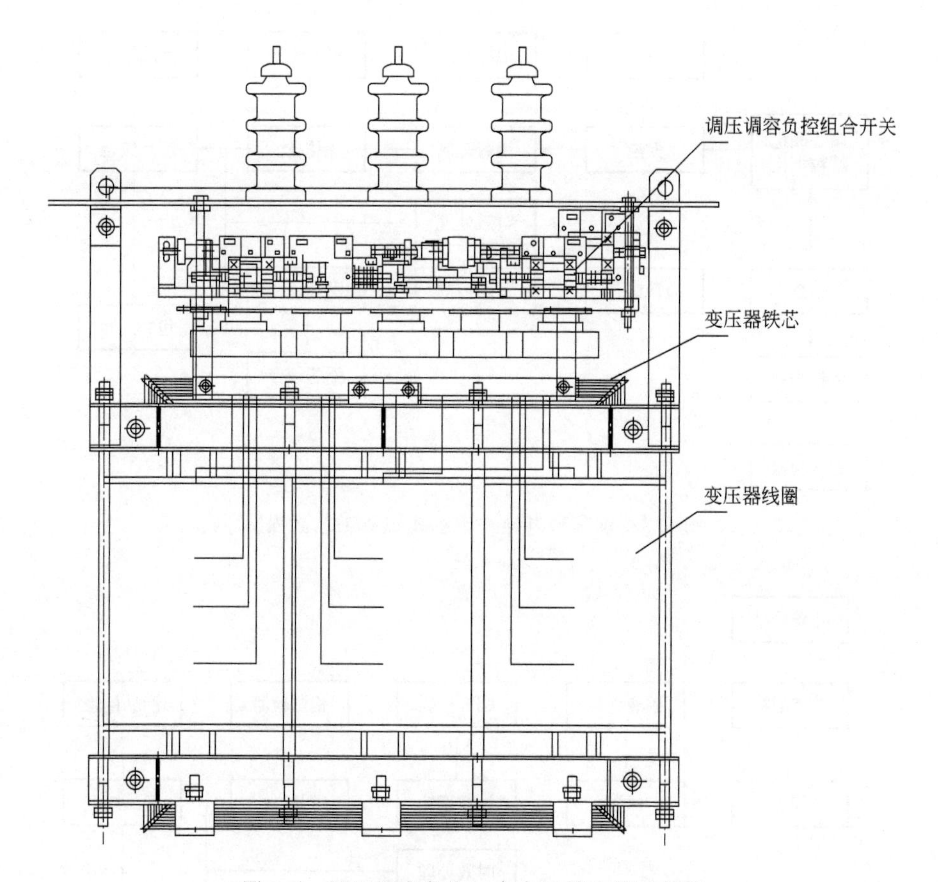


图 6.2　调压调容负控组合变压器内部示意图

## 6-3　新型节能导线应用技术

### 一、技术介绍

节能导线是指在等外径（等总截面）条件下，直流电阻比普通钢芯铝绞线更小的导线。目前，适合进行大规模推广应用的节能导线主要包括钢芯高电导率铝绞线、铝合金芯高电导率铝绞线和中强度铝合金绞线。其中，钢芯高电导率铝绞线以多根镀锌钢线为芯，外部同心螺旋绞多层高电导率硬铝圆线，与普通钢芯铝绞线相比，钢芯不变，有效降低了绞线整体的直流电阻；铝合金芯高电导率铝绞线是以多根同心绞铝合金线为芯，外层同心绞合一层或多层高电导率铝线构成，与普通钢芯铝绞线相比，具有损耗小、耐腐蚀、年费用低等优点；中强度铝合金绞线全部采用 58.5% IACS 中强度铝合金线，与普通钢芯铝绞线相比，导线整体直流电阻降低，降低了输电线路的损耗。该节能导线关键技术包括：

（1）钢芯高电导率铝绞线。考虑导线材料中各元素对电导率的影响，控制各元素的比例，运用 TiC 等专用细化剂对晶粒进行细化及强化，合理设计模具和压缩率，减少拉拔工艺增加的残余应力，同时采用型线的拉拔及绞制工艺的控制，确保生产过程中型线不翻转、不翘边。

（2）铝合金芯高电导率铝绞线和中强度铝合金绞线。通过铝基体的合金化的配方组合，及加工工艺和热处理的控制，使其电导率、强度、延伸率得到明显提高。

三种节能型导线生产工艺流程分别如图 6.3～图 6.5 所示。

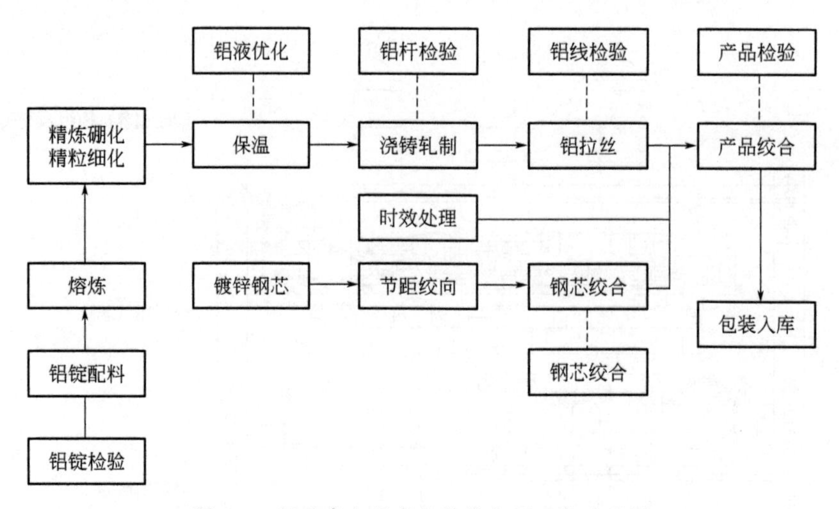


图 6.3　钢芯高电导率铝绞线主要工艺流程图

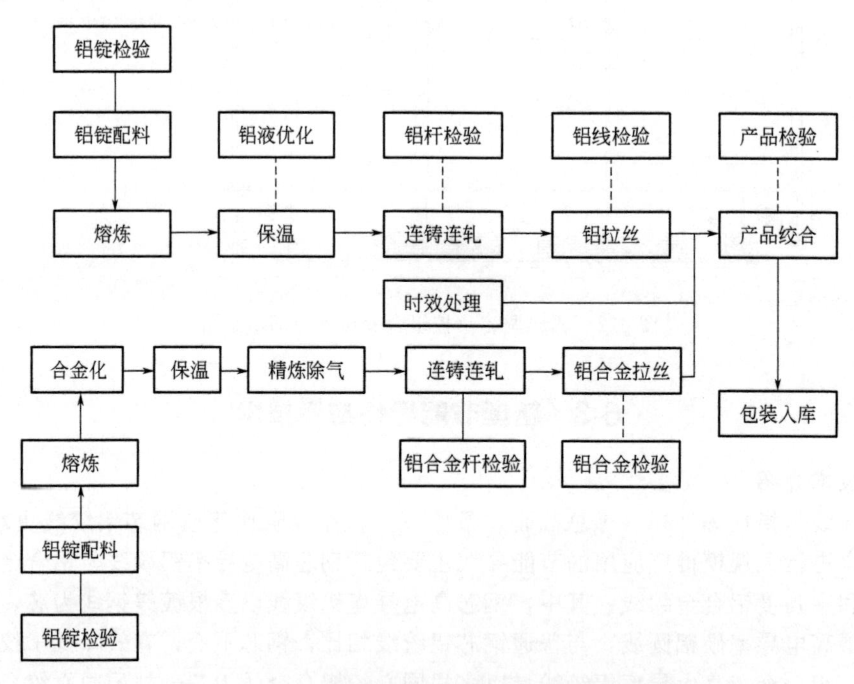


图 6.4　铝合金芯高电导率铝绞线主要工艺流程图

## 二、应用情况

新型节能导线主要适用于电力行业 110kV 及以上架空输电线路，经国家电网公司开展试点推广应用，目前已有 30 余项工程投运。

## 三、节能减碳效果

在等外径条件下，与普通钢芯铝绞线相比，三种节能导线的弧垂特性、电磁环境、表面电场强度、可听噪声和无线电干扰水平基本相同，但在电能损耗方面降低幅度较大。其中，钢芯高电导率铝绞线与普通钢芯铝绞线相比，电能损耗降低约 3%；铝合金芯高电导率铝绞线与普通钢芯铝绞线相比，电阻降低约 5%；中强度铝合金绞线与普通钢芯铝绞线相比，导

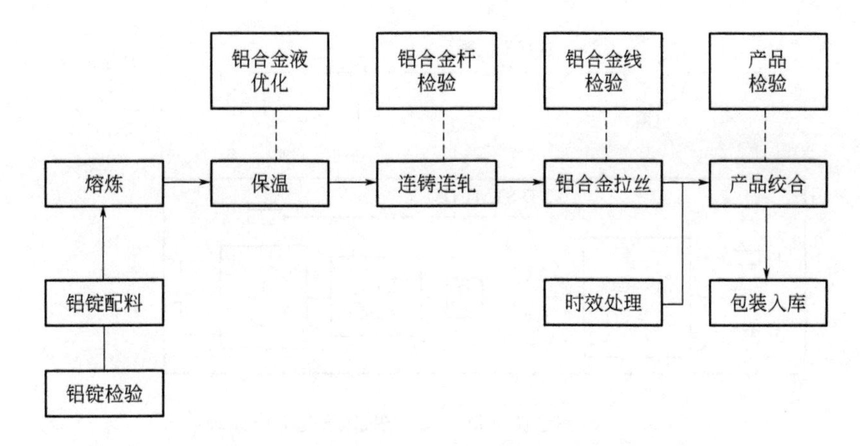


图 6.5　中强度铝合金绞线主要工艺流程图

线截面小于等于 400/50 时，电能损耗降低约 7%，导线截面大于 400/50 时，电能损耗降低约 5%。

安徽某供电公司采用新型节能导线，线路全长约 65.358km，导线截面为 $4\times630mm^2$，全线杆塔采用通用设计 5E1（直线塔）和 5E3（耐张塔）模块，其中耐张塔比例为 27.9%；系统额定电压 500kV，最高运行电压 550kV，功率因数 0.95，最大负荷利用小时数 5500h；系统单回正常输送功率 2000MW，极限输送功率 3325MW。线路选用节能导线型号为 JL3/G1A-630/45 高电导率钢芯铝绞线，采用节能导线后，线路的电能损耗降低约 2.2%，实现年节约电能 221.48 万千瓦・时，年减碳量 1558.11t$CO_2$，年产生直接经济效益 100.78 万元。

### 四、技术支撑单位

中国电力科学研究院。

## 6-4　动态谐波抑制及无功补偿综合节能技术

### 一、技术介绍

动态谐波抑制及无功补偿综合节能技术的基本原理为：检测采用 FBD 法，控制算法为无差拍电流控制，针对负载需要进行单补无功功率、抑制全部谐波、补偿无功和抑制谐波、抑制某些次谐波、补偿三相不平衡；实时检测电网无功和谐波电流，并输出反向电流以抵消无功和谐波电流；使用高速 32 位 DSP 作为主控制元件，以新型大功率电力电子开关器件 IGBT 作为 VSI 逆变主电路，采用改进型 FBD 电流检测法、无差拍控制法等先进算法，以及安全、可靠的 IGBT 驱动与保护模块，实现高速、连续的补偿负载所需的无功、谐波、三相不平衡电流，优化输入电网电能的质量。其工作原理如图 6.6 所示。

### 二、应用情况

动态谐波抑制及无功补偿综合节能技术应用广泛，可应用于煤炭、电力、钢铁、有色金属、石油石化、化工、建材、机械、纺织等行业，能够在很大程度上解决配电网的无功、谐波、三相不平衡等问题，更好地避免无功功率造成的配网线损，提高用电效率，节约电能，目前已在湖南、广西、吉林等地企业推广应用。

### 三、节能减碳效果

动态谐波抑制及无功补偿综合节能技术可使在额定范围内功率因数（补偿后）达 0.96

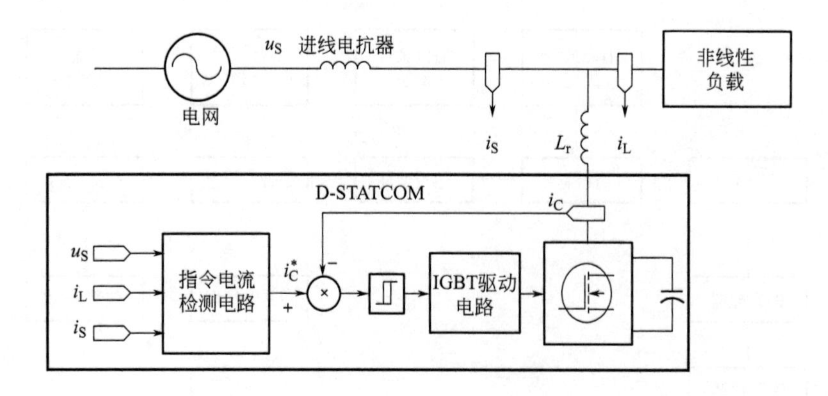


图 6.6　动态谐波抑制及无功补偿系统工作原理图

以上，在额定范围内总谐波畸变率可控制在 6%以下。

以 630kVA 变压器为例，安装 1 台动态谐波抑制及无功补偿设备以提高功率因数，改造后实现年节能 68tce，年减碳量 177t$CO_2$，年节能经济效益 20 万元。

### 四、技术支撑单位

北京赤那思电气技术有限公司。

## 6-5　变频优化控制系统节能技术

### 一、技术介绍

变频优化控制系统节能技术是在变频器节能的基础上，针对拖动系统风机、泵类，空压机类负载进行优化调速，通过对原系统进行精细的优化控制，确保在满足系统需求的前提下大幅度提升系统效率，尽可能降低电耗。相同工况下，比使用单一变频器节能效果更加显著。该技术主要原理为：变频器、电机、风机在任一时刻的运行曲线都不是完全吻合的，该技术根据计算机模糊控制理论，自动检测并计算系统负荷量的大小，根据负载变化情况对三者运行曲线进行优化，实时调整变频器、电机、负载的运行曲线，保证设备始终在一个最佳效率区间内运行，将整体效率达到最高。其最佳效率区间如图 6.7 阴影部分所示。

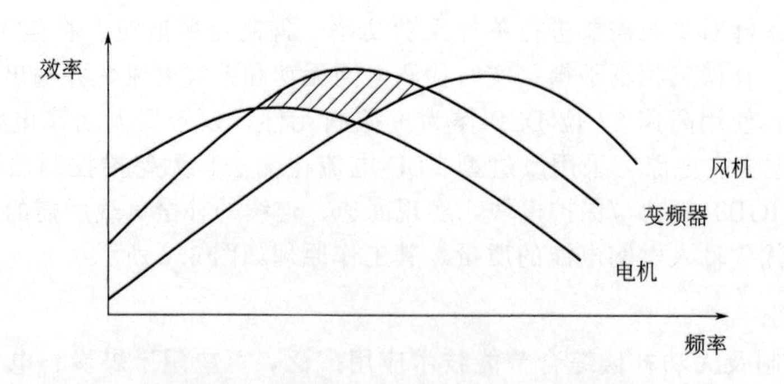


图 6.7　变频优化控制系统运行曲线图

### 二、应用情况

变频优化控制系统节能技术目前已经广泛应用于钢铁、石化、电力、水泥等行业，节电效果显著。

### 三、节能减碳效果

变频优化控制系统节能技术可在变频器基础上提升节电率达10%以上。

某公司5台总功率1900kW的锅炉风机采用变频优化控制系统节能技术，通过安装变频优化控制装置、传感器、变送器和控制系统等实施改造，改造后实现年综合节能量700tce，年减碳量1820t$CO_2$，年效益200万元。

### 四、技术支撑单位

北京乐普四方方圆科技股份有限公司。

## 6-6　空压机智能节电控制技术

### 一、技术介绍

空压机智能节电控制技术主要是为空压机添加一套附属的节能设备——空压机节电王。其工作原理（图6.8）为：通过测量运行参数，对离心压缩机的运行进行实时分析，将参数规范化成为系统标准的格式；同时根据管网气压和流量等参数，运行最大效率估计系统，对当前离心压缩机的最大效率进行估计，能够应用于阀门开度最大、压缩产热最少的运行状态下。并通过前馈控制，对部分参数进行提前观测，与最大效率计算一起形成合理的控制指令，其中前馈控制的目的在于避免压缩气体的响应滞后性带来的系统频繁波动。最终，结合专门研发的一种防止喘振的特殊算法形成转速指令，并由此指挥转速控制系统，实现合理的转速调节，保证离心压缩机的持续高效运行。

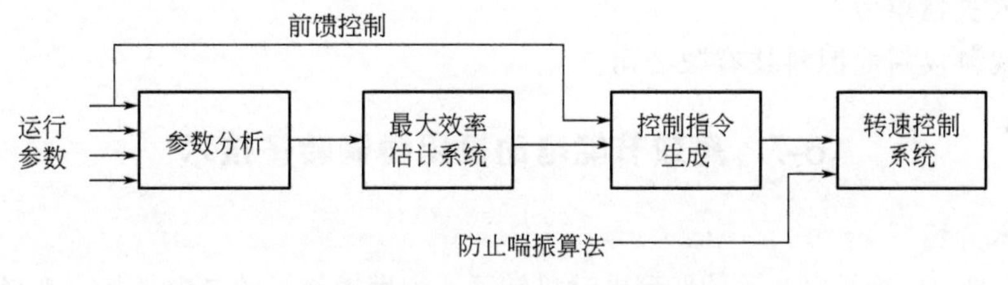


图6.8　空压机节电王工作流程

空压机节电王采用“人工智能”与“大数据”融合的专家控制系统，含有测量部件、计算部件、驱动部件、切换部件、显示部件等各个部分，并攻克空压机“喘振”难题，通过对空压机的运行参数进行测量，选择内置的10种算法进行分析，对空压机的运行加以控制，保持空压机在最稳定的转速工作。通过内置的控制系统，主要解决以下常见问题，并获得节电效果，见表6.1。

**表6.1　空压机节电王功能及节电效果**

| 用户设备存在的问题 | 危害性 | 解决方案 | 预期节电 |
| --- | --- | --- | --- |
| 频繁加卸载 | 出现空载损耗且气压不稳 | 人工智能稳定控制，避免卸载 | 5%～25% |
| 管路上的压力损失 | 气压虚高，压缩阻力大 | 供气速率平缓化控制算法 | 3%～6% |
| 压缩比配置偏高 | 压缩和排气损失加大 | 平缓控制算法降低损失压缩比 | 2%～8% |
| 变频技术引起转速波动 | 损伤螺杆，并出现呕油现象 | 转速很稳，不会频繁变动 | 3%～5% |
| 频繁启停 | 功耗大且损伤螺杆 | 智能休眠及软启动控制 | 1%～2% |
| 综合节电率 | | | 15%～45% |

### 二、应用情况

空压机节电王可应用于石化炼化、制药、食品、乙烯、化肥、煤化工、冶金、钢铁、汽车制造、新能源、纺织、市政污水等行业企业的螺杆空压机、离心空压机系统，目前已经在多家大中型石化炼化、制药、食品等高耗能行业企业得到应用，并取得显著的节电成效。

以山东某制药企业为例，该企业采用空压机节电王对离心空压机进行改造之后，空压机运转正常，气压和供气量没有降低，空压机的能耗显著下降，并杜绝了“喘振”现象，提高了空压机的产能。此外，该系统能够随时根据压力和流量的变化，实时稳定压力和流量，控制精准，满足生产供气量的工艺需求，大大降低员工劳动强度，使得空压站实现信息化、自动化、智能化管理。

### 三、节能减碳效果

根据企业应用案例，采用空压机节电王对空压机实施改造，节电效果可达15%～45%。

山东某制药企业动力厂有4台空压机，其中3台为2400kW（10kV），1台为1600kW（10kV），空压机额定产气量650m³/min。该厂在原有2400kW空压机上加装空压机节电王，实现离心空压机的稳定调节。同时，空压机的排量显著上升，最大排量由原来的46000m³/h上升至51000m³/h，机组功率从2400kW降至1860kW（环境温度20℃时），机组的排气温度也显著下降。改造后空压机电耗由原来的0.05296kW·h/m³下降到0.04210kW·h/m³，单台空压机全年耗电由改造前的1905.46万千瓦·时左右降至1512.00万千瓦·时左右，实现年节电约393.46万千瓦·时，节能率达20.65%，节电实现年减碳量3479.4t$CO_2$，年经济效益267.6万元。

### 四、技术支撑单位

北京时代科仪新能源科技有限公司。

## 6-7 高效节能电动机用铸铜转子技术

### 一、技术介绍

铸铜转子是以铜为导电基质的新型电动机转子，利用铜优异的导电性能，来降低转子损耗，提高电动机效率。与传统铝转子电动机相比，铸铜转子电动机有以下优点：

（1）损耗低，效率高。铜的导电性要比铝的高40%左右，铸铜转子可以使电动机的总损耗显著下降，从而提高电动机的整体效率。

（2）温升低，可靠性高。在电动机损耗降低的同时，由于转化为热能的能量减少，从而使得转子以及定子线圈温度降低，工作温度的降低大大延长电动机的寿命和降低维修费用。

（3）震动小，噪声低。较低的温度意味着可以使用较小的风扇甚至不使用风扇，从而能够减少附加零件的摩擦损失以及空气阻力损失，减小震动及噪声，进一步提高电动机的效率。

（4）设计灵活。铸铜转子可以为电动机的设计以及制造提供更大、更灵活的设计空间，既可以追求高效率，在效率同等的情况下，也可以追求低成本、体积小、重量轻等，或者在几者之间进行平衡。

### 二、应用情况

铸铜转子主要适用于30kW以下的高效、超高效、超超高效中小型电动机，可广泛运用于工业、家电、航空、航海、军事等领域，目前已经开发应用的100多个规格的铸铜转子达到上万台，有效地提高了电机能效，实现显著的节电效益。

### 三、节能减碳效果

铸铜转子电机与铸铝传统电机相比，可实现效率提升 2%～5%以上，损耗降低 15%以上，重量减轻 15%以上，同时材料成本、温升、电机全寿命周期成本均有不同程度的降低。

山东某公司采用 30kW-6（IE4）铜转子电动机替代原有的普通电动机驱动一台鼓风机，该电动机相比普通 Y 系列 6 极 30kW 电动机提高效率 3%，投用后每天实现节电 8.38kW·h，每年节电 2514kW·h，实现年减碳量 2.22t$CO_2$，每年节约电费 2110 元。

### 四、技术支撑单位

云南铜业压铸科技有限公司。

## 6-8　永磁涡流柔性传动节能技术

### 一、技术介绍

永磁涡流柔性传动节能技术基于楞次定律，应用永磁材料所产生的磁力作用，完成力或力矩无接触传递，实现能量的空中传递，使传动更安全简便、高效环保。永磁涡流柔性传动节能装置主要由连接在负载侧的高强度永磁体转子和连接在驱动侧的导体转子两部分组成，导体转子和永磁转子是非接触的，可以自由地独立旋转，当导体转子旋转时，导体转子与磁转子产生相对运动，经过相对运动切割磁力线在导体转子中产生涡流及感生电动势，与永磁体转子相互作用，从而带动磁转子沿着导体转子相同的方向旋转，在负载侧输出轴上产生转矩，从而带动负载做旋转运动。通过调节永磁转子和导体转子之间的气隙就可以控制输出转矩，从而获得可调整、可控制、可重复的负载转速，进而实现电机功率可控，达到节能的目的。此外，还能降低设备的故障率和备件更换率，减少因非正常情况下造成的停机损失。永磁涡流柔性传动节能装置工作流程见图 6.9。

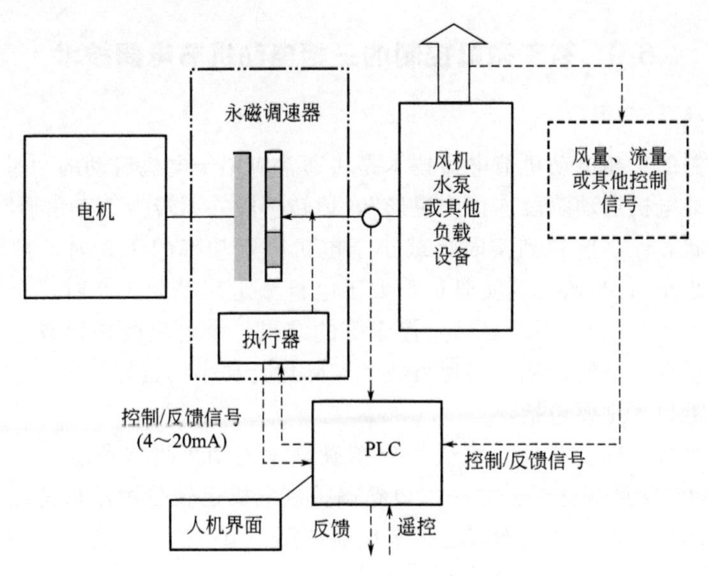


图 6.9　永磁涡流柔性传动节能装置工作流程图

### 二、应用情况

永磁涡流柔性传动节能技术可广泛应用于钢铁、发电、冶金、石化、水处理、采矿、水泥、造纸、暖通空调、海运等行业的泵、风机、离心机、输送带及其他电机驱动装置，目前已在国内多家企业推广应用，节电效果显著。

### 三、节能减碳效果

永磁涡流柔性传动装置匹配电机功率范围为4～3000kW，速度最高可达3600r/min，调速范围30%～99%，传递效率96%～99%，节能效率可达20%以上。

江苏某电厂采用永磁涡流柔性传动节能技术对其2# 锅炉的引风机进行改造，引风机型号为AYX75-1NO19.5D的离心风机，额定流量为158073$m^3$/h，电机功率为355kW，电压为6000V、980r/min定速运行，改造前通过调节风门挡板开度实现改变引风量的大小。改造后效果显著：与改造前相比，引风机年耗电量绝对值下降28.51%，引风机吨汽耗电率下降34.2%，引风机平均运行电流下降13.64%，引风机电机启动时间下降87.5%，引风机轴承座振动下降77%，引风机噪声下降6.38%。改造后实现年节电205736kW·h，实现减碳量144.7t$CO_2$。其改造前后的对比结果见表6.2。

表6.2 某电厂2# 炉引风机永磁调速节能改造前后对比

| 项目 | 2#炉年产汽量/t | 引风机年耗电量/kW·h | 引风机吨汽耗电/kW·h | 引风机平均运行电流/A | 引风机电机启动时间/s | 引风机轴承座振动/μm | 引风机噪声/dB |
|---|---|---|---|---|---|---|---|
| 改造前 | 108448 | 553455 | 5.1034 | 22 | 16 | 200 | 94 |
| 改造后 | 117826 | 395685 | 3.3582 | 19 | 2 | 45 | 88 |
| 对比/% | ↑7.96 | ↓28.51 | ↓34.2 | ↓13.64 | ↓87.5 | ↓77 | ↓6.38 |

### 四、技术支撑单位

迈格钠磁动力股份有限公司。

## 6-9 基于微机控制的三相电动机节电器技术

### 一、技术介绍

基于微机控制的三相电动机节电器技术是将通常应用于电机启动的“星三”转换应用于电机运转阶段，即电机启动阶段连接“星形”，运转阶段并不转为“三角形”，而是转入实时监控、自动调整状态。当监控到实时负载小于电机额定功率的1/3时，自动适配为星形接法，即“小马拉小车”；当监控到实时负载大于电机额定功率的1/2时，自动转入三角形接法，即“大马拉大车”。如此不断自动监控跟踪的结果，令电机的星形或三角形接法总是随着设备的负载轻重自动适配，从而实现负载和实际运行功率的良好匹配，减少电机运行过程中的能耗。其关键技术主要包括：

(1) *瞬态有功功率测量模块*。该模块可精确测量电动机瞬态负载功率，测量周期快达15ms（毫秒），测量精度高达千分之一，以精确控制电机运转阶段星形连接与三角形连接的自动切换和稳定运行。该关键技术实现了节电器的第一节电途径，即电动机瞬态有功负载自动测控星三转换节电。

(2) *电机启动识别模块*。该模块自动检测电机启动完成时间点，启动完成后迅速进入“节电运行监控状态”，以对随时发生的负载变化做出快速反应，实现了普通机床只在有效切削时段电动机运转，非切削的辅助时段电动机停转，从而节省部分电能。该关键技术实现了电动机柔性启动功能及节电器的第二节电途径，即设备辅助时段电动机停转节电。

(3) 刹车电流、时间和转速三重自动反馈模块。该模块具有三重功能，一是稳定刹车力量；二是通过该模块自动识别刹车结束时间同步停止刹车功能；三是实时监控主轴转速，向软件模块提供自动控制的转速数据。

基于微机控制的三相电动机通用节电器的基本结构及控制系统工作原理见图 6.10 和图 6.11。

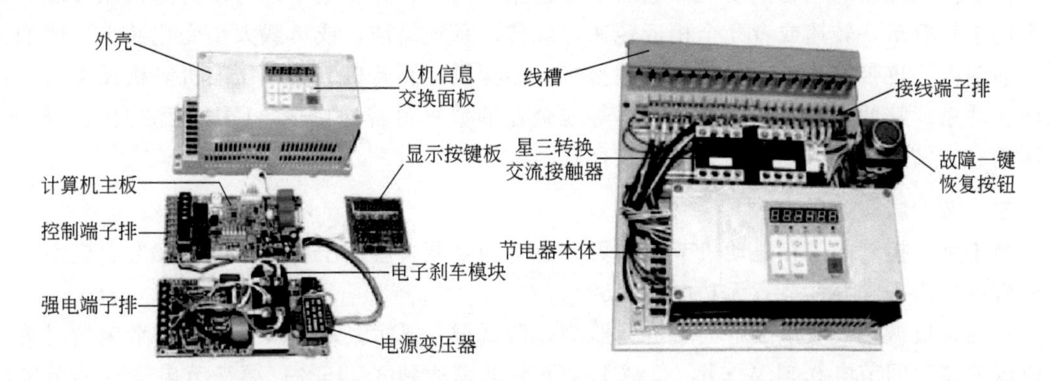


图 6.10 基于微机控制的三相电动机通用节电器基本结构图

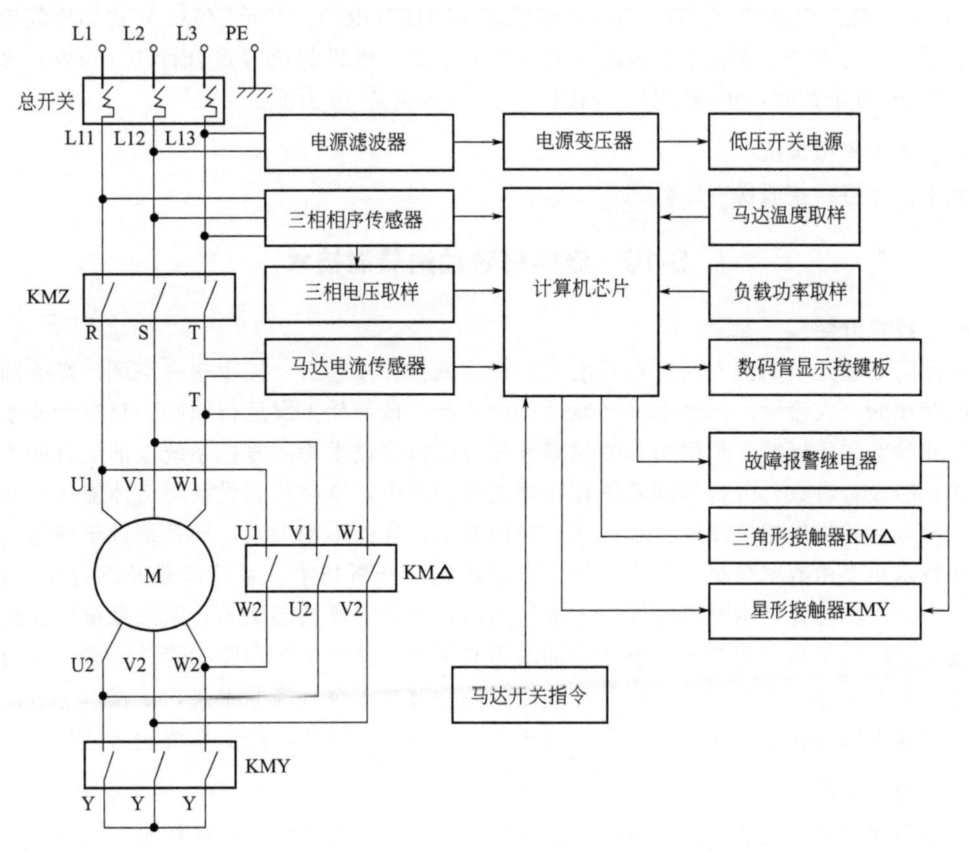


图 6.11 基于微机控制的三相电动机控制系统工作原理图

由于机床在设计电机容量时通常是以最大可能性负载为依据，在实际生产中机床多数时段处于轻载状态，少数工况处于重载状态，因此机床电机运行中原设计的稳定三角形接法多数时段便形成“大马拉小车”，造成能源浪费。该技术使机床电机多数轻载时段自动连接星形，少数重载时段自动连接三角形，由于星形状态下电动机电流仅有三角形状态的 1/3，因而产生的无效热损耗也仅有三角形状态下的 1/3，从而节省了近 2/3 的无效热损耗用电，减少机床按照最大可能性能耗设计电动机功率所造成的能源浪费。

### 二、应用情况

基于微机控制的三相电动机节电器主要适用于以三相异步电动机为动力的机床领域，也可应用于只有单一转速或者几个相近转速，或传动系统简洁，或负载大小变化甚少，诸如电梯、抽油机、皮带输送机、粉碎机、注塑机、钻探机、制砖机、空气压缩机等机械设备，目前已在北京、陕西、甘肃、浙江、江苏等地企业的数百台普通机床、CJK 经济型数控机床、铣床和立式钻床上推广应用，节电效果良好。

### 三、节能减碳效果

基于微机控制的三相电动机节电器可节省有功电能，应用于普通车床＞40%，应用于经济型数控机床＞20%；节省无功电能＞60%。

陕西某机械厂安装该节电器后进行监测，测试报告显示，第一节电途径的节电情况为一台机床单位时间节电 0.5kW·h，负载工况下节电率达到 31.45%；第二节电途径的节电情况为一台机床单位时间节电 0.98kW·h，空载工况下节电率达到 66.22%；其综合节电率达到 41.67%。该厂对其 32 台 X6132A 铣床配套多功能节电器、15 台 Z535 立式钻床配套单功能节电器、101 台 C6140 普通车床配套多功能节电器，电机装机容量合计 1016kW。改造后每年节电 26 万千瓦时，年减碳量 173t$CO_2$，年节约电费 26 万元。

### 四、技术支撑单位

北京优尔特科技股份有限公司。

## 6-10 流体高效输送节能技术

### 一、技术介绍

流体高效输送节能技术是针对目前工矿企业流体介质输送、楼宇中央空调冷媒冷却水输送普遍存在的“大流量、低效率、高能耗”的状况，按最佳工况运行原则，建立专业水力数学模型和参数采集标准，利用精密的仪器和先进的检测技术检测复核系统当前运行的工况参数和相关的设备参数，分析判断系统存在高能耗的原因，准确找到设备与流体输送相匹配的最佳工况点，并提出相应技改方案，通过整改系统存在的不利因素，使系统处于最佳工况运行。该技术主要由数据采集（检测）技术、系统诊断分析技术、系统配置及运行优化技术、系统水力学性能优化技术及自动控制技术所组成，其方案概括起来为：整改系统回路阻力不平衡或局部阻力偏高引起的无效能耗增加的不利因素；整改系统回路中管件渗漏、水流旁通引起无效能耗增加的不利因素；用量身定做的高效节能水泵替换原水泵，从根本上解决过流量运行引起无效能耗增加的技术难题；纠正不合理的运行模式，降低系统运行能耗。

### 二、应用情况

流体高效输送节能技术适用范围广泛，可应用于工业领域的冷却循环水系统和各种工艺流程水系统、市政供排水系统、供热取暖系统和中央空调冷却水系统等各类型水系统，目前已广泛应用于钢铁、化工、电力、自来水、矿山、造纸、水泥、化肥、制药等行业企业。

### 三、节能减碳效果

流体高效输送节能技术节电效果依据企业具体情况而定，根据企业实际应用情况，通常能够达到10%～30%。

浙江某钢厂循环水系统采用流体高效输送节能技术进行改造，改造项目包括：LF钢包供水泵组2台、高炉鼓风机净环供水泵组6台、1#高炉软水主供水泵组3台、1#高炉TRT供水泵组3台、2#高炉软水主供水泵组3台、高炉煤气洗涤提升泵组2台、高炉煤气洗涤供水泵组4台、2#高炉TRT供水泵组3台、连铸二冷水供水泵组5台、OG浊环供水泵组4台，共计10个系统35台水泵节能改造。改造后，每小时节电1226.52kW·h，每年节电981.2万千瓦·时，实现年减碳量6902.7t$CO_2$，每年节约电费549.48万元。改造后节电效果详见表6.3。

表6.3　某钢厂水循环系统改造前后效果对比

| 序号 | 系统名称 | 技改前小时电耗/kW·h | 技改后小时电耗/kW·h | 节电率/% |
|---|---|---|---|---|
| 1 | LF钢包供水泵组 | 92.19 | 65.8 | 28.63 |
| 2 | 高炉鼓风机净环供水泵组 | 1799.02 | 1368.33 | 23.94 |
| 3 | 1#高炉软水主供水泵组 | 929.04 | 848.94 | 8.62 |
| 4 | 1#高炉TRT供水泵组 | 230.55 | 196.9 | 14.60 |
| 5 | 2#高炉软水主供水泵组 | 911.72 | 833.52 | 8.58 |
| 6 | 高炉煤气洗涤提升泵组 | 148.08 | 81.44 | 45.00 |
| 7 | 高炉煤气洗涤供水泵组 | 516.77 | 428.8 | 17.02 |
| 8 | 2#高炉TRT供水泵组 | 127.78 | 117.11 | 8.35 |
| 9 | 连铸二冷水供水泵组 | 994.44 | 848.83 | 14.64 |
| 10 | OG浊环供水泵组 | 1145.11 | 878.51 | 23.28 |
| 合计 | | 6894.7 | 5668.18 | 17.79 |

### 四、技术支撑单位

河北华通创新科技有限公司、长沙翔鹅节能技术有限公司。

## 6-11　工业冷却循环水系统节能优化技术

### 一、技术介绍

工业冷却循环水系统节能优化技术是基于流体力学、传热学的基本原理，对某特定工艺进行以下优化改造步骤，从根本上解决循环水系统的高能耗问题。

(1) 通过优化改造换热网络，消除因结垢或藻类滋生引起的热阻，做好管网的流量平衡并合理控制供回水温差，取得泵站最合理的扬送流量。

(2) 通过配水管网优化，消除不利因素，如阀门损失、局部管路阻力偏大、并联管路性能差异大而引起的水力失衡、真空度控制不合理引起扰流等，从而降低管网阻力，取得水泵最合理的工作扬程。

(3) 根据优化后的工作点参数（流量、扬程、效率、装置汽蚀余量），采用三元流技术设计出高效的水泵叶轮，以高效节能泵替换原有不匹配、低效率的水泵，确保泵站处于高效率运行状态。

(4) 充分考虑因热负荷及环境温度变化引起的变工况运行，根据系统运行特征对泵站进行优化设计和管理。

该技术基于系统运行优化的数学模型、系统构架和数据无线传输，解决了节能精细化和智能化管理难题，其系统构架如图 6.12 所示，具体实施主要包括以下环节：

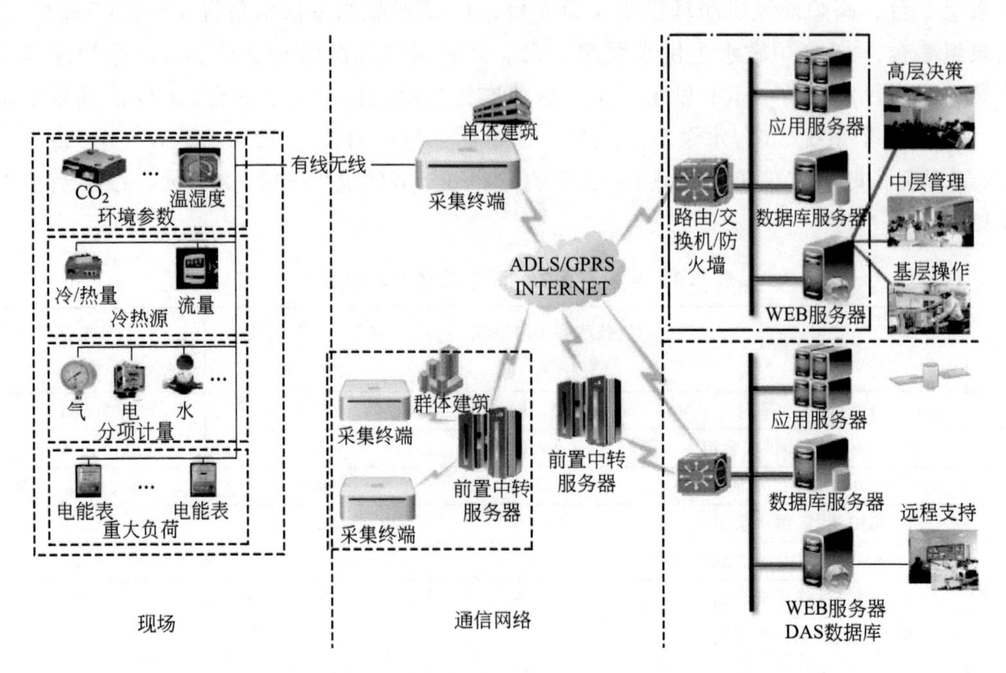


图 6.12　循环水系统节能优化技术系统架构图

（1）循环水系统及换热网络流程图绘制，各换热设备额定技术参数及热负荷值勘探、校对、记录。

（2）规定采集点的运行工况及环境参数采集。

（3）高能耗原因诊断分析。

（4）通过换热网络及配水管网优化设计，确定优化整改方案，确定合理循环水量及总管网最优阻力。

（5）原泵站性能评价与泵站优化设计，高效节能泵最优工作参数确定。

（6）定制生产高效节能泵。

（7）换热网络及配水管网的不利因素优化整改与调整。

（8）高效节能泵安装调试。

（9）对间隙式生产系统，根据变工况运行特征，制订相应调节控制策略，加装变频控制系统；对循环水量较大或较复杂的系统，制订相应的在线监测与管理策略，安装循环水系统在线监控与能源管理系统。

## 二、应用情况

工业冷却循环水系统节能优化技术可广泛应用于钢铁冶金、石油化工、热电、生化制药等领域循环水系统，目前已应用于 800 多套循环水优化系统，与原有循环水系统相比，节电率达到 20％～55％。

## 三、节能减碳效果

工业冷却循环水系统节能优化技术应用于工业冷却循环水系统节能改造，节电率为 12％～55％。

某公司合成氨联合生产装置采用循环水系统节能优化技术进行改造，改造对象为30万吨/年合成氨+3×25MW发电厂+60万吨/年纯碱联合装置的冷却循环水系统，配备2240kW水泵2台、1000kW水泵4台、900kW水泵1台，每年9个月运行1台2240kW+3台1000kW，3个月运行1台2240kW+2台1000kW。系统经优化调整后，更换7台高效泵，改造后实现平均节电率31%，每年可节约电量1366万千瓦·时，实现年减碳量12080t$CO_2$。其改造前后效果对比见表6.4。

**表6.4 某公司冷却循环水系统改造前后效果对比**

| 水泵编号 | 技改前耗电/kW·h | 技改后耗电/kW·h | 节电率/% |
|---|---|---|---|
| P404A1 | 2067.27 | 1348.51 | 34.7 |
| P404A2 | 2059 | 1314.90 | 36.1 |
| P404B1 | 921.89 | 602.26 | 34.6 |
| P404C1 | 920.79 | 645.56 | 29.8 |
| P404C2 | 847.77 | 614.63 | 27.5 |
| P404C3 | 891.44 | 639.89 | 28.2 |
| P404C4 | 905.72 | 661.22 | 34.7 |

## 四、技术支撑单位

浙江科维节能技术股份有限公司。

# 6-12 循环水系统智能控制节能技术

## 一、技术介绍

循环水系统智能控制节能技术是基于循环水智能控制系统，针对大型工业企业的循环冷却水，从循环水整体考虑，通过对循环水系统进行实时调节，使得泵的流量和扬程随着生产实际需要进行准确地调节，同时利用冷却塔风机的全部运行、线性风量变化，协调配合，根据气候条件对整体散热进行管理，时时刻刻精确调节流量与风量，使得风量和水流量以及气候之间形成最佳配比，从而实现整个冷却水系统的协调运行，达到最大能效比，最终实现节能增效。循环水智能控制系统运行流程见图6.13。该系统含有四大模块，从逻辑上分为：

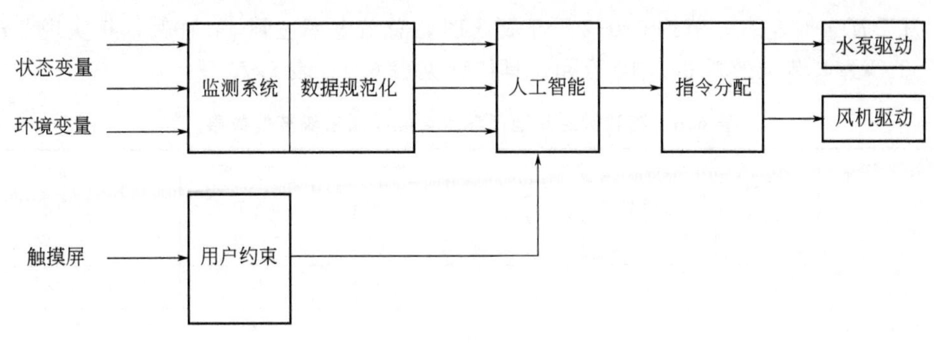


图6.13 循环水智能控制系统运行流程

(1) 温差、压差、流量综合控制系统。根据用户规定的运行区间，自动寻找最佳的节能工作点，对系统参数进行实时调节，实现水泵节能和风机节能。

(2) 水泵最大效率调度系统。通过计算水泵的效率曲线，并根据用户规定的范围，调度水泵的运行台数，进一步实现水泵节能。

(3) 风、水平衡系统。根据季节和气候选择最佳风、水配比，充分发挥冷却塔的性能，实现风机节能和整体效率最优。

(4) 冷却塔优化控制系统。实现冷却塔的最大散热面积、最佳通风，系统性能系数最大。

## 二、应用情况

循环水智能控制系统可用于石油石化、煤化工、冶金、钢铁、制药、水泥制造、纺织、食品加工、精密仪器制造、合成化工、新能源制造等领域，目前已经应用于桐昆集团、英利集团、蒙牛乳业、广源沥青、天津联合特钢等企业，节电效益显著。

以英利集团保定、衡水两个基地为例，通过循环水自动控制系统的运行，使得系统的温差、压差等参数随着制冷负荷、环境条件进行合理的调节，实时性很好，能够满足日常运行的需要，无须进行人工干预。通过系统的调节，水泵的输出流量获得合理的控制，管网阻力损失减少，水泵的效率也进一步提高；风机与水泵匹配运行，基于风机功率的三次方关系，风机节能非常显著。循环水智能控制系统，不仅解决了原有系统的问题，还提高了系统运行效率，实现了最佳节能效果。英利集团循环水系统改造效果见表 6.5。

**表 6.5 英利集团循环水系统改造效果**

| 相关情况 | 使用前 | 使用后 |
|---|---|---|
| 使用效果 | 夏季温度过高，需要用地下水降温；冬季温度过低，冷却塔结出冰球。且全年能耗高 | 温度长期处于合适区间。且全年能耗下降 |
| | 冬季水温不稳定，易出现冷却塔结冰现象 | 杜绝了结冰现象，并且能够使用自然制冷，减少了制冷机的运行 |

## 三、节能减碳效果

根据企业实际应用案例，采用循环水智能控制系统可实现节能率达 30%以上。

英利集团保定、衡水两个基地采用循环水智能控制系统，其中保定基地总节电功率为 769.8kW，年节电量为 646.6 万千瓦·时；衡水基地总节电功率为 313.8kW，年节电量为 263.6 万千瓦·时。两个基地改造之前全年总耗电 2063.9 万千瓦·时左右，改造后耗电 1153.7 万千瓦·时左右，节约 910.2 万千瓦·时，总节电率达到 44.10%，年实现节电减碳量 8048.9t$CO_2$，节电效益 637.14 万元。具体详见表 6.6、表 6.7。

**表 6.6 英利保定基地循环水智能控制系统节能效果**

| 机组 | 额定功率/kW | 总台数 | 运行台数 | 改造前单台功耗/kW | 改造后单台功耗/kW | 节能功率小计/kW |
|---|---|---|---|---|---|---|
| 冷却泵组Ⅰ | 160 | 9 | 6 | 140.0 | 73.5 | 399.0 |
| 冷却泵组Ⅱ | 315 | 2 | 1 | 300.0 | 182.0 | 118.0 |
| 冷却塔风机 | 37 | 7 | 4 | 33.5 | 13.5 | 80.0 |
| 冷冻泵组 | 280 | 3 | 2 | 265.0 | 178.6 | 172.8 |
| 合计 | | | | 1804.0 | — | 769.8 |
| 总节电率 | | | | 42.67% | | |

表 6.7 英利衡水基地循环水智能控制系统节能效果

| 机组 | 额定功率/kW | 总台数 | 运行台数 | 改造前单台功耗/kW | 改造后单台功耗/kW | 节能功率小计/kW |
|---|---|---|---|---|---|---|
| 冷却泵组Ⅰ | 250 | 2 | 1 | 245.0 | 116.5 | 128.5 |
| 冷却塔风机Ⅰ | 37 | 5 | 3 | 33.0 | 17.3 | 47.1 |
| 冷却泵组Ⅱ | 160 | 2 | 1 | 144.0 | 78.8 | 65.2 |
| 冷却塔风机Ⅱ | 37 | 6 | 5 | 33.0 | 18.4 | 73.0 |
| 合计 | | | | 653.0 | — | 313.8 |
| 总节电率 | | | | | 48.1% | |

### 四、技术支撑单位

北京时代科仪新能源科技有限公司。

## 6-13 基于低压高频电解的循环水系统防垢提效技术

### 一、技术介绍

基于低压高频电解的循环水系统防垢提效技术是利用低压高频、变频的电解，使循环水（大分子团水）电解成具有强溶解性和渗透性的小分子还原水，小分子还原水具有溶解水垢的能力，能起到化学药剂的作用。浸在水中的负极水垢收集器，使溶解后带正电的钙镁离子在收集器上结晶析出，达到去除循环水中钙镁离子的目的，使水体硬度大大降低，减少换热器表面发生结垢的机会，从而起到防垢、除垢的作用，提高换热效率，实现换热器的节能运行。该技术原理及工艺流程分别如图 6.14、图 6.15 所示。

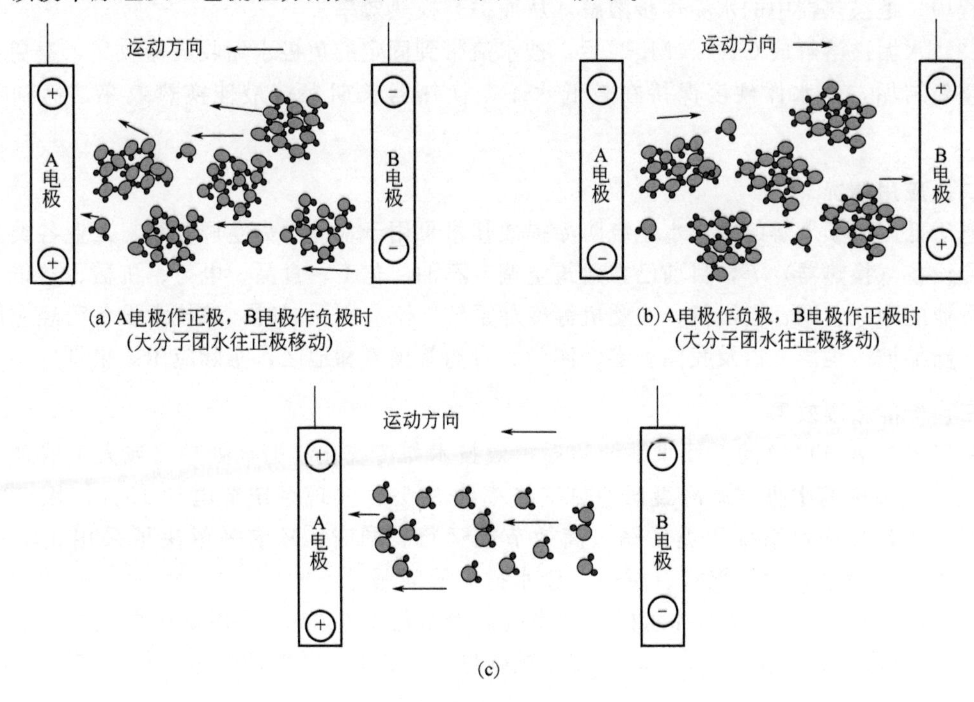


图 6.14 低压高频电解原理图

●为氧；•为氢；●为水分子

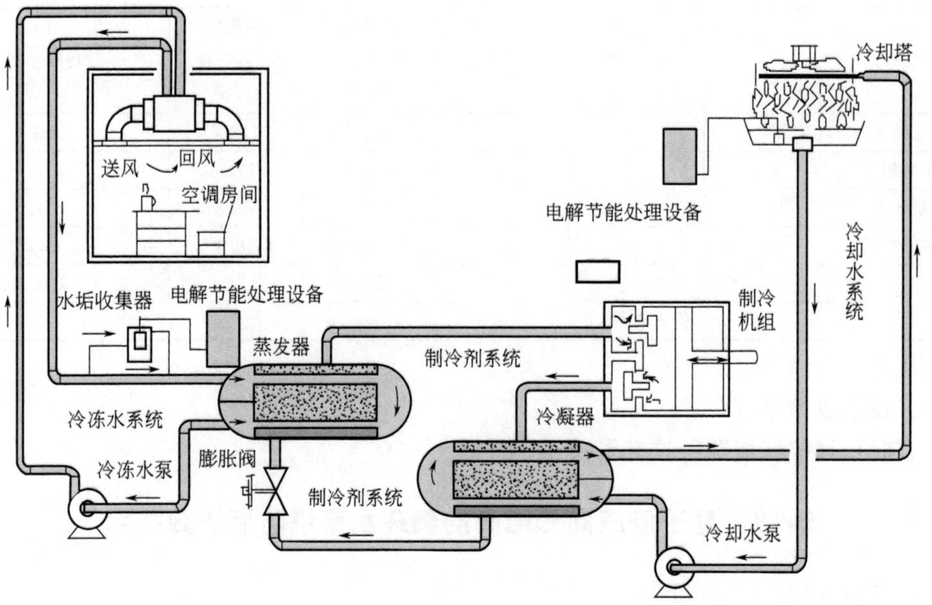

图 6.15 基于低压高频电解原理的循环水系统防垢提效技术流程图

(1) 大分子团水在电极高速(300kHz/s)正负转换的作用力下,不断发生碰撞以及振动,被细化成小分子水。

(2) 大分子团水变成小分子还原水后,水分子间的空隙变大,同时被细化的小分子水由于结构变小,具有更强的渗透性及溶解能力,起到化学药剂的作用,在系统循环水不断循环的过程中,把换热器中的水垢逐步溶解,从而提高换热效率。

(3) 水垢被溶解成 $Ca^{2+}$、$Mg^{2+}$ 后,被水流带到固定的负极水垢收集器收集,避免在换热器重新结垢,使水体硬度保持在较低水平,换热器长期保持最佳换热效率,达到节能效果。

## 二、应用情况

基于低压高频电解的循环水系统防垢提效技术可用于水冷中央空调机组、工业各类型循环水冷设备(换热器)等,目前已在建筑空调、石油、化工、食品、电力、机械、造纸、电子等行业的中央空调、空压机、注塑机等冷却系统广泛应用。同时,该技术设备已经应用于印尼、新加坡、美国、以及我国香港、澳门、台湾等国家和地区,实际应用效果良好。

## 三、节能减碳效果

基于低压高频电解的循环水系统防垢提效技术与传统化学药剂处理(或人工清理)方式相比,能够提高中央空调冷凝器的热交换率约 30%,实现系统节电约 15%,用于冷却系统时,可确保换热系统无垢无锈,高效节能运行。同时,还有效解决了采用化学药剂处理水垢或污垢引起的系统管道腐蚀、废水排放等问题。

某公司 7 台空压机,8 台冰水机冷却系统总冷量需求 6500t,采用低压高频电解节能设备 15 台,改造后每年节能 370tce,实现年减碳量 962t$CO_2$,年节能经济效益为 95 万元。

## 四、技术支撑单位

中山宝辰机电设备有限公司。

## 6-14 准稳定直流除尘器供电电源节能技术

### 一、技术介绍

准稳定直流除尘器供电电源节能技术采用三相四线制380V交流系统电源作为装置输入电源，当除尘器电场无火花放电时，电源正常运行，其输出内阻表现为低阻抗特性；当除尘器电场发生火花放电现象时，控制器检测到闪络电流特征，在10μs内将电源的输出内阻放大至数千倍，形成一个高输出阻抗特性，装置输出负高压电压立即下降至一个阶梯值，阻止除尘器电场火花放电现象的发生。该技术可为电场提供始终处于火花临界处的输出电压，减少火花电压造成的能量损失及无法连续供电的问题，大幅提高输入电压的除尘效率，降低电除尘器的电耗。准稳定直流除尘器供电电源原理简图如图6.16所示。

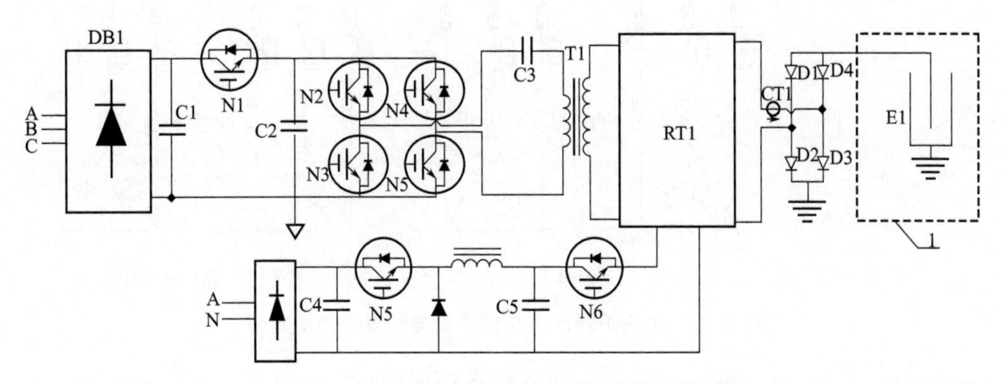


图6.16 准稳定直流除尘器供电电源原理简图

### 二、应用情况

准稳定直流除尘器供电电源可广泛应用于电力、水泥、化工等行业生产过程产生的烟气粉尘捕集，目前已经在超过16台300MW及600MW机组除尘器上推广应用，节能减排效果显著。

### 三、节能减碳效果

准稳定直流除尘器供电电源可替代常规电源，可提高除尘器的除尘效果，降低除尘器的电耗，实现节能，与工频电源相比，可节能50%左右。

某电厂600MW机组电除尘技术改造工程采用40台软稳电源代替原有常规整流脉动电源，改造后设备出口粉尘浓度由36.77g/m$^3$降为16.73mg/m$^3$，运行电耗由835.5kW·h降为467.38kW·h，实现年节电184万千瓦·时，年减碳量1627t$CO_2$，年节能经济效益约748万元。

### 四、技术支撑单位

北京市中环博业环境工程技术有限公司。

## 6-15 矿热炉低压短网综合补偿技术

### 一、技术介绍

矿热炉谐波无功综合治理装置主要由滤波部分和补偿部分两部分组成。其原理如图6.17所示，根据系统无功变化，滤波部分采用“先进后出”堆栈式补偿，补偿部分采用

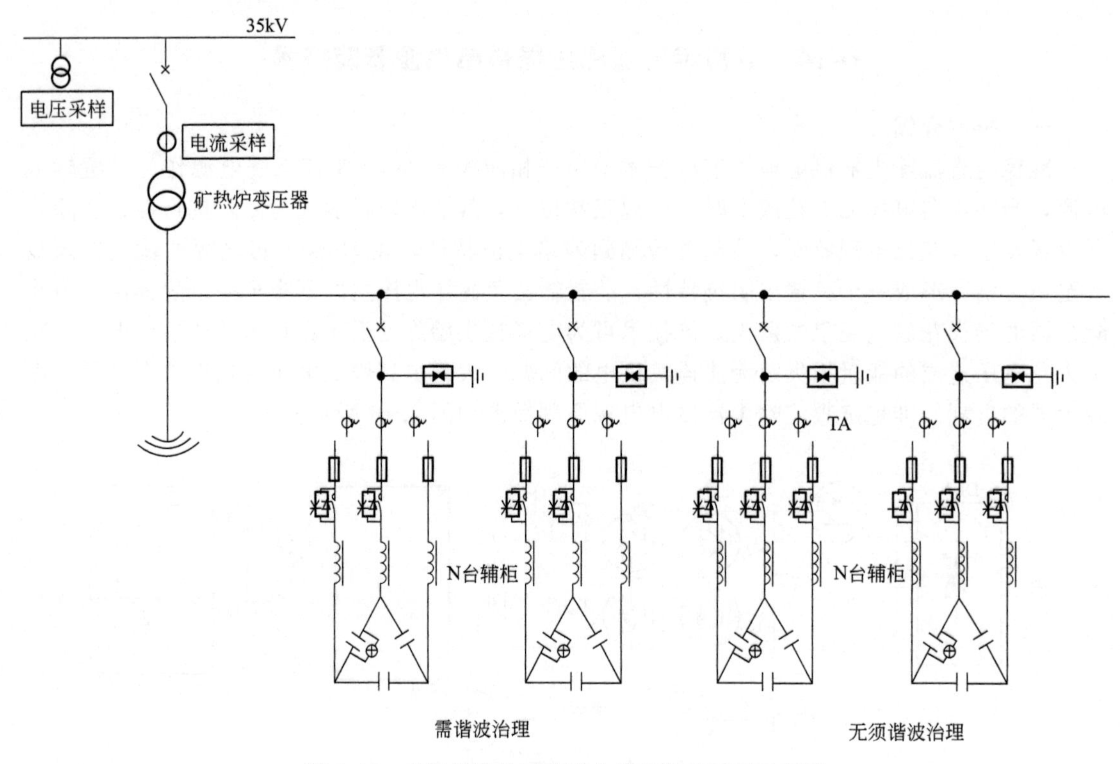


图 6.17 矿热炉谐波无功综合治理装置原理示意图

“先进先出”循环式补偿，两部分并联安装在矿热炉短网侧，大量的无功电流将直接经低压电容器和电弧形成的回路流过，不再经过补偿点前的短网、变压器及供电网路。在提高功率因数的同时，可以进行谐波治理，提高变压器的有功输出率，降低变压器、短网的无功消耗，提高变压器的有功出力。此外，在恰当的补偿方式下还可改善因三相短网布置造成的三相不平衡状况，从而使电炉的功率中心、热力中心和炉膛中心重合，电炉坩埚扩大，热量分布合理，实现改善反应条件，提高产量、质量，降低电耗、原料消耗的目的。整套装置既有无功补偿装置，又有滤波器；既可提高功率因数，实现无功补偿，又可以抑制系统谐波电流放大，吸收部分谐波电流，使系统电压电流波形更加平滑，解决谐波的问题，最终实现使矿热炉节能增效的目的。

## 二、应用情况

矿热炉谐波无功综合治理装置主要应用于电石生产装置，目前已经应用于国内电石企业矿热炉，节电效果显著，同时提高了产品质量。部分应用企业见表 6.8。

**表 6.8 SNTA1006 矿热炉低压无功补偿装置部分企业用户**

| 序号 | 规格 | 数量 | 用户 |
|---|---|---|---|
| 1 | SNTA1006-16570 | 1 套 | 宁夏西部聚氯乙烯有限公司 |
| 2 | SNTA1006-6480 | 1 套 | 元亨化工有限责任公司 |
| 3 | SNTA1006-20475 | 2 套 | 新疆中泰矿冶有限公司 |
| 4 | SNTA1006-16200 | 7 套 | 宁夏西部聚氯乙烯有限公司 |
| 5 | SNTA1006-18900 | 1 套 | 新疆天业集团有限公司 |

续表

| 序号 | 规格 | 数量 | 用户 |
| --- | --- | --- | --- |
| 6 | SNTA1006-22050 | 1套 | 内蒙古鄂尔多斯电力冶金股份有限公司氯碱化工分公司 |
| 7 | SNTA1006-10800 | 1套 | 鄂尔多斯市同源化工有限责任公司 |
| 8 | SNTA1006-12600 | 1套 | 中宁县新世纪冶炼有限公司 |
| 9 | SNTA1006-25200 | 5套 | 五矿(贵州)铁合金有限公司 |
| 10 | SNTA-1006-16200 | 1套 | 在平信发华兴实业有限公司 |
| 11 | SNTA1006-15750 | 3套 | 大连重工机电设备成套有限公司 |

### 三、节能减碳效果

以一台容量为12500kVA的矿热炉为例，其自然功率因数约为0.74，年产电石约28800t，耗电约9500万千瓦·时，若将功率因数提升至0.9，则补偿容量约为4000kvar，年节电3%左右，有功功率增加10%左右，年增加产量2880t，年实现节电量约285万千瓦·时，年减碳量2521t$CO_2$；若将功率因数提至0.96，则补偿容量约为6000kvar，年节电6%左右，有功出力增加20%左右，年增加产量5760t，年实现节电量约570万千瓦·时，年减碳量5041t$CO_2$。

### 四、技术支撑单位

北京思能达节能电气股份有限公司。

## 6-16　塑料注射成型伺服驱动与控制技术

### 一、技术介绍

塑料注射成型伺服驱动与控制技术是应用伺服电机驱动定量泵及控制技术，精确、快速地控制伺服电机的转速和转矩，实现液压系统压力和流量双闭环控制，使伺服电机运行功率与负载需求功率完好匹配，达到大幅节能效果。注塑机专用交流伺服系统主要包括交流伺服电机、编码器、驱动器、专用控制技术及专用液压控制技术，其设备原理如图6.18所示。

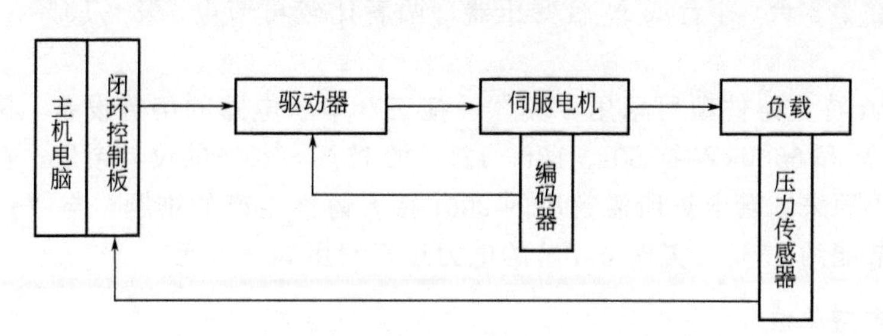


图6.18　塑料注射成型伺服驱动与控制原理图

### 二、应用情况

塑料注射成型伺服驱动与控制技术主要应用于注塑机行业，技术成熟可靠，目前已经广泛用于国内企业。

### 三、节能减碳效果

塑料注射成型伺服驱动与传统液压式塑料注射成型装备相比，不再产生因液压系统压力、流量调节造成的大量无功能耗，针对不同制品原料和几何特征，项目产品平均能耗可下降50%以上；制品成型周期更短，生产效率提高25%，制品精度提高近30%。

某公司将液压式塑料注射成型装备更换为伺服节能塑料注射成型机，共50台，改造后实现年节电660万千瓦·时，年减碳量5836t$CO_2$，年经济效益407万元。

### 四、技术支撑单位

深圳市汇川技术股份有限公司、宁波海天股份有限公司。

## 6-17 多供电（一拖二、一拖三）感应电炉供电技术

### 一、技术介绍

多供电（一拖二、一拖三）感应电炉供电技术是采用自主创新的具有无功补偿功能的可控硅晶闸管反馈串联谐振电路核心技术，优化集成高电压大电流整流逆变技术，运行功率分配技术，提高功率因数及减少谐波污染技术，高电压、大电流抗干扰技术，智能化自动控制技术，大型钢壳感应炉力学设计，形成一台变频电源（变压器）可同时向多台感应电炉供电，进行连续长时间相同或不同作业的成套熔炼、加热设备。

目前并联谐振电路的电炉功率因数 $\cos\varphi<85\%$，采用串联谐振电路的电炉功率因数 $\cos\varphi\geqslant95\%$，可节能10%。与其他电路相比，其负载回路的电流要小10～12倍，可节约运行电耗2%左右。且每套多供电设备由一组逆变器独立供电，无须大电流换炉开关切换，可节电1%左右。此外，多供电设备始终全功率运行，不存在功率损失部分，可使熔炼时间明显缩短，既增加产量又节约电耗。

### 二、应用情况

多供电（一拖二、一拖三）感应电炉适用于各种批量的铸件生产，特别是大中型铸铁件、铸钢件的单件中小批量生产，目前已经广泛应用于国内大型钢铁企业以及各类铸造企业。

### 三、节能减碳效果

多供电设备只用1台变压器可控制2台、3台、4台或$N$台电炉，而单供电设备做同样工作则需2台、3台、4台或$N$台变压器，两者比较可节电3%～10%，总计节能可达23%～30%。

某公司200t特大铸件项目采用2套“一拖三”串联电路的熔炼设备，配置为6500kW拖60t、30t、12t和6500kW拖60t、12t、12t，加15%～20%的设计余量，在不增容电力的情况下，解决了原来6套电炉所需解决的200t特大铸件生产的难题，与“一拖一”并联线路相比，实现节能约25%，实现每年节约电力运行费用803万元。

### 四、技术支撑单位

苏州振吴电炉有限公司。

## 6-18 工业微波/电混合高温加热窑炉技术

### 一、技术介绍

目前，我国工业窑炉大部分是燃煤、燃油、燃气窑炉等，其加热通过热辐射、传导、对流三种方式完成。而微波加热是利用微波电磁场中材料的介质损耗使材料整体加热致温度升高，在微波电磁场作用下，材料会产生一系列的介质极化，在极化过程中极性分子由原来的

随机分布状态转向依照电场的极性排列取向，而在高频电磁场作用下，分子取向按交变电磁的频率不断变化，依靠材料本身吸收微波能转化为材料内部分子的动能和势能，进而实现材料内外同时均匀加热。微波烧结炉工作原理与传统烧结炉对比见图 6.19。

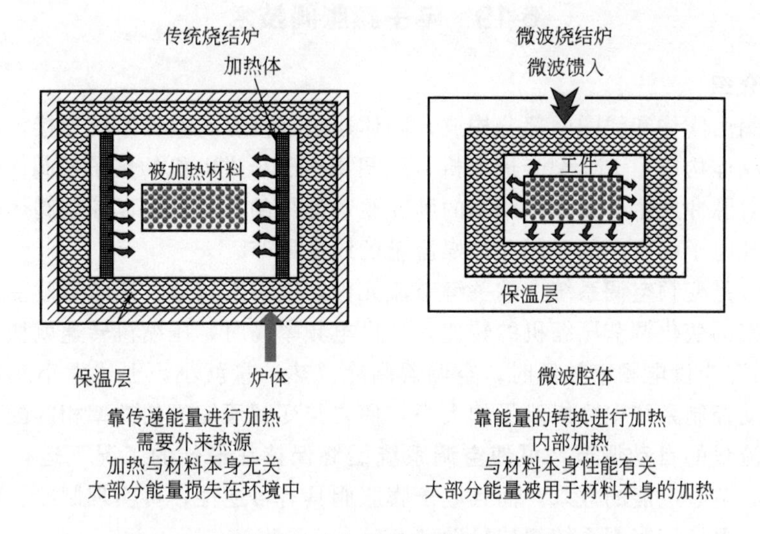


图 6.19　传统烧结炉与微波烧结炉工作原理对比图

与传统燃烧加热相比，该技术高效、清洁，具有如下特点：

(1) 优质。通过均匀穿透的能量作用大幅提高加工材料的品质。

(2) 高效。通过整体同步的能量作用大幅缩短材料的加热或加工时间，提高加热或加工效率数倍乃至数百倍。如采用微波烧结技术生产氮化硅锰，可使效率提高 20 倍，生产成本降低 70%。

(3) 节能。因材料加热或加工效率高而显著节能，与常规电加热窑炉相比，通常可省电 40%以上。

(4) 应用范围广。充分利用纯微波高温加热技术与电加热的优势，克服部分材料在低温状态下吸收微波差而升温速度慢等缺点，应用范围扩大。

## 二、应用情况

工业微波/电混合高温加热窑炉适用于非金属材料高温加工，与常规工业加热技术相比，可大幅改善材料品质，并具有显著的高效、节能、环保等优势，目前已在湖北、广东等地企业推广应用，产品技术符合技术指标需求。

## 三、节能减碳效果

微波加热与电炉电加热相比，通常可节电 40%以上；与燃煤（焦）、燃油、燃气窑炉相比，能耗费用大致相当或略有降低，但减排效果显著。

某公司对其 6 条 3000t/a 氮化钒微波高温合成窑炉实施改造，利用微波（电热）代替电加热窑合成氮化钒，改造后每年节能 5760tce，实现年减碳量 14976t$CO_2$，年节能经济效益 1008 万元。

某公司对其 2 条 1.8 万立方米/年高档日用瓷、艺术瓷的微波高温素烧窑实施改造，利用连续式微波（电热）高温辊道窑代替原有的间歇式液化气窑，改造后每年节能 1746tce，实现年减碳量 4540t$CO_2$，年节能经济效益 806 万元。

## 四、技术支撑单位

湖南省中晟热能科技有限公司。

# 6-19 电子膨胀阀技术

## 一、技术介绍

电子膨胀阀由阀体和线圈两部分构成，阀体通过连接管与空调系统连接，线圈装配在阀体上。线圈与阀体构成了PM型步进电机，线圈相当于步进电机的定子，阀体充当步进电机的转子，通过对脉冲发生器输入到线圈的脉冲驱动信号的控制，可以控制阀体内转子的定位转动，从而实现电子膨胀阀的开闭和冷媒流量的线性调节。

电子膨胀阀是变频空调系统中的关键节流元件，变频空调通过变频器改变压缩机的供电频率，通过频率的变化调节压缩机的转速，当供电频率高时，压缩机转速就快，空调器制冷（热）量也就大；当供电频率较低时，空调器制冷（热）量就小，上述大小变化必须依靠电子膨胀阀来自动控制系统中冷媒流量的大小，使之与变频压缩机的功率相匹配。通过电子膨胀阀对制冷剂流量的自动调节，可使空调系统始终保持在最佳的工况下运行，达到快速制冷、精确控温、节省电能的效果，而且电子膨胀阀具有可逆性，可实现制冷、制热状态下流量的自动控制。电子膨胀阀系统组成见图6.20。

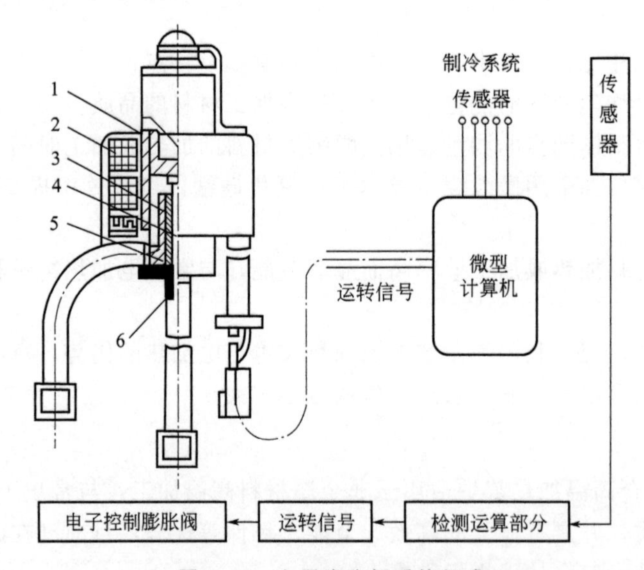


图6.20 电子膨胀阀系统组成

1—电机转子；2—电机定子；3—螺旋部分；4—轴；5—阀针；6—节流孔

## 二、应用情况

电子膨胀阀广泛适用于变频空调器、变频制冷机等作为节流降压部件，目前已在部分变频空调器上应用，实现制冷剂流量的自动调节，具有较好的节能效果。

## 三、节能减碳效果

目前部分企业生产的变频空调仍旧采用毛细管或热力膨胀阀，采用毛细管控制制冷剂流量的空调，当实际运转频率高于设计频率时，系统制冷量比配装电子膨胀阀的空调系统低20%左右。据有关测试结果显示，各运行频率下，空调机在采用电子膨胀阀时系统制冷性能均优于采用毛细管，在低频或高频时效果尤为显著。在 20Hz、80Hz、120Hz 时，前者的制冷量、EER 比后者分别高出 14.6%、10%，5%、6%和 17%、16%。

以年产 600 万套直流变频空调用电子膨胀阀的生产线为例，选择和采购合适的高精度加工设备及确定合理的加工工艺，选择和采购转子部件相关材料，转子部件相关成形模的设计制造和加工工艺的确定，以及转子充磁工装的设计和充磁参数的确定，要满足转子精度、磁性能和稳定性、可靠性的要求，3PBT 塑封线圈的极板精度保证和包封材料、加工设备的选型，工艺设备的确定，要能保证分度精度和塑封密封性等。项目产品投用后年可节电 21.268 亿千瓦·时，实现年减碳量 1880729t$CO_2$。

### 四、技术支撑单位

浙江三花股份有限公司。

## 6-20 基于电磁平衡调节的用户侧电压质量优化技术

### 一、技术介绍

电机工作时的综合能量损耗包括恒定损耗、负载损耗和杂散损耗，基于电磁平衡调节的用户侧电压质量优化技术通过采集用电设备端的电压、电流及功率因数等电气参数，并根据用电设备的自身特性进行参数计算和分析，确定用电设备的最佳工作点，即综合耗损最低时的工作点，当用电设备的实际能耗大于最佳工作点的能耗时，装置的主控制单元会立即通过无扰动切换模块启动电磁式自耦调压器，调整用电设备的输入电压等电气参数，通过多级调整使用电设备的实际工作状态达到或接近最佳工作点，优化用电侧用电质量，降低用电设备综合损耗，最终达到节电效果。其工艺流程为：将电磁式电能质量优化装置串联在电源和用电设备之间，装置中的数据采集模块（DCM）对设备的输出电压参数等进行采样，采样的数据进入中央计算模块（CPM），根据中央计算模块（CPM）对供电电压、电机工作电流、系统功率因数等电源、负载及负载率的情况进行最优化程序计算，得出此状态下电机工作的最佳工作点。中央计算模块（CPM）将结果传至无扰动切换模块（NTCM），NTCM 对设备供电参数进行调整，使电机工作状态靠近最佳工作点，提高电机工作效率，降低电机的能耗。该装置的控制电路逻辑图及结构图如图 6.21、图 6.22 所示。

### 二、应用情况

电磁式电能质量优化装置适用于三相异步电机负载，目前已经应用于冶金、化工、煤炭、水泥、石油、高校、医院、商业等工业及民用、商业场合，对其用电侧用电质量进行优化，提高用电质量，节电率达到 6%～20%。

### 三、节能减碳效果

根据应用统计，电磁式电能质量优化装置及其控制系统应用于 0.4kV 三相异步电机，节电率达 8%～15%；应用于 6kV 三相异步电机，节电率达 6%～9%；应用于照明负载场合，节电率达 15%～25%。

某矿对额定功率 260kW、额定电压 400V 的井下风机实施改造，将高压电机专用型电磁式电能优化装置串联在高压风机供电前端，改造后实现年节能量 32tce，年减碳量 83t$CO_2$，年节能效益 9 万元；某矿井对 6kV 供电的 250kW 高压风机实施改造，将高压电机专用型电磁式电能优化装置串联在高压风机供电前端，改造后实现年节能量 39tce，年减碳量 101t$CO_2$，年节能效益 9 万元。

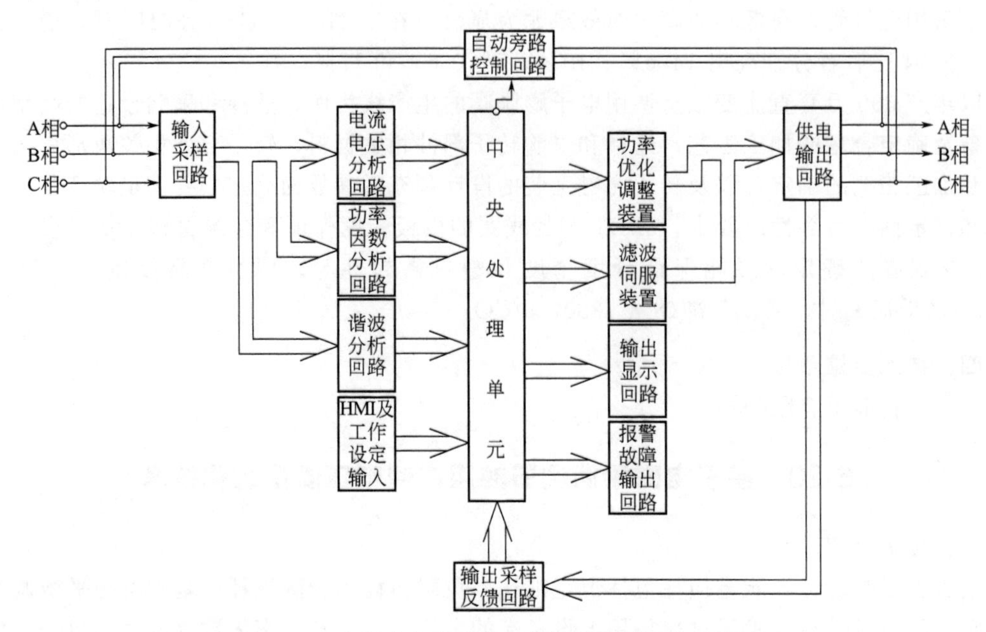


图 6.21 电磁式电能质量优化装置控制电路逻辑图

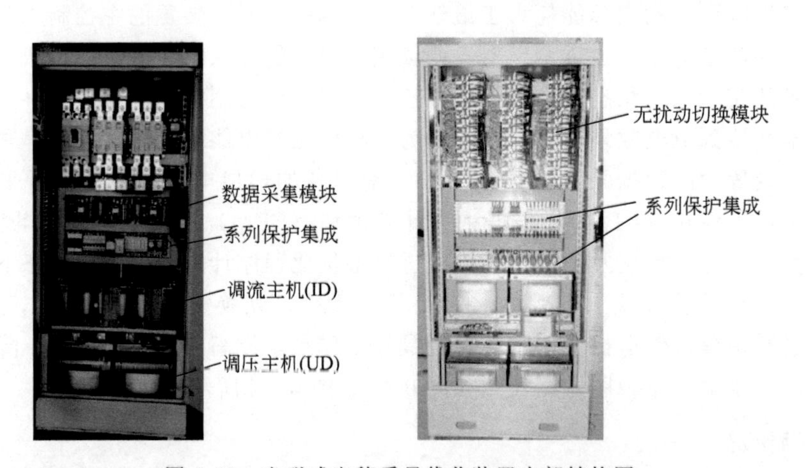


图 6.22 电磁式电能质量优化装置内部结构图

**四、技术支撑单位**

安徽集黎电气技术有限公司。

## 6-21 开关磁阻调速电机及控制技术

**一、技术介绍**

开关磁阻调速电机系统（SRD）是一种新型高效节能电机系统，其结构由电机及控制器两部分组成，电机由双凸极磁阻式电机本体和角位移传感器构成，控制器由电力电子电路和控制电路构成。其工作流程为：外部给定信号加到控制电路，控制电路通过角位移传感器检测电机工作状态，通过电力电子电路改变加到电机绕组中电流脉冲的幅值、宽度及其与转子的相对位置，并借此调节电机转速和转矩，使电机实现给定信号要求运行，并实现系统效率的优化和系统的安全运行。

开关磁阻调速电机系统与交流或直流电机系统相比，其特点在于：系统效率高，功率因数在0.98以上；低速下可长期运转；启动转矩大、电流小，适应频繁启动制动运行；配合中压回馈技术，100%制动功率状态下，能够实现发电能量回馈电网，从而起到良好节电效果。

### 二、应用情况

开关磁阻调速电机系统（SRD）适用于电机使用行业，如适用于装备制造各行业，锻压行业可应用于螺旋锻压机整机配套或者将传统摩擦螺旋锻压机升级改造为电动螺旋锻压机；煤矿行业可应用于采煤机、绞车、皮带运输提升设备等；油田行业可应用于无游梁抽油机或游梁式抽油机改造升级；电动汽车行业可应用于纯电动/混合动力公交车、轿车及工程车等。该技术产品成果目前全国在用传统摩擦锻压机约10万台；油田领域我国在用抽油机约十几万台。

### 三、节能减碳效果

开关磁阻调速电机系统的系统效率高，特别是高效区宽，如一套37kW系统，额度效率92.4%，系统效率高于80%的高效区域面积占总工作区域面积的72%，远远高于国家节能电机标准IE2。此外，开关磁阻调速电机系统启动转矩150%时启动电流只有30%，空载电流只有额定电流的1%。能效指标优越，据统计，开关磁阻调速电机系统用于需要调速的生产设备一般节能可达20%～50%。

陕西某油田游梁式抽油机采用15kW SRD 25套，通过半年的跟踪测试，测试井的平均效率从17.5%提高到22.4%，功率因数从0.44提高到0.98，单井日耗电从86.7kW·h下降到69.4kW·h，有功节电率19.95%。山东淄博某机械有限公司使用SRD，用于电动螺旋压力机提供电力拖动，通过两年的使用发现，该电机比普通电机节电50%以上。

### 四、技术支撑单位

北京中纺锐力机电有限公司。

## 6-22　泵（风机）站目标电耗节能技术

### 一、技术介绍

目标电耗节能技术是在满足工艺要求的条件下，实现泵（风机）站输送介质电单耗最低（即目标电耗）的一项节能技术。其基础是任一输送介质系统中，存在着一个与系统运行状况（系统运行参数）相对应的单位耗电量（kW·h/$m^3$）的最小值。利用目标电耗节能控制技术，使输送介质系统在运行状况单位耗电量最小运行，即可使该输送介质系统生产运行的耗电量最少。采用该技术对输送介质系统进行节能技术改造，可得到最大的节电量和节能效益，实现输送介质系统的经济运行。

目标电耗节能控制技术最重要的是给出输送介质系统输送单位电单耗最小值，以及相应的运行搭配策略和调速策略。该技术通过拟定的一套计算方法，既考虑工艺要求的压力、流量、温度等，所用泵（风机）及配套电机的额定参数及运行参数，同时还考虑输送介质系统及配电系统中各部分的运行损耗，通过计算，找出电耗最低值及相应的系统设备运行参数。其原理如图6.23所示。该技术具有以下特点：

（1）量化测算。根据泵（风机）站系统的设备参数和设备运行数据，测算出泵（风机）站系统（包括有调速设备和没有调速设备）的节能潜力，如节电比例、年节电量、投资回收期等。

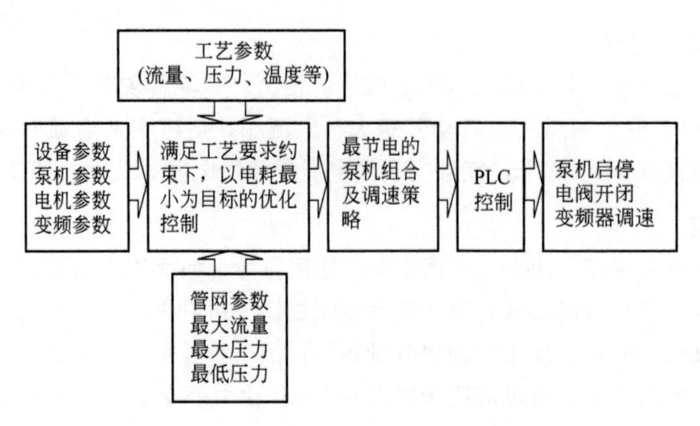


图 6.23 目标电耗技术原理示意图

(2) 量化设计。根据测算的系统设备情况，设计出使泵（风机）站系统达到节能潜力而需要使用的设备，包括对泵组设备进行改动、新设计叶轮、增加调速设备、增加目标电耗节能控制系统等方式。

(3) 量化控制。根据测算的系统的节能潜力，按满足工艺要求同时单位产量耗电又低的方式去控制运行泵（风机）站系统的原设备和设计的设备。

## 二、应用情况

目标电耗节能系统（设备）广泛应用于钢铁、有色、电力、石油加工、化工、化肥、制药等厂矿企业，以及市政、水利、大型公建等部门的输送水、油、气、风等介质的大中小型泵站、风机站的节能改造，目前已在400多家企业泵（风机）站成功应用，节电效果显著。

广西某钢铁集团采用目标耗电技术对其棒线厂、中轧厂的14个泵站进行节能改造，改造后二棒沉淀池泵组节电38%，二棒浊环中压泵组节电51.36%，二高沉淀池泵组节电21%，一棒净环泵组节电43%，净环一泵组节电32.68%，净环三泵组节电61%。东北某钢铁公司采用目标耗电技术对其轧机浊环、扁钢净环、净环3M、净环4M、浊环低压、浊环上塔等泵组进行节能改造，改造后分别实现节电50.6%，30.4%，57.7%，40.6%，53.7%，54.95%等不同节电效果。

## 三、节能减碳效果

应用目标电耗节能控制系统，不但减少了富余流量和富余扬程造成的多余耗电量，而且使系统整体运行效率最高，从而保持系统在既满足运行工况同时又输送介质单位电单耗最小的状态下经济运行，其节能效果比单独使用变频调速器获得的节能效果更大。根据已实施的一批成功案例统计，该技术节能效果因各输送介质系统的特性参数和运行状态不同而异，可在已有调速器基础上实现节电7%～33%。

山东某公司应用目标电耗节能技术对其2#炉体密闭循环泵组（装机容量1775kW）、浊环常压泵组（装机容量1065kW）等进行改造，分别实现节电比例26.9%、21.6%，实现年节约电量532万千瓦·时；对ACC供水泵组进行改造，改造后泵组平均小时耗电量下降44%，每年节约电量106万千瓦·时；对平流池泵组（装机容量1320kW）进行改造，泵组供水单位电耗由改造前的0.2417kW·h/m$^3$下降到0.1605kW·h/m$^3$，节电比例33.6%，年节约电量193万千瓦·时；三项目改造实现年总节电量831万千瓦·时，实现减碳量7348t$CO_2$。

**四、技术支撑单位**

北京金易奥科技发展有限公司。

## 6-23 绕组式永磁耦合调速器节能技术

**一、技术介绍**

绕组式永磁耦合调速器节能技术原理为：绕组式永磁耦合调速器是一种转差调速装置，由本体和控制器两部分组成。本体上有两个轴，分别装有永磁磁铁和线圈绕组。驱动电机与绕组永磁调速装置连在一起带动其永磁转子旋转产生旋转磁场，绕组切割旋转磁场磁力线产生感应电流，进而产生感应磁场。该感应磁场与旋转磁场相互作用传递转矩，通过控制器控制绕组转子的电流大小来控制其传递转矩的大小以适应转速要求，实现调速功能，同时将转差功率引出再利用，不仅可解决转差损耗带来的温升问题，而且可实现电机高效运行。绕组式永磁耦合调速器的工作原理与结构如图 6.24、图 6.25 所示。其关键技术包括：

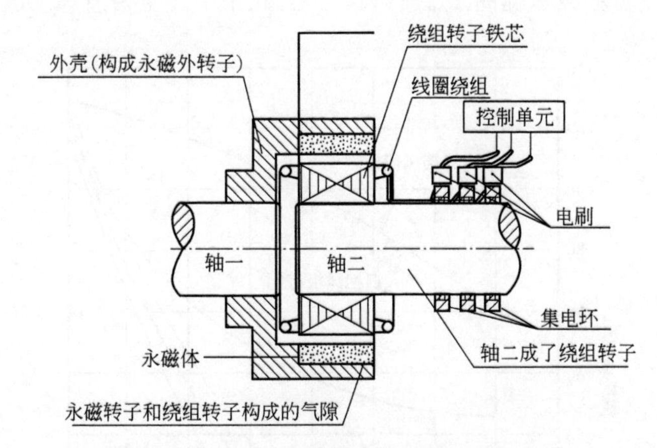


图 6.24　绕组式永磁耦合调速器工作原理图

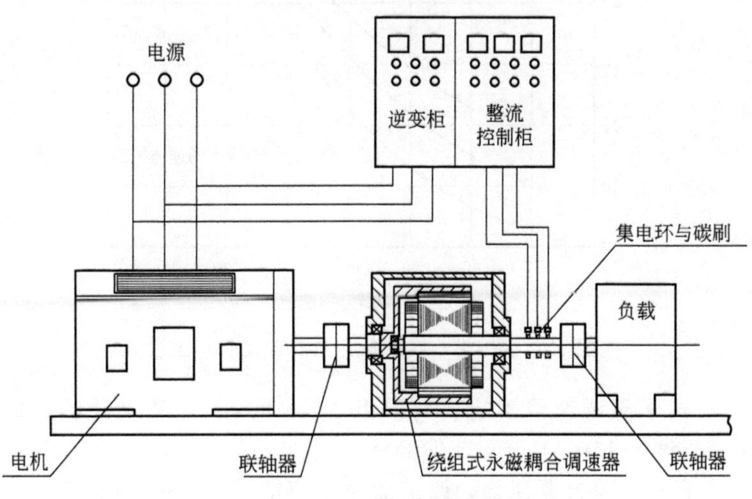


图 6.25　绕组式永磁耦合调速器结构简图

(1) 电机的离合与调速技术。绕组接通，则形成电流回路，绕组中电流产生的电磁场与原永磁场相互作用传递转矩（离合器合）；绕组断开，绕组中无电流不传递转矩（离合器离），此离合器无机械动作、无摩擦磨损。通过控制绕组中感应电流大小，即可控制传递转矩大小，既可实现软启功能，又能达到调速目的。

（2）*转差功率回馈技术*。通过将绕组中产生的转差功率引入反馈回供电端，既可实现电能的回收，又能保证绕组温升始终处于电机正常工作的温升。对短时间软启调速或小功率的传动，可将引出的转差功率消耗在控制柜内的电阻上。

## 二、应用情况

绕组式永磁耦合调速器节能技术主要应用于电机控制节电领域，目前已在国内大型钢铁、电力、石化、水泥等多个高能耗企业成功应用，节能效果显著。

## 三、节能减碳效果

绕组式永磁耦合调速器在低转速（流量）工况时，节电效果与其他方式比较优势明显（见图 6.26）。与变频调速技术相比，在较小负载率（较大调速范围）工况下综合节电效率可维持在 96%以上，节电率比变频调速提高 30%左右；在较大负载率（较小调速范围）工况下综合节电效率比变频技术提高 2%～4%，并且几乎不产生谐波等二次电磁污染。

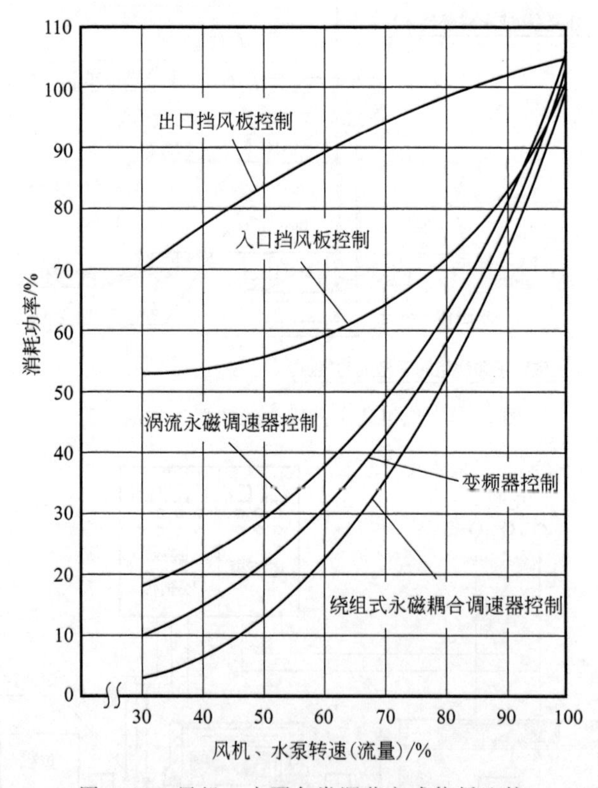


图 6.26　风机、水泵各类调节方式能耗比较

河北某钢铁公司永磁调速器改造项目采用 2 套 630kW 永磁调速器，每年实现节能量 429tce，实现年减碳量 1115t$CO_2$，年节能经济效益 80 万元。江苏某钢厂采用 1 套 2500kW 永磁调速器取代原有液力耦合调速器，改造后每年节能 1312tce，实现年减碳量 3411t$CO_2$，节能经济效益 246 万元。

## 四、技术支撑单位

江苏磁谷科技股份有限公司。

# 第7章 热力节能低碳技术

## 7-1 蒸汽系统运行优化节能技术

### 一、技术介绍

蒸汽系统运行优化节能技术是按照“高能高用、低能低用、减少过程”的原则用能，是基于能量平衡的锅炉、汽轮机、除氧器等热电系统设备数学模型，基于基尔霍夫定律的管网水力学模型，以联立模块法表示热电系统的运行状况，是集IT技术、化学工程、热能工程、计算数学、拓扑学于一体，通过采用严格在线模拟的理论和方法，将管网数学模型与DCS、数据采集等结合，集合成为适用于蒸汽管网的智能监测技术。其关键技术包括：

（1）模拟技术。以专用软件PROSS经二次开发，将蒸汽动力系统和蒸汽管网系统的运行状态以精确的数学模型表示。

（2）工程化方法。将上述数学模型作实时应用，对蒸汽动力系统和蒸汽管网系统实际工况做出评估，提出可行的优化措施，达到节能降耗的效果。

（3）IT技术。将技术集成到企业调度指挥系统，形成能源（蒸汽）管控子系统。

蒸汽系统运行优化节能技术着重考虑蒸汽管网的冬夏季不平衡、启动与停车、热电联产等因素，以“柔性化”理念对蒸汽管网进行“分站稳压式”设计，以防止管网内波动震荡，合理配置管网资源；中低压蒸汽主管网全面强化疏水、消除积水隐患、减小管网压降和温将，保障下游用汽品质；低品质蒸汽尽量就地消化使用，减少低温热排放；优化凝结水回收网络，保障上游蒸汽使用效果和凝结水顺畅排出，闪蒸汽及凝结水余热充分回收利用等，全面保障蒸汽凝结水系统高效稳定运行。同时，在离线模拟和在线监测的基础上，对蒸汽系统进行详细的管网分析和评估，提出改进流程、优化操作和节能降耗的措施，以提高管网运行水平。

### 二、应用情况

蒸汽系统运行优化节能技术可应用于炼油、石化化工、钢铁、电力等行业企业的动力车间，工业开发区与城市的热电企业，目前已经应用于国内20多家大型企业和热电公司。

以广州石化为例，在详细调研蒸汽动力系统、管网系统、重点装置用汽设备的数据资料的基础上，建立蒸汽系统供汽、输送、用汽三个环节的数学模型，同时优化监测功能，开发蒸汽管网调度子系统，建立了涵盖蒸汽系统三环节及开发了实时监测和定期模拟优化功能的蒸汽系统信息化平台。通过实施蒸汽系统技改项目，管网运行参数优化、生产装置用汽优化调整、系统管网保温专项治理等一系列措施，先后完成炼油新区伴热蒸汽疏水系统及凝结水回收，化工区低温甲烷化催化剂应用、重油储罐使用保温涂料等节汽项目，节能效果显著。

### 三、节能减碳效果

根据应用案例，对于蒸汽量200t/h，蒸汽管网总长14km规模优化改造，通过增加蒸汽管网智能化管理系统，管线保温改造等，每年可节能1.16万吨标准煤，年节能经济效益为2360万元。对于蒸汽量1500t/h，蒸汽管网总长80km规模优化改造，通过增加蒸汽管网智能化管理系统，管线保温改造等，每年可节能3.62万吨标准煤，年节能经济效益为3801万元。

广州石化实施“蒸汽系统在线监控与智能优化”项目，项目投用后，优化炉机运行方式，降低生产运行成本；优化蒸汽管网运行方式，可以实时监测管网运行情况，从而提出管网改造措施，降低管网运行成本；优化用气设备的操作，通过对硫黄回收、MTBE（甲基叔丁基醚）、轻催、重催四套装置的用汽设备进行调优，实现每小时节省蒸汽7t；炼油专业在增加3号焦化、MTBE等装置的情况下，蒸汽单耗同比下降8.36%；化工专业蒸汽单耗下降4.30%；动力管损量下降3.11%。蒸汽优化年节能量达到47059tce，实现减碳量122353.4t$CO_2$。

### 四、技术支撑单位

北京研智杰能科技有限公司。

## 7-2 蒸汽节能输送技术

### 一、技术介绍

蒸汽节能输送技术主要是将应用于航空航天等领域的纳米级二氧化硅气凝胶绝热保温材料和玻璃纤维、泡沫保温材料以最佳形式组成蒸汽输送管道的保温层结构，形成具有高保温性、高防水性、高稳定性的节能性蒸汽输送管道。并采用抽真空技术将保温管道保温腔中的空气抽空，最大限度减少对流换热损失，在蒸汽输送环节降低热能损耗，同时优化疏水方式，减少疏水环节的热能损耗。其流程见图7.1。

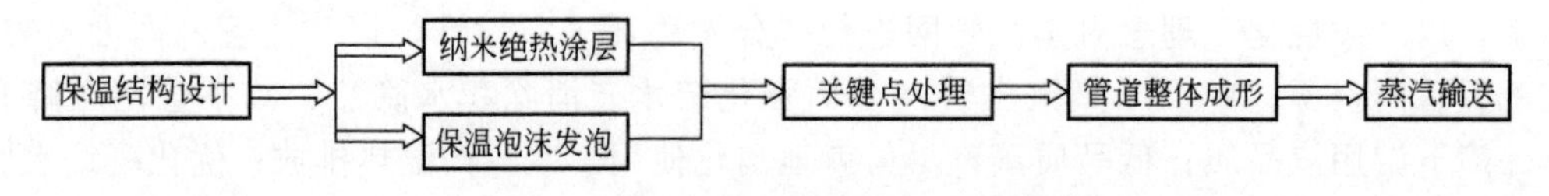


图7.1 蒸汽节能输送技术工艺流程图

### 二、应用情况

蒸汽节能输送技术目前已经广泛应用于城镇集中供热、热电联产蒸汽热能输送、分布式能源配套热网等热量输送，有效实现减少输送环节能源损耗，并降低工程综合造价成本。

### 三、节能减碳效果

根据实际应用情况，蒸汽节能输送技术可使管道外表面散热损失平均减少约20%；工程造价平均降低约5%。

某公司热电联产工程采用蒸汽节能输送技术，建设规模为单线管长8km、最大供热量70t/h，1260000GJ/a，通过增加管道纳米绝热涂层、对管网中所有蒸汽管道进行抽真空处理，改造后实现年节能2300tce，年减碳量5980t$CO_2$，年节能经济效益204万元。

### 四、技术支撑单位

武汉德威工程技术有限公司。

## 7-3 自密封旋转式管道补偿节能技术

### 一、技术介绍

旋转式补偿器（图 7.2）是一种针对克服传统补偿器在实际应用过程中存在的缺陷而研发的新型补偿器，其基本结构是将两个或两个以上的旋转补偿器组对成旋转组，安装于热网管线上，在热网管道热胀冷缩时产生相对旋转，从而吸收管道的热膨胀，并且管道上产生的应力极小。当补偿器布置于两固定支架之间时，其补偿原理是通过成对旋转筒和 L 力臂形成力偶，使大小相等、方向相反的一对力，由力臂回绕着 Z 轴中心旋转，以达到对力偶两边管道产生的热伸长量的吸收。

旋转补偿器装置由若干旋转补偿器、弯头及短管组成，旋转补偿器与两端 90°弯头连接成一个旋转节，两旋转节之间与同一短管连接成横臂。当两旋转节各另一端 90°弯头与前后直管焊接连接后，即安装完成一套管道用自密封旋转补偿器装置。与传统补偿方式相比，旋转补偿器由轴向补偿变为旋转补偿，由于补偿量提高了 5～10 倍，大幅度减少了弯头的使用数量，管道的当量长度相应大幅减小，从而减少蒸汽管道的压降和温降，项目建设的一次性投资及长期运行维护成本也明显减少，具有良好的经济效益和社会效益。旋转补偿器的布置方式如图 7.3 所示。

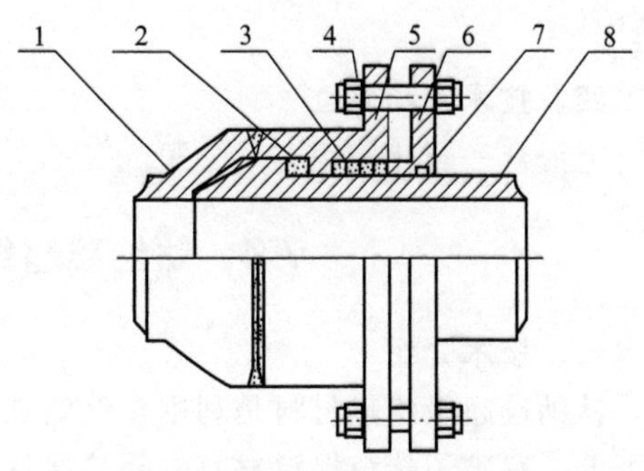


图 7.2 自密封旋转补偿器结构示意图

1—异径管；2—端面密封材料；3—环面密封材料；4—压紧螺栓；5—密封座；6—密封压盖；7—滚珠；8—旋转芯管

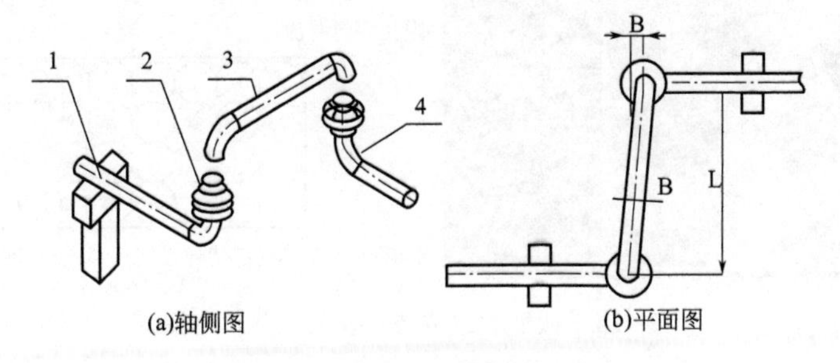


图 7.3 旋转补偿器布置方式

1—左直管；2—旋转筒；3—横臂；4—右直管

### 二、应用情况

旋转补偿器装置具有补偿距离长、安全性好、压降小等优势，适宜设置在系统管廊或长距离输送线路上，目前已经广泛应用于石化厂、炼油厂、核电站、钢铁厂、焦化厂、化工厂、化肥厂、油田等的长距离输送原油、高压天然气输送管道、发电厂主蒸汽管道以及高温高压给水管道等的热力管道上。

### 三、节能减碳效果

根据工程应用，采用旋转补偿器，可使热量损失降到3%以下，压力损失降到5%以下，每公里管道能量损耗降到3%以下，大幅度降低能量损失。

湖北某化肥公司200kt/a合成气制乙二醇装置，需要通过超高压蒸汽管道将老厂区的高压蒸汽输送至该装置偶联反应工段的蒸汽透平机，管道输送能力180t/h，直径325mm，壁厚23mm，超高压蒸汽操作压力10.3MPa，操作温度545℃，老厂区至蒸汽透平机的直线距离为401.5m。采用旋转补偿器补偿，与自然补偿相比，管道总当量长度缩短404.8m，压降减少0.266MPa，温降减少1.5℃，热量损耗减少48.9kW·h。此外，将老厂区的高压蒸汽输送到蒸汽透平机，在保持供汽流量180t/h、透平机入口蒸汽压力不低于9.8MPa、操作温度不低于520℃的情况下，透平机做功增加243.9kW·h。综合温降和压降两种因素，高压蒸汽在输送过程中能量损耗下降292.8kW·h，年节约标准煤288t，减少碳排放749t$CO_2$。

### 四、技术支撑单位

上海众一石化工程有限公司。

## 7-4 钛纳硅超级绝热材料保温节能技术

### 一、技术介绍

钛纳硅超级绝热材料是利用含钛的二氧化硅连续材料内部的特殊纳米孔穴结构使其热导率极低，突破了传统保温材料的隔热原理，其组成特点为三维立体骨架、小于空气自由程的纳米级孔穴、高孔隙率，对传导、对流、辐射三种热传递形式均有突出的绝热效果。钛纳硅的组成特点及绝热示意图见图7.4。

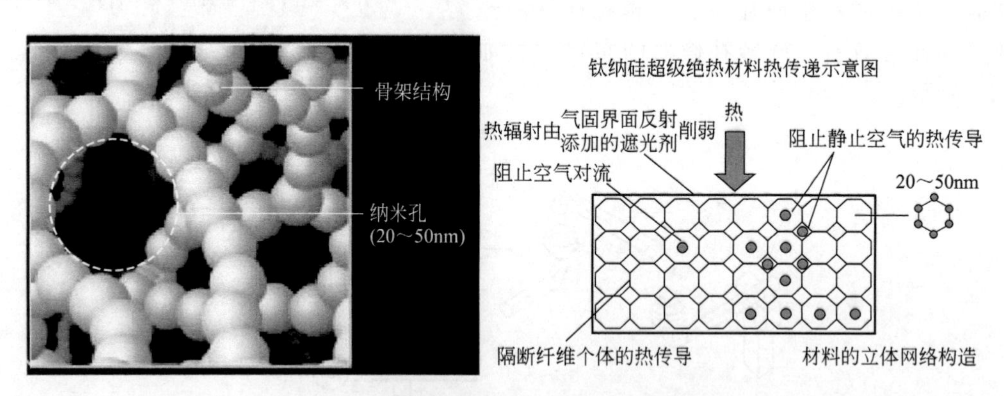


图7.4 钛纳硅组成特点及其绝热示意图

(1) 热传导方面。对于固体热传导：高达90%以上的成分是空气，固体成分少，且热传导路径细长，从而大大减少固体热传导。对于气体热传导：纳米级孔穴的孔径（大部分为20～50nm）小于空气分子自由程（70nm），从而大大减弱了空气分子发生碰撞而形成的热传导。

(2) 对流。气凝胶中纳米级孔洞中的空气不能自由流动，消除了空气对流传热。

(3) 热辐射。大量的气固界面和添加的特殊的遮光剂使热辐射被阻隔和削弱。

钛纳硅超级绝热材料的热导率为0.012～0.016W/(m·K)，大大低于空气［静止空气隔热系数0.023～0.27W/(m·K)］，远低于传统保温材料［0.036～0.05W/(m·K)］，通过替代或部分替代或结合传统绝热材料，在使用时表面能量损失极少，从而达到明显的节能效果或更优秀的保温效果。同时，钛纳硅材料为A1级不燃材料，安全环保，使用效果稳定，寿命长。该材料与传统保温材料相比，具有以下优势：

（1）热导率极低，保温后的外表面温度明显降低，里层温度显著升高，散热显著减少。

（2）保温层厚度减小，使散热面积显著减少，从而散热总量显著减少，节能效果明显。

（3）钛纳硅材料热容低，热阻大，且体积很小，因保温层蓄热散热导致的散热量极低。

（4）热流密度极小，与其他材料相比，表面同等温度的情况下，钛纳硅对外散热极少。

（5）钛纳硅阻隔红外线等的热辐射能力强，大大减少了由热辐射方式导致的散热量。

## 二、应用情况

目前，钛纳硅超级绝热材料已经在浮法玻璃生产线上、陶瓷生产线、油田蒸汽管道、原油储罐的罐顶保温、光热发电高温管道保温上成功使用，节能效果明显。其中，在玻璃窑炉上使用后的散热率可下降6%～10%。部分企业的应用效果详见表7.1。

**表7.1　部分企业钛纳硅超级绝热材料的应用情况**

| 序号 | 企业名称 | 工程内容 | 节能效果 |
| --- | --- | --- | --- |
| 1 | 华尔润玻璃产业股份有限公司 | 6号线窑炉节能保温 | 节能率4.28% |
| 2 | 华尔润玻璃产业股份有限公司 | 3号线窑炉节能保温 | 节能率4.18% |
| 3 | 江门华尔润有限公司 | 3号线窑炉节能保温 | 节能率3.7% |
| 4 | 沈阳耀华玻璃有限公司 | 1号线窑炉节能保温 | 节能率4.7% |
| 5 | 吴江南玻玻璃有限公司 | 1号线窑炉节能保温 | 节能率2.7% |
| 6 | 河南安彩太阳能玻璃有限公司 | 600t浮法窑炉保温 | 节能率3.7% |
| 7 | 海南中航特玻材料有限公司 | 600t超白玻璃窑炉保温 | 节能率4.28% |
| 8 | 新疆克拉玛依油田 | 油罐、输油管道 | 减少表面散热48% |
| 9 | 上海益科博有限公司 | 太阳能热水管道保温 | 减少表面散热50%以上 |
| 10 | 常州新东化工发展有限公司 | 525℃蒸汽管道保温 | 减少表面散热50% |
| 11 | 常州华钛化学股份有限公司 | 锅炉导热油和蒸汽管道 | 减少表面散热70%以上 |

## 三、节能减碳效果

根据实际工程应用，采用钛纳硅超级绝热材料可实现节能率2%～5%。

某公司550t/a高档浮法玻璃生产线窑炉节能保温工程采用钛纳硅超级绝热材料为核心的组合保温技术，该窑炉的熔化部大碹、澄清部大碹、蓄热室大碹、蓄热室墙体、胸墙、小炉等部位保温总面积871m$^2$，使用钛纳硅超级绝热材料2613m$^2$。经检测，保温前单耗2164kcal/kg（1kcal=4.1868kJ）玻璃液，保温后单耗2096kcal/kg玻璃液，节能率达3.14%。改造后实现年节约天然气213.2万立方米，年减碳量4609t$CO_2$，年经济效益426万元。

## 四、技术支撑单位

常州循天能源环境科技有限公司。

# 7-5　水性高效隔热保温涂料节能技术

## 一、技术介绍

水性高效隔热保温涂料节能技术通过配方和制漆工艺的设计，采用具有低堆积密度和低热导率的聚氨酯中空微珠、高反射性颜料、高发射性助剂等，使涂膜断面为连续的蜂窝网状结构，涂膜内部不形成沟状热流，显著降低涂膜热导率，大大减少热流量，实现隔热保温。同时，使涂膜具有高附着性、强拉伸性及耐久性、防结露等良好性能。用于建筑、厂房屋顶、管道等表面时，可显著降低空调等设备的使用能耗，实现节能。其关键技术主要包括：

（1）聚氨酯中空微珠蜂窝排列技术。采用具有低堆积密度和低热导率的特殊微珠，使得涂层具有极低的热导率。在微珠表面包裹化合物，使微珠在涂层中稳定有序排列成中空蜂窝结构。微珠具有弹性抗压、抗外力击破，不易在制取加工中破损的优点，具有较好的耐冷热变化性。

（2）涂膜的高反射性技术。将屏蔽红外线颜料技术应用于隔热保温涂料，使涂膜对可见光和红外线的反射率显著提高，具有良好的隔热作用。

（3）涂膜的高发射性技术。利用红外高发射性助剂（特种金属氧化物），使吸收的太阳能辐射转化为热量，以红外长波的形式发射入大气红外窗口，使涂膜物体表面和内部降温，最大程度地提高降温效果。

水性高效隔热保温涂料工艺如图 7.5、图 7.6 所示。

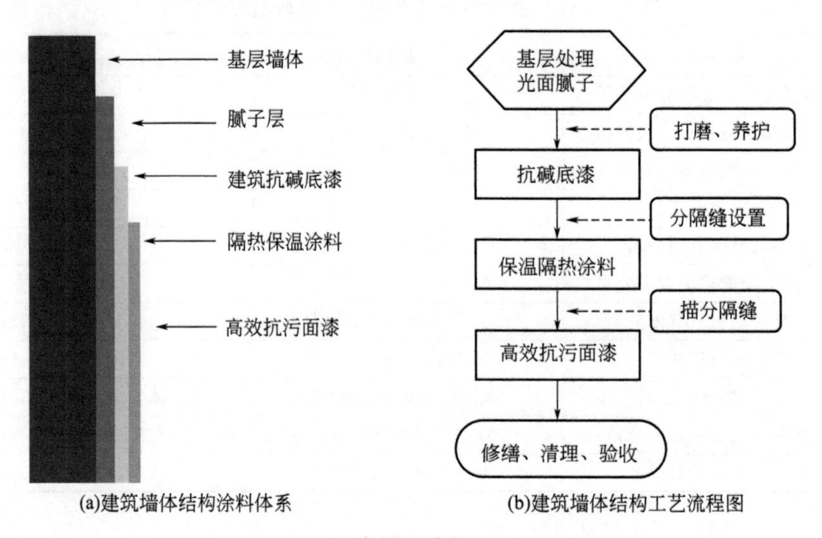


图 7.5　隔热保温涂料应用于建筑墙体结构示意图（一）

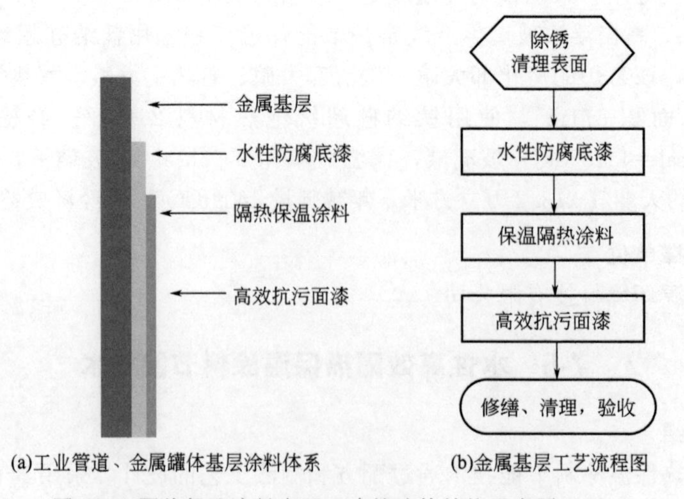


图 7.6　隔热保温涂料应用于建筑墙体结构示意图（二）

### 二、应用情况

水性高效隔热保温涂料系列产品可用于建筑、石化、运输等需要保温隔热的材料表面，目前已在不同地域、不同基材表面应用达92t，隔热保温效果显著。

### 三、节能减碳效果

安徽某公司仓库为彩钢板墙面护围、彩钢板屋面结构，高度为6m，建筑体形系数0.5，涂刷面积450$m^2$。采用水性高效隔热保温涂料后每年可节能0.7tce，实现减碳量1.82t$CO_2$，年节能经济效益2108元。

### 四、技术支撑单位

浙江亚宁科技有限公司。

## 7-6 耐高温远红外辐射涂料节能技术

### 一、技术介绍

耐高温远红外辐射涂料节能技术主要是开发一种耐高温、高发射率的远红外辐射涂料，该涂料具有发射率高、热导率小、气密性好、耐火度高、耐腐蚀、施工简便迅速等优点，可显著增强炉膛内的热传递效果，提高燃料燃烧温度。

耐高温远红外辐射涂料可直接喷涂在各种高温炉的耐火材料表面，固化后形成牢固的涂层，该涂层耐热度很高，对远红外线的辐射能力很强，炉衬黑度可以上升到0.93以上。当涂层辐射的远红外线传递到炉膛中央辐射段炉管和炉膛两侧烧嘴喷出的燃料上时，就被炉管和燃料所吸收，从而加速了炉管加热进程，降低燃料不完全燃烧损失，强化炉膛内的热交换效果，使燃料燃烧得更加充分，从而达到节能的目的。此外，该涂料喷涂在各种高温炉的耐火材料表面，与炉体内壁紧密结合，高温处理后可渗入耐火材料1～3mm，形成一层坚硬的陶瓷面硬壳，隔绝炉子内壁与燃烧气流的直接接触，从而避免气流的冲刷和腐蚀，起到保护炉体和延长保温材料寿命的作用。

### 二、应用情况

耐高温远红外辐射涂料产品可应用于陶瓷窑炉、水泥窑炉、加热炉、裂解炉、沸腾炉、锅炉、电炉等，目前已经广泛应用于钢铁、有色、建材、石化等行业。

### 三、节能减碳效果

通过长期对应用该涂料的各种窑炉、锅炉、电炉的节能测试可知，该涂料应用于燃煤锅炉可提高热效率0.5%～5%；应用于燃油、燃气炉可提高热效率1%～13%；应用于高温窑炉类可提高热效率3%～18%；应用于电炉可提高热效率2%～15%。

国内某乙烯装置的SL-Ⅱ型裂解炉采用耐高温远红外辐射涂料，喷涂后的3个运行周期中炉墙外壁温度均有明显的下降，其中4m以下砖墙平均下降16.4～23.5℃；4m以上砖墙平均下降16.1℃；陶纤墙体外壁平均下降30.3℃；看火孔与侧壁烧嘴周围外壁分别下降27.7℃、23.8℃，炉外壁总体平均下降23.0℃。该裂解炉喷涂后，在保持投料负荷与操作温度不变的前提下，3个运行周期中裂解炉的燃料消耗量与排烟温度均有所降低，其中燃料消耗量平均下降247.3kg/h，排烟温度平均下降13.7℃，炉子热效率显著提高。实际运行数据表明，1台产能10万吨/年的SL-Ⅱ型裂解炉的辐射室喷入该涂料后，每月可节约178t燃料气，每年可节约1958t燃料气，实现减碳量5521.56t$CO_2$。

### 四、技术支撑单位

北京志盛威华化工有限公司。

## 7-7 耐高温纳米级高辐射覆层技术

### 一、技术介绍

耐高温纳微米级高辐射覆层材料具有高辐射、高吸收的特性，将其涂覆在复杂结构的高炉热风炉与焦炉的蓄热体表面及燃烧室内壁，可以提高蓄热体和燃烧室里火道表面的发射率（从涂覆前的0.7～0.8提高到0.90以上），强化高温环境下固体表面与气体间的辐射传热，提高蓄热体的表面温度，加大表里温度梯度，增加蓄热量，提升能源利用效率，降低燃料消耗。该材料制备及使用流程为：

（1）按照高辐射覆层材料配方称量各组分，将粉体材料混合均匀后，经超细化处理，制成微纳米级的高辐射覆层粉体材料。根据配方精确称量CMC溶液、PA80胶、水玻璃和水，混合制成高温胶。将高温胶倒入制备好的超细粉体材料中，使用胶磨机研磨混合，并静置发酵24h以上，完成高辐射覆层涂料的配制。

（2）在使用高辐射覆层材料前，需要对耐材基体进行前处理，喷涂一层前处理液以降低耐材基体的表面张力，提高涂料与耐材基体的吸附力。前处理液干燥后，将高辐射覆层涂料通过浸泡、渗透或喷涂等方式包覆于耐材基体表面，形成一层发射率大于0.9、厚度约为0.3mm的致密覆层，起到保护耐材、防止渣化的效果。高辐射覆层技术在高炉热风炉上的应用如图7.7所示。

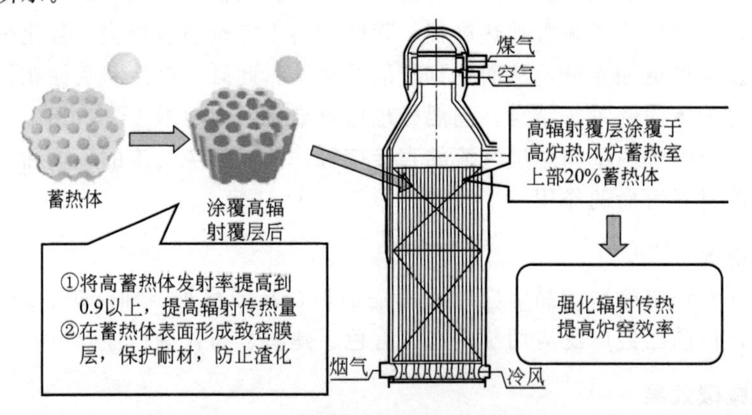


图7.7 高辐射覆层材料应用示意图

### 二、应用情况

耐高温纳微米级高辐射覆层材料主要适用于钢铁行业钢铁、冶金企业。据统计，目前已在全国60多家钢铁企业的366座高炉热风炉和3座焦炉上应用，累计实现节约焦炭147.27万吨，实现减碳量452.11万吨$CO_2$，节约资金达46.02亿元，经济效益和社会效益显著。部分企业应用效果见表7.2。

表7.2 部分企业采用耐高温纳米级高辐射覆层材料效果统计

| 企业项目名称 | 节能效果 |
|---|---|
| 山钢集团济钢焦化厂8#焦炉 | 8#焦炉应用该技术，与未应用该技术的9#焦炉相比，废气温度降低16℃，热效率提高约4%，节约煤气4.95% |

续表

| 企业项目名称 | 节能效果 |
|---|---|
| 日照钢铁球式热风炉 | 日钢64座(共计104座次)高炉热风炉全部采用高辐射覆层技术,平均节约煤气6.91%,实现年节能效益8千余万元 |
| 包头钢铁 4150m³ 高炉热风炉 | 7#高炉配备4座卡鲁金顶燃式热风炉,其中2#、3#、4#热风炉采用该技术,与未采用该技术的1#热风炉相比,平均节约煤气10.04% |
| 沙钢 5800m³ 高炉热风炉 | 经蓄热量检测,有覆层的热风炉格子砖较无覆层的格子砖蓄热量提高13.35%,节约高炉煤气5.12% |
| 首钢京唐 5500m³ 高炉热风炉 | 2#5500高炉4座热风炉和2座预热炉应用该技术,与无覆层的1#高炉热风炉相比,节约煤气7%以上 |

### 三、节能减碳效果

根据应用统计,采用耐高温纳微米级高辐射覆层材料可提高高炉热风炉风温10℃以上,节约煤气消耗量3%以上。

首钢京唐高炉热风炉改造项目,在2# 5500m³ 高炉的4座热风炉上部50层格子砖和2座预热炉上部25层格子砖共36.5万块格子砖表面涂覆高辐射覆层,改造后节约煤气7%以上,实现年节能量25445tce,年减碳量66157t$CO_2$,年经济效益达1148万元。

### 四、技术支撑单位

山东慧敏科技开发有限公司。

## 7-8 加热炉黑体技术强化辐射节能技术

### 一、技术介绍

加热炉黑体技术强化辐射节能技术基本原理是根据红外物理的黑体理论及燃料炉炉膛传热数学模型,制成集“增大炉膛面积、提高炉膛发射率和增加辐照度”三项功能于一体的工业标准黑体-黑体元件,通过将众多的黑体元件安装于炉膛内壁适当部位,与炉膛共同构成红外加热系统,既可增大传热面积,又可提高炉膛的发射率到0.95,同时能对炉膛内的热射线进行有效调控,使之从漫射的无序状态调控到有序,直接射向钢坯,从而提高炉膛对钢坯的辐射换热效率,取得较好的节能效果。黑体技术节能原理如图7.8所示。

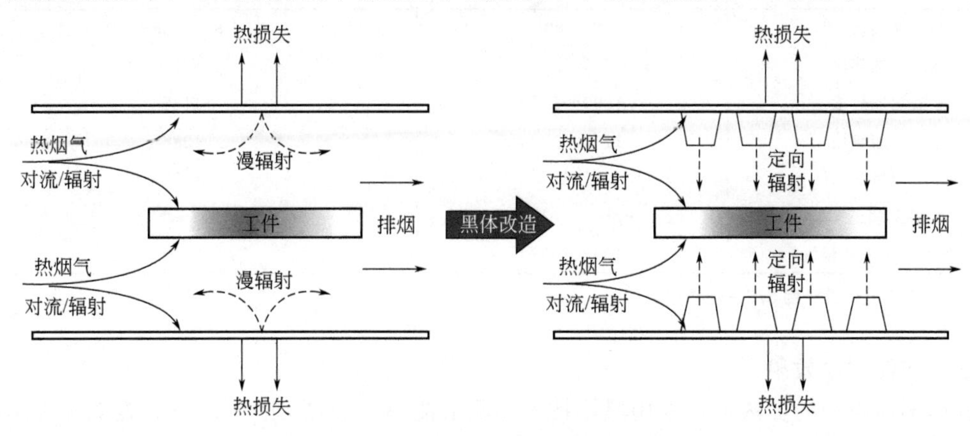


图7.8 黑体技术节能原理示意图

该技术通过设计将一定数量高辐射系数（0.95 以上）的黑体元件，安装在加热炉内炉顶和侧墙上，增加辐射面积，增加有效辐射，提高加热质量，降低燃料消耗。黑体元件布置如图 7.9 所示。其工艺流程为：施工准备→炉衬清理及局部修补→黑体元件布置画线→炉衬工艺小孔加工→黑体元件安装→对炉衬做保护性处理和红外涂装→施工现场清理→正常烘炉→测试及验收。

图 7.9　黑体元件布置示意图

## 二、应用情况

加热炉黑体技术强化辐射节能技术广泛适用于冶金、机械、石化、陶瓷、玻璃等行业的燃气、燃油、燃煤或电热等中、高温加热炉窑，目前已经应用于机械热处理炉、轧钢加热炉、乙烯裂解炉等上百台各种类型的加热炉、热处理炉，均取得较好的节能效果。

某钢厂年产 150 万吨中厚板轧钢的加热炉实施黑体技术改造，改造后加热炉炉温显著提高，节能率达到 16.55%。其改造前后的炉温数据见表 7.3。

**表 7.3　某钢厂加热炉实施黑体技术节能改造前后炉温对比**

| 各处温度/℃ | 改造前 | 改造后 |
| --- | --- | --- |
| 预热段 | 大于 800 | 850～950 |
| 第一加热段 | 850～950 | 1057 |
| 第二加热段 | 1000～1080 | 1185 |
| 第三加热段 | 1100～1200 | 1288 |
| 均热段 | 1280 | 1275 |
| 辅助烟道① | (150～280)～(368～570) | 31～37 |
| 钢坯出炉平均温度 | 1060～1070 | 1099 |

① 加热炉辅助烟道温度 877～924℃。

## 三、节能减碳效果

根据不同类型的加热炉，采用黑体技术实测节能率一般在 8%～15%。表 7.4 为黑体技术与其他类似技术的比较。

表 7.4 黑体技术与其他类似技术比较

| 技术名称 | 适应范围 | 技术原理 | 节能效果比较 |
| --- | --- | --- | --- |
| 黑体技术 | 中高温炉窑 | 强化辐射传热 | 8%～15% |
| 改变传热方式 | 工业炉窑 | 改变传热方式 | 5%～8% |
| 涂料技术 | 中高温炉窑 | 提高炉衬黑度 | 3%～5% |
| 蜂窝体炉顶 | 玻璃窑 | 增大炉衬面积 | 5%～8% |

钢厂年产135万吨热轧带钢的加热炉采用黑体技术，在加热炉内壁炉顶的预热段、加热段等部位安装15240个黑体元件及红外加热系统，改造后每年节能6650tce，实现减碳量17290t$CO_2$，年节能经济效益465.7万元。

**四、技术支撑单位**

西华节能技术有限公司。

## 7-9 氧化还原树脂常温除氧技术

**一、技术介绍**

氧化还原树脂常温除氧原理是把水中游离氧分子还原转变成氧化物从而达到除氧的目的，其主要设备是氧化还原树脂除氧器，它是由能提供大量廉价活性氢、变价离子或原子团的氧化还原树脂装入特制的钢制容器或玻璃钢容器组成，当软化水或脱盐水通过氧化还原树脂层时，水中的氧与树脂上的活性氢反应生成水，即除去水中的溶解氧，且除氧后的水不带入任何杂质电解质。同时，树脂上的氧化性功能团可通过还原剂进行再生，继续除氧。

目前我国工业锅炉给水除氧大部分采用传统的热力除氧，属于物理除氧，即水中溶解氧是采用与无氧热蒸汽交换的方法除氧，交换以后的含氧蒸汽排放到空气中。该方法不仅排放浪费掉0.3%～8%的蒸汽，而且还浪费电力用以雾化水珠。同时，热力除氧需消耗大量蒸汽来除氧。而氧化还原树脂除氧在常温下进行，可完全节约除氧所需大量蒸汽，并避免蒸汽排放。同时，常温下还可使热回收设备避免氧腐蚀，延长使用寿命。此外，由于除氧器运行过程中无自耗水，全部再生液变成无氧水输出，从而真正实现零排放。

**二、应用情况**

氧化还原树脂常温除氧具有节能、节水、除氧完全、费用低等优势，对化工、水泥、发电、煤化工等行业企业的余热锅炉、废热锅炉的热量可进行有效利用和回收，目前已大量用于热水锅炉、蒸汽锅炉给水除氧，化工工艺水除氧，电子工业纯水除氧、超纯水除氧等领域。

**三、节能减碳效果**

氧化还原树脂常温除氧与传统热力除氧相比，可完全节约除氧所需蒸汽，同时可使锅炉及其他换热设备的热效率均有不同程度的提高，设备运行周期延长，经济效益显著。

某化工企业生产规模为年产100万吨氨醇，116万吨尿素，30万吨甲醇和25万吨碳酸氢铵，公司发电厂锅炉665t/h，年产蒸汽375万吨；化肥厂余热锅炉50t/h，年产蒸汽37.1万吨；合成氨废热锅炉105t/h，年副产蒸汽47.3万吨。通过采用氧化还原树脂常温除氧，与原来的热力除氧相比，在降低排放蒸汽量、回收电厂烟气余热、提高余热锅炉和废热锅炉热效率、增加产气量等方面成效显著，综合实现年总节约蒸汽约28.65万吨，年减碳量约7.45万吨$CO_2$，年节约费用达6058万元。

### 四、技术支撑单位

常州新区南极新技术开发有限公司。

## 7-10 机械式蒸汽再压缩技术（MVR技术）

### 一、技术介绍

机械式蒸汽再压缩技术（MVR技术）是利用高能效蒸汽压缩机压缩蒸发系统产生的二次蒸汽，使其温度、压力升高，热焓增大，然后进入蒸发系统作为热源循环使用，代替绝大部分生蒸汽，使用后新产生的二次蒸汽再经压缩机重复以上过程，如此重复循环，其中生蒸汽仅用于补充热损失和补充进出料温差所需热焓，从而大幅度降低蒸发器的生蒸汽消耗，达到节能目的。其技术原理及典型工艺流程如图7.10所示。

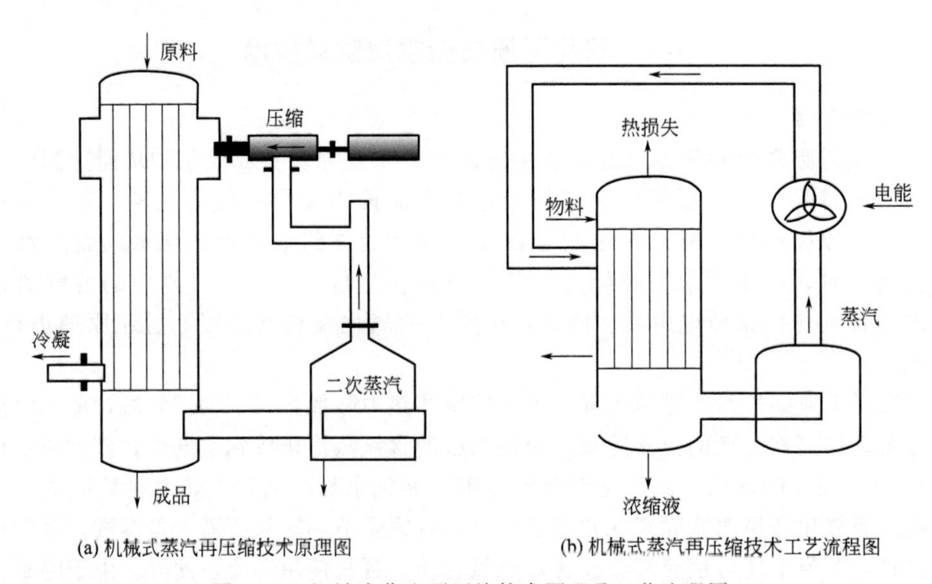


(a) 机械式蒸汽再压缩技术原理图　(b) 机械式蒸汽再压缩技术工艺流程图

图7.10　机械式蒸汽再压缩技术原理及工艺流程图

### 二、应用情况

机械式蒸汽再压缩技术可用于化工、制药、制糖等轻工行业料液和废水浓缩，目前已经应用于化工、味精、柠檬酸、制药等蒸发浓缩工序，节约大量蒸汽，节能效益显著。

### 三、节能减碳效果

机械式蒸汽再压缩技术与多效蒸发相比，蒸汽回收率可达90%。

某公司黑钛液浓缩工段，将钛白黑钛液质量浓度从147.21g/L浓缩至198.22g/L，每吨钛白浓缩需蒸出水量为1.92L，采用多效浓缩，蒸发1t水消耗蒸汽0.75t，共需消耗蒸汽1.44t，同时消耗冷却水120t，共折合标准煤187.66kg；而采用MVR浓缩，1.92t二次蒸汽经离心式压缩机提升，耗电100kW·h，同时消耗蒸汽仅0.06t，共折合标准煤20.01kg。两者相比，吨钛白的黑钛液实现节能量167.65kgce，减碳量435.89kg$CO_2$，节能率达89%，同时节约能源成本149元。详情见表7.5。

**表7.5 某公司黑钛液浓缩采用MVR浓缩和多效蒸发浓缩能耗对比**

| 能源 | 折标煤系数 | 多效浓缩技术 | | MVR浓缩技术 | |
|---|---|---|---|---|---|
| | | 能耗 | 折标煤 | 能耗 | 折标煤 |
| 蒸汽 | 128.6kg/t | 1.44t | 185.2kg | 0.06t | 7.72kg |
| 冷却水 | 0.0205kg/m$^3$ | 120m$^3$ | 2.46kg | | |
| 电 | 1.229kg/(kW·h) | | | 100kW·h | 12.29kg |
| 合计 | | | 187.66kg | | 20.01kg |

## 四、技术支撑单位

江苏乐科热工程设备有限公司、中粮生物化学（安徽）股份有限公司。

# 7-11 乏汽与凝结水闭式全热能回收技术

## 一、技术介绍

乏汽与凝结水闭式全热能回收技术是在蒸汽间接换热系统的换热设备后端，将由蒸汽换热降温形成的高温凝结水收集至集水罐进行汽水分离后，采用由PLC控制的离心泵或汽/气动力泵以全密闭方式自动加压输送至用户规定的场合，对其余热余压进行回收再利用。同时实现其中水资源的循环利用。

该技术装置由多路共网器、集水罐、离心泵、自控柜、PLC控制器及通用阀门等构成，其特点为：在装置正常生产工艺条件下对乏汽和凝结水进行完全闭式回收，回收后无二次汽排放，消除潮湿环境和热污染。凝结水回收后，彻底消除因排放凝结水和闪蒸二次汽造成的浪费，实现凝结水闪蒸二次汽及用热设备疏水阀所漏蒸汽全部闭式回收。同时，闭式系统避免了凝结水再次污染及空气中氧气的再次融入，减少除氧费用和管路系统内外腐蚀，延长设备寿命。其工艺流程如图7.11所示。

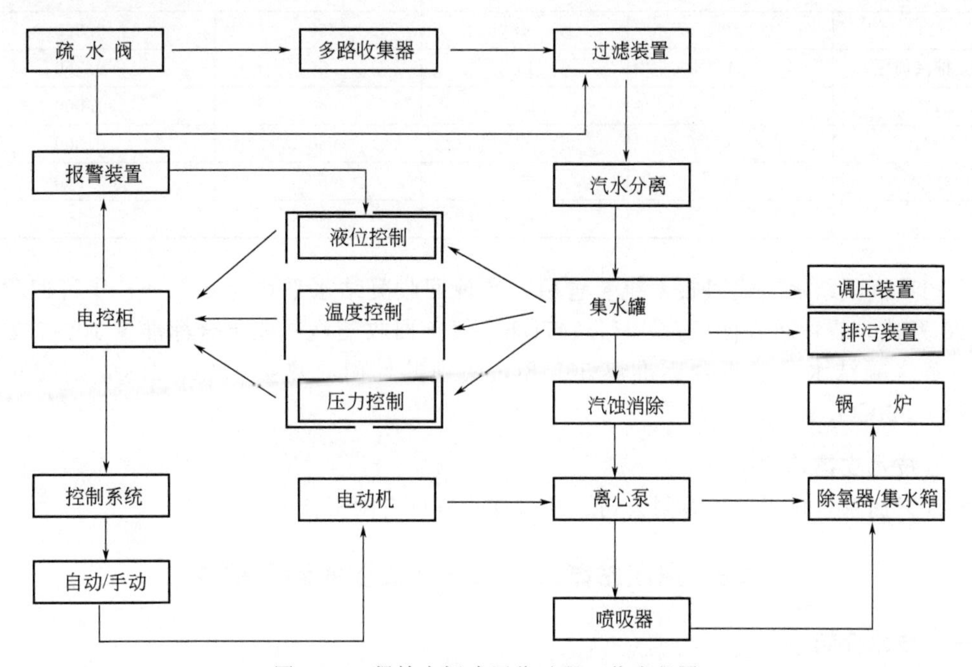


图7.11 凝结水闭式回收过程工艺流程图

### 二、应用情况

乏汽与凝结水闭式全热能回收技术可广泛应用于石油、石化、化工、火电、冶炼等行业中使用蒸汽进行间接加热的热交换系统，目前已经在国内多家石油化工企业得到应用。

### 三、节能减碳效果

乏汽与凝结水闭式全热能回收技术可实现凝结水回收率90%以上，同时回收余热。

某石化公司炼油区蒸汽管网改造采用蒸汽凝结水闭式回收系统，改造后共标定74条蒸汽排凝回收系统，实际运行51条。部分具有代表性的回收装置标定数据详见表7.6、表7.7。

表7.6 排凝站低压蒸汽回收量统计表

| 回收装置名称 | 低压蒸汽平均回收量/(t/h) | 备　注 |
|---|---|---|
| 914蒸汽排凝回收装置 | 0.545 | 实测回收量 |
| 514A蒸汽排凝回收装置 | 1.66 | 实测回收量 |
| 714蒸汽排凝回收装置 | 0.581 | 实测回收量 |
| 314B蒸汽排凝回收装置 | 4.891 | 实测回收量 |
| 514B蒸汽排凝回收装置 | 2.168 | 参照314B运行线排量计 |
| 314A蒸汽排凝回收装置 | 1.902 | 参照314B运行线排量计 |
| 合计 | 11.747 | — |

表7.7 排凝站蒸汽凝结水回收量统计表

| 回收装置编号 | 疏水间隔时间/min | 疏水次数/(次/h) | 流量/(kg/次) | 回收凝结水量/(t/h) |
|---|---|---|---|---|
| 914 | 30 | 2 | 50 | 0.100 |
| 514A | 5 | 12 | 50 | 0.600 |
| 514排汽加压 | 4 | 15 | 50 | 0.750 |
| 714 | 10 | 6 | 50 | 0.300 |
| 714排汽加压 | 4 | 15 | 50 | 0.750 |
| 314B | 3 | 20 | 50 | 1.000 |
| 514B | 10 | 6 | 50 | 0.300 |
| 314A | 10 | 6 | 50 | 0.300 |
| 合计 | — | — | — | 4.100 |

采用蒸汽凝结水闭式回收系统装置后，实现回收凝结水平均为4.1t/h，年可回收凝结水3.28万吨。装置回收低压蒸汽11.747t/h，每年回收蒸汽热能折合标准煤10217.4t，每年回收蒸汽凝结水余热折合标准煤505.8t，两项共计回收热量10723.2tce，实现年减碳量27880.32t$CO_2$。

### 四、技术支撑单位

北京天达京丰技术开发有限公司、甘肃红峰机械有限责任公司。

## 7-12 空压站循环冷却水余热回收利用技术

### 一、技术介绍

空压机在运行过程中，机械做功压缩空气时会产生大量的热量，同时空压机电机在运行过程中也会产生热量，使得机体发热，降低压缩效率，因而必须通过冷却系统（风冷或水冷等）进行冷却，将热量排散出去，但这种散热方式会造成热能的浪费和电能损耗。该技术采用专用热泵热水机组对其部分余热进行回收，用于制取热水，供应淋浴、采暖、锅炉补水、工业热水等。该技术在不消耗额外能源的情况下，将空压机的余热回收利用，不仅能使空压机在最佳工况下运行提高产气效率，同时能够减少原空压机散热系统的能耗，减少原加热能源的使用量，具有较好的节能减排效果。

空压站循环冷却水余热回收所用水源热泵机组制热流程如图 7.12 所示。从电子膨胀阀①流出的制冷剂进入蒸发器②，吸收由空压机冷却水③提供的水中的热量而汽化成低压低温的蒸气后被压缩机④吸入，压缩机消耗一定的功率将该蒸气压缩成压力温度很高的蒸气并排入冷凝器⑤，高温高压的制冷剂蒸气将水箱⑥内的水加热后进入末端用水点，同时制冷剂蒸气因放出潜热而成为相同压力下的饱和液体。制冷剂液体经过膨胀阀①节流降压、温度也同时降低后进入蒸发器，如此周而复始地循环。

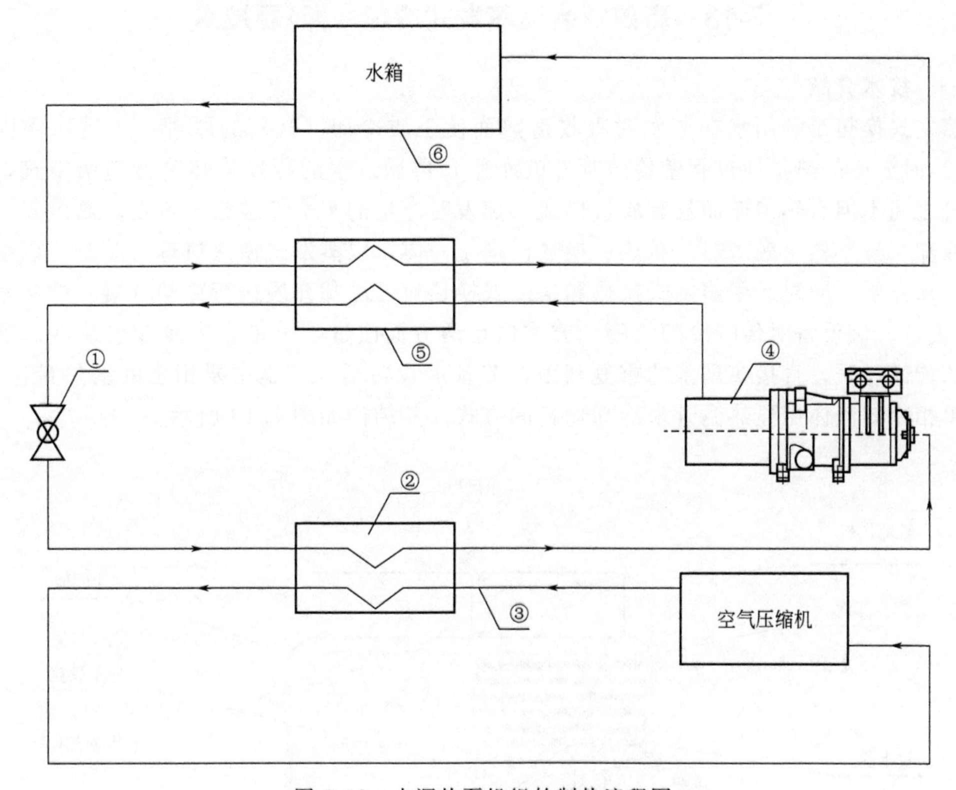


图 7.12　水源热泵机组的制热流程图

## 二、应用情况

空压站循环冷却水余热回收利用技术目前已经广泛应用于石油、化工、冶金、电力、机械、轻工、纺织、汽车制造、电子等行业空压系统，余热回收效果显著。

## 三、节能减碳效果

空压站循环冷却水余热回收利用技术回收利用压缩空气余热，能够减少原加热能源的使用量，节约能源。

陕西某公司实施空压机余热回收项目，该公司 7 台喷油螺杆空压机，其中 4 台 LS25-

350H（262kW），额定排气量 44.6$m^3$/min；3 台 LS32-450H（336kW），额定排气量 62.6$m^3$/min，设备加载率在 90%以上。改造前 7 台空压机工作时产生大量热量通过风冷冷却，直接排向大气中；改造后空压机在额定工况加载运转情况下，进水温度为 5℃，出水温度为 55℃（温升 50℃），336kW 空压机余热回收产热水量不小于 5.4t/h，262kW 空压机余热回收产热水量不小于 4.19t/h；262kW 空压机余热加热采暖循环水时，进水温度 40℃，出水温度不小于 60℃，回收热量不小于 209.6kW。经测量计算，每天回收总热量达 88.8GJ，可生产 55℃热水 424284kg，公司采用天然气锅炉加热，每天能够节约天然气 4160$m^3$，年可节约天然气 124.8 万立方米，实现年减碳量 2698.18t$CO_2$，年节约资金 385.62 万元。

**四、技术支撑单位**

THT 集团、华电电力科学研究院、北京中船信息科技有限公司。

## 7-13 高效复合型蒸发式冷却（凝）器技术

**一、技术介绍**

蒸发式换热是利用水在蒸发时吸收潜热而使工质冷却（凝）的原理，工质在管内冷却（凝结）时放出的热量通过管壁传给管外的水膜，再通过水的蒸发将热量传递给空气，水膜和空气之间不但有热传递而且有质量传递，蒸发时产生的水蒸气被空气带走。高效复合型蒸发式冷却（凝）器是融潜热、显热、换热机理于一体，以蒸发式换热机理为基础，以水和空气为冷却介质，同时运用蒸发式换热和空冷式换热对被冷却介质进行冷却（凝）的高效冷却（凝）设备。该设备对传统冷却（凝）方式进行两方面改进：一是省去冷却水从冷却器到冷却塔的传递过程，直接实现水的重复利用，节省水泵功耗；二是主要用水的潜热带走热量，改变单相冷却流体用显热温升来冷却物料的方式。其结构如图 7.13 所示。

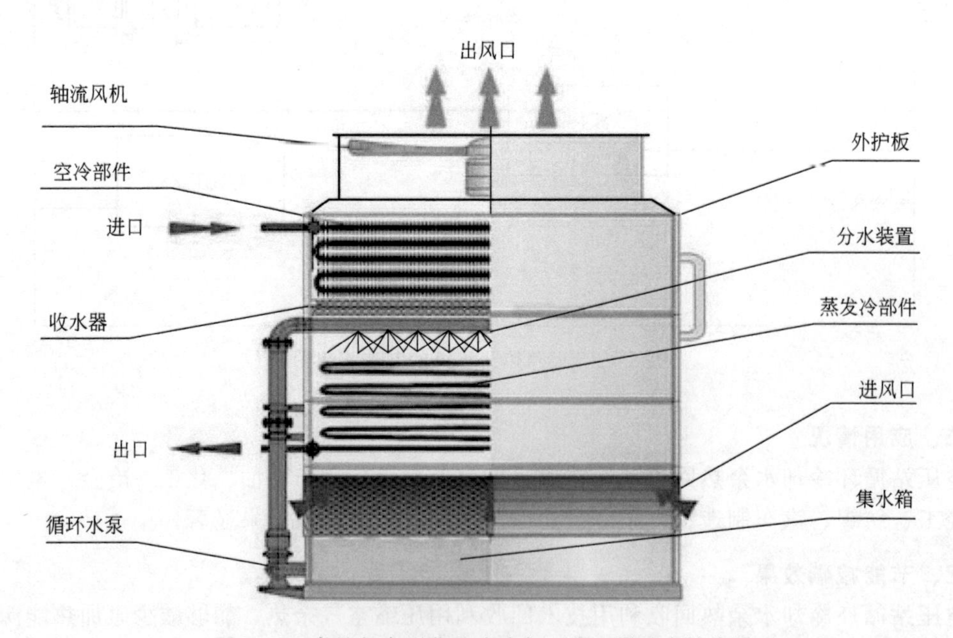


图 7.13 高效复合型蒸发式冷却（凝）器基本结构图

高效复合型蒸发式冷却（凝）器主要换热流程为：高温被冷却介质首先进入空冷换热部

件，利用蒸发换热段产生的水蒸气与空气混合所形成的湿空气对空冷部件内的高温被冷却介质进行冷却，使高温被冷却介质得到预冷降温；降温后的被冷却介质再进入蒸发冷换热部件，循环冷却水通过喷淋在蒸发冷部件的管（板）表面形成连续均匀的薄水膜，管（板）外表面水膜的蒸发使得空气穿过管（板）束后湿度增加而接近饱和，饱和湿空气在轴流风机超强风力作用下从设备上部排出，从而在换热部位形成负压区域，加速管（板）外表面水膜的蒸发，实现强化管（板）外换热；饱和湿空气在排出设备前经过挡水板，夹带的水滴被挡水板收集循环利用。

### 二、应用情况

高效复合型蒸发式冷却（凝）器目前已经广泛应用于石化行业各工段工艺流体的冷却（凝），如甲醇、合成氨、尿素、氯碱等生产过程中工艺气体冷却、冷凝等；此外，还在煤化工、电力、冶金等工业领域和制冷行业得到推广应用，节能节水效果显著。

### 三、节能减碳效果

根据应用统计，高效复合型蒸发式冷却（凝）器与空冷器串水冷冷却装置相比，同等换热负荷条件下，可实现节能30%～50%，节水20%～40%。

山东某氯碱厂采用高效复合型蒸发式冷却（凝）器设备进行改造，应用实践表明，在同样工况下，该设备比传统空冷器节能46.9%，EDC塔内操作压力从改造前的20.3kPa降低到10.0kPa左右，年降低运行成本55.7万元，增加效益500多万元。

某电厂660MW直接空冷燃煤机组增设蒸发式凝汽器，从原直接空冷凝汽系统主排汽管道分流320t/h的蒸汽，采用蒸发式凝汽器进行冷凝，在夏季（6～9月）机组运行尖峰冷却装置，实际运行排汽背压在原基础上降低5～18kPa，计算机组排汽背压加权平均值降低8.88kPa；在夏季7、8月份气温较高日，机组负荷限制在80%～90%，改造后气温较高期间增加发电功率为31.68MW，每年节能15894tce，实现年减碳量41324.4t$CO_2$。

### 四、技术支撑单位

洛阳隆华传热科技股份有限公司。

## 7-14 非稳态余热回收及饱和蒸汽发电技术

### 一、技术介绍

非稳态余热回收及饱和蒸汽发电技术流程为：非稳态余热经高温除尘，余热锅炉将热量传递给循环工质，循环工质吸收热量后变为蒸汽进入储热器，储热器的作用是将非稳态的工况转化为稳态，稳态蒸汽进入汽轮机内除湿再热后，经饱和蒸汽轮机做功，乏汽进入凝汽器，在其内凝结为水，并经除氧后返回余热锅炉开始下一个循环，从而将非稳态余热资源转化为电能高效利用。其流程如图7.14所示。

### 二、应用情况

非稳态余热回收及饱和蒸汽发电技术适用于钢铁、有色金属、石化等行业生产过程产生的不稳定、不连续余热资源回收，可回收温度在200～1000℃、波动范围达80%、流量波动达3倍的烟气余热资源，目前已经成功应用于对钢铁的转炉饱和蒸汽、电炉饱和蒸汽、铅锌冶炼的饱和蒸汽及铜冶炼的饱和蒸汽发电，部分企业应用情况详见表7.8。

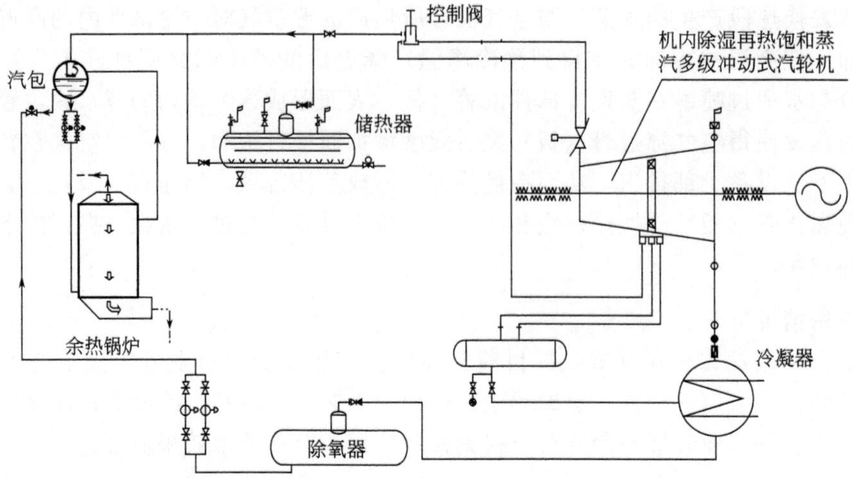

图 7.14 非稳态余热回收及饱和蒸汽发电系统流程图

**表 7.8 部分企业回收余热、饱和蒸汽发电案例**

| 序号 | 企业项目 | 回收余热类别 | 装机容量 | 年发电量 |
|---|---|---|---|---|
| 1 | 珠钢电炉烟气能源综合利用 | 不稳定、高粉尘烟气余热 | 10MW | 5760 万千瓦·时 |
| 2 | 攀钢炼钢低压余热回收 | 不连续饱和蒸汽 | 10MW | 6720 万千瓦·时 |
| 3 | 济钢转炉饱和蒸汽余热发电 | 不连续饱和蒸汽 | 4.5MW | 2916 万千瓦·时 |
| 4 | 浙江和鼎铜业饱和蒸汽余热发电 | 铜冶炼工艺饱和蒸汽 | 5MW | 3816 万千瓦·时 |
| 5 | 陕西东岭锌业饱和蒸汽余热发电 | 高压饱和蒸汽 | 13MW | 8424 万千瓦·时 |
| 6 | 锦州石化余热发电 | 饱和蒸汽和高温热水 | 4MW | 2952 万千瓦·时 |

### 三、节能减碳效果

非稳态余热回收及饱和蒸汽发电技术通过回收非稳态余热进行发电，提高能源利用率，同时减少外购电力，降低生产成本。

济钢炼钢转炉饱和蒸汽 4.5MW 余热电站，回收利用不连续的饱和蒸汽，项目年发电量 2916 万千瓦·时，实现年减碳量 25786t$CO_2$，年节能经济效益 874.8 万元；陕西东岭锌业对工艺产生的饱和蒸汽进行收集处理，建设 13MW 饱和蒸汽余热发电机组，项目年发电量 8424 万千瓦·时，实现年减碳量 56197t$CO_2$，年节能经济效益 2525 万元。

### 四、技术支撑单位

北京世纪源博科有限责任公司。

## 7-15 高炉冲渣水直接换热回收余热技术

### 一、技术介绍

高炉炼铁熔渣经水淬后产生大量 60～90℃的冲渣水，其中含有大量悬浮固体颗粒和纤维。目前我国高炉冲渣水余热主要采用过滤直接供暖及过滤换热供暖方式进行利用，但存在容易在管道或换热设备内发生淤积堵塞、过滤反冲频繁、取热量少、产生次生污染等问题，无法长时间使用。高炉冲渣水直接换热回收余热技术则采用专用冲渣水换热器，无须过滤直接进入换热器与采暖水换热，加热采暖水，用于采暖或发电，从而减少燃煤消耗并减少污染物的排放，达到节能减排的目的。冷却后的冲渣水继续循环冲渣，对于带有冷却塔的冲渣工艺，可以关闭冷却塔进一步节约电能消耗；对于没有冷却塔的冲渣工艺，冲渣水降温后减少了冲渣水蒸发量，进一步减少水耗。采用该技术，无须过滤，工艺流程短，运行及维护成本低，取热过程仅仅取走渣水热量，不影响高炉正常运行，无次生污染，整体运行可靠，适宜于长周期运行。其关键技术主要包括：

（1）直接换热技术。开发专用冲渣水换热器，解决了纤维钩挂堵塞和颗粒物淤积堵塞问题，冲渣水无须过滤即可直接进入换热器与采暖水进行换热。

（2）抗磨损技术。冲渣水含有大量固体颗粒物，不仅容易淤积堵塞，而且极易磨损，该技术通过板型、材质、结构、流速等方面的控制解决了磨损问题。

（3）自动运行控制技术。根据高炉规模和冲渣工艺的不同特点，研发系列工艺流程与之配套，大型高炉两侧冲渣的切换技术以及可靠的直接换热技术保证了自动运行的可实施性。

高炉容积不同，冲渣工艺不同，以底滤法为例，其工艺流程如图 7.15 所示。由高炉冲渣水泵出口管道处设置的阀组提取冲渣水，取出的冲渣水流经冲渣水换热器取热降温后引回原管路继续冲渣；采暖水回水流经冲渣水换热器加热升温后，供采暖；系统安装自动控制，包含 PLC 控制系统及温度、压力、热量计量等控制系统。

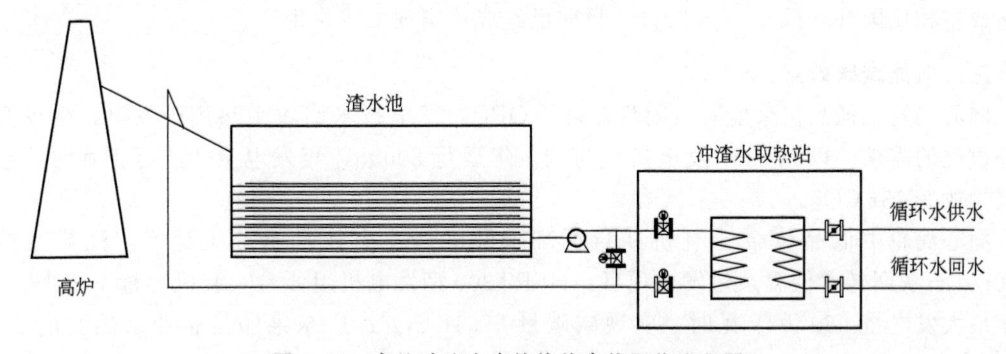


图 7.15　高炉冲渣水直接换热余热回收流程图

## 二、应用情况

高炉冲渣水直接换热回收余热技术适用于冶金行业炼铁、炼铜等生产过程高炉冲渣水余热回收利用，目前已在北方 20 余座高炉冲渣水余热回收项目中推广实施，用于城市供暖，供暖面积累计达 1100 万平方米，取得良好的经济和社会效益。

## 三、节能减碳效果

高炉冲渣水直接换热回收余热技术对于大型高炉的因巴等冲渣工艺，冷端温差小于 5℃，可将冲渣水由 85℃降至 55℃以下；对于小型高炉的底滤等冲渣工艺，热端温差小于 2℃，可将采暖水加热至 65℃以上。该技术可实现 100%全水量取热，回收热量大。据统计，采用该技术可使年产吨铁可配置采暖面积 0.4～0.6$m^2$，节能 5～7.5kgce，节水 40～57kg。

山西某钢厂采用高炉冲渣水直接换热回收余热技术回收高炉冲渣水余热，为该市 220 万平方米城区建筑集中供暖，高炉炉容 4350$m^3$，冲渣工艺环保因巴，冲渣水温度最高温度 95℃，冷却至 60℃以下，冲渣水流量 2400t/h，项目建设两套冲渣水取热站，各 6 台冲渣水换热器，并建设配套采暖水泵站实现采暖水输送和调峰补热功能，以及相应连接管道、切换系统及控制系统。项目投运后实现年节能量 2.85 万吨标准煤，年减碳量 7.41 万吨 $CO_2$，年节能经济效益为 1207 万元。

### 四、技术支撑单位

天津华赛尔传热设备有限公司。

## 7-16 向心涡轮中低品位余能有机朗肯循环（ORC）发电技术

### 一、技术介绍

向心涡轮中低品位余能有机朗肯循环（ORC）发电技术的基本原理是采用低沸点有机工质进行闭式热力循环，利用冷热源温差向外供电，将低品位的热能转化为高品质的电能。该技术解决了向心涡轮设计与制造、工质/润滑油泄漏、润滑油系统、系统集成等一系列关键技术问题，解决了国内中低温余热有效利用的难题，回收利用排向环境的低温余热，将其转化为高品质的电能，减少企业对外供电的需求，实现节能减排。

### 二、应用情况

向心涡轮中低品位余能有机朗肯循环（ORC）发电技术适用于化工、冶金、窑炉等高耗能行业，可利用80℃以上工业余热及地热水发电，如各种工业炉窑的尾气余热回收利用，化工炼油行业的工业物流及废水、可再生能源（如地热、太阳能、生物质发电）的利用。其制造成本相比国外降低20%～30%，目前已经成功实现工业化生产。

### 三、节能减碳效果

向心涡轮中低品位余能有机朗肯循环（ORC）发电技术回收余热用于发电，减少企业对外供电的需求。以500kW发电机组为例，年运行8000h，年发电量400万千瓦时，年减少碳排放3573t $CO_2$。

向心涡轮中低品位余能有机朗肯循环（ORC）发电技术示范工程有：江苏某钢厂1000t/d石灰回转窑低温余热发电项目，HSRT300型发电机组4台，装机容量1.2MW，项目年最大发电量960万千瓦时，实现减碳量6754t $CO_2$；广东某印染企业余热发电项目，HSRT300型发电机组1台，装机容量300kW，项目年发电量224万千瓦时，年减碳量排放1181t $CO_2$。

### 四、技术支撑单位

北京华航盛世能源技术有限公司。

## 7-17 电站锅炉排烟余热深度利用技术

### 一、技术介绍

电站锅炉排烟余热深度利用系统在脱硫装置入口间布置余热回收装置，将烟气温度降低至80℃左右，实现排烟余热的第一次提取；在脱硫装置出口烟道通过余热回收装置使50℃左右的烟气温度得到进一步降低，回收烟气中水蒸气的凝结潜热，实现排烟余热的第二次提取。余热非采暖季用于加热凝结水，减少汽机热耗，降低机组发电煤耗率；采暖季用于加热热网水，对外多供热。该技术采用新型防腐材料制作换热器，同时换热器管束采用小管径、薄壁厚的形式，其传热系数是传统金属换热器的3～4倍，有效解决低温烟气余热利用的低温腐蚀、积灰堵灰、传热效率低等问题。

### 二、应用情况

电站锅炉排烟余热深度利用技术适用于电力行业电站锅炉的排烟余热回收利用，也适用于其他工业小锅炉的烟气余热回收利用，目前已经在国内大型电厂建立示范装置，节能减排效果显著。

### 三、节能减碳效果

锅炉排烟余热深度利用系统可比传统烟气余热回收利用装置多降低排烟温度20℃以上，折合可多降低机组发电煤耗率1.0g/kW·h左右。对于300MW机组，一年可多节约标煤1500t，减少碳排放3900t $CO_2$。

天津某电厂330MW机组示范工程，2014年9月投运，系统运行稳定，各项参数符合设计要求，在额定负荷330MW下，余热回收装置将排烟温度由140℃降到80℃，吸收烟气余热量为25.39MW，降低发电煤耗率为3.1g/kW·h，综合减少脱硫塔补水率77%。

### 四、技术支撑单位

烟台龙源电力技术股份有限公司。

## 7-18 烧结余热能量回收驱动技术（SHRT技术）

### 一、技术介绍

烧结余热能量回收驱动技术（SHRT技术）的原理是将烧结余热能量回收发电技术与电动机拖动的烧结主抽风机驱动系统集成配置，使得烧结余热汽轮机、烧结主抽风机以及同步电动机同轴串联布置，形成烧结余热与烧结主抽风机能量回收三机组（SHRT）。与单独的烧结余热发电技术及电机驱动的烧结主抽风机技术不同，SHRT技术是将烧结余热产生的废热通过余热锅炉产生蒸汽，再通过汽轮机转换为机械能，通过变速离合器与烧结主抽风机连接，与电动机同轴驱动烧结主抽风机向烧结工序提供所需的风量和压力。使驱动烧结主抽风机的电机降低电流而节能，省去先由热能转为电能，再转换为机械能之间的能源重复损失，大大提高余热能量回收的效率。

SHRT技术工艺流程如图7.16所示。一般烧结厂烧结烟气平均温度≤150℃，机尾温度达300～400℃。烟气经除尘后，加热余热锅炉以回收低品位余热，产生过热蒸汽推动汽轮机做功。在SHRT机组中，烧结主抽风机为双出轴结构形式，一侧与同步电动机连接，另一侧与烧结余热汽轮机连接，烧结余热汽轮机与烧结主抽风机之间配有变速离合器。在烧结余热回收系统未投运或余热汽轮机异常情况下，电动机单独拖动烧结主抽风机旋转，余热汽轮机与烧结主抽风机处于脱开状态。当烧结工艺正常运行后，烧结烟气通过余热锅炉，产生低温蒸汽推动低温余热汽轮机旋转，通过变速离合器输出功，当变速离合器输出端转速达到烧结主抽风机啮合的转速时，变速离合器自动啮合，从而由低温余热汽轮机和电动机共同驱动烧结主抽风机，电动机输出功率下降，达到节能目的。

### 二、应用情况

SHRT技术可广泛应用于适合冶金、煤化工等行业余热余压能量回收与机械驱动系统联合应用的领域，目前已经在国内多家钢铁企业应用，节能效果显著。

江苏某公司200m² 烧结主抽风机烧结余热回收机组采用SHRT技术实施改造，该套机组烧结主抽风机7033kW，余热汽轮机4350kW，余热汽轮机回收的能量直接作用在轴系上，降低电动机功率约62%。同时，SHRT机组将原有的庞大系统简化合并，取消原发电机组厂房、发电机及发配电系统，合并自控系统、润滑调节油系统、动力油系统等，节约用地，降低生产运行成本。

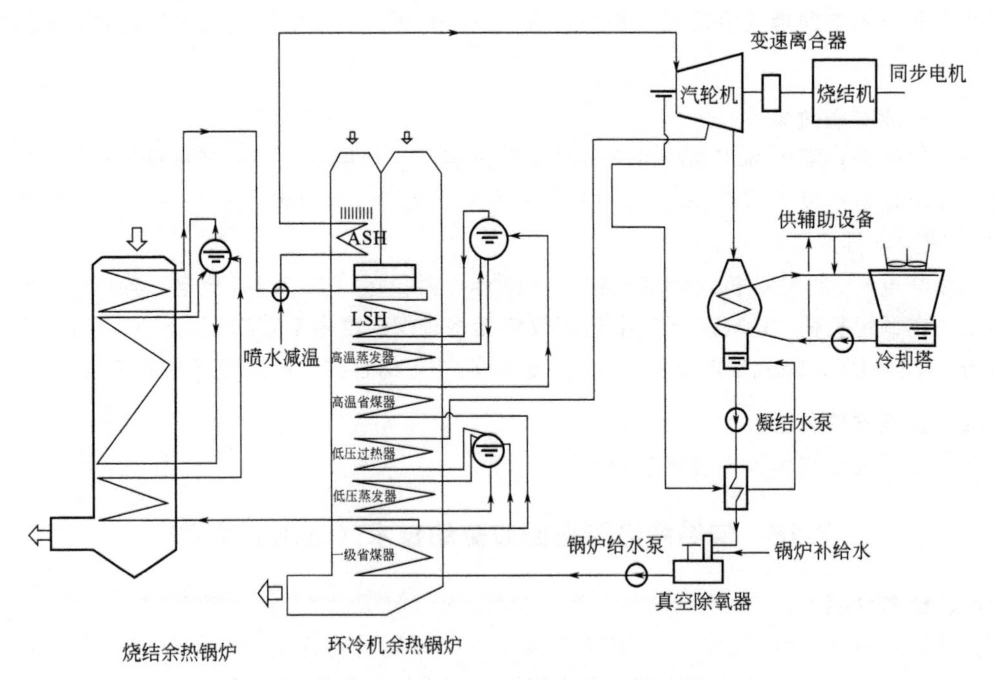


图 7.16 SHRT 技术系统工艺流程图

## 三、节能减碳效果

SHRT 机组与原烧结主抽风机相比，平均节能效率达 60%以上。

山西某公司 328m$^2$ 烧结主抽风机烧结余热回收机组项目，回收功率 5000kW，机组投运后，电动机电流从 380A 降至 200A，回收余热能量为 3200kW。当蒸汽正常后，回收余热能量 5400kW，实现年节能量达 13824tce，年碳减量 35942.4t$CO_2$。

## 四、技术支撑单位

西安陕鼓动力股份有限公司。

# 7-19 石灰窑余热回收利用技术

## 一、技术介绍

石灰窑余热回收利用主要是通过热交换等方式将经石灰窑或石灰窑预热器排出的废气和石灰窑卸出的石灰所含有的大量余热加以回收利用。如废气温度为 150～300℃，将其余热回收后，应用于预热入窑的原料、燃料或助燃空气，也可用于取暖、洗浴等。一方面实现节约能源，另一方面也降低了废气温度利于除尘。其关键技术为无机热传导技术。

无机热传导技术是以无机元素为主要介质，将其注入到各类金属（或非金属）管状、板状腔体内，经密封成形后，形成具有传热特性的元件，即无机传热元件。若干传热元件经科学、合理的设计组合成换热设备。其传热机理为：在一定温度下，无机传热元件内部的无机传热工质受热激发后，分子间高速运动、震荡摩擦，以波的形式传热，将热量由元件的一端向另一端传递，在整个传热过程中，元件呈现出无热阻、快速、波状导热特性。该元件具有启动迅速、传热速度快、热阻小、当量热导率高、使用温度范围宽、元件内腔工作压力低、使用寿命长等优势。无机传热元件结构及换热原理如图 7.17、图 7.18 所示。

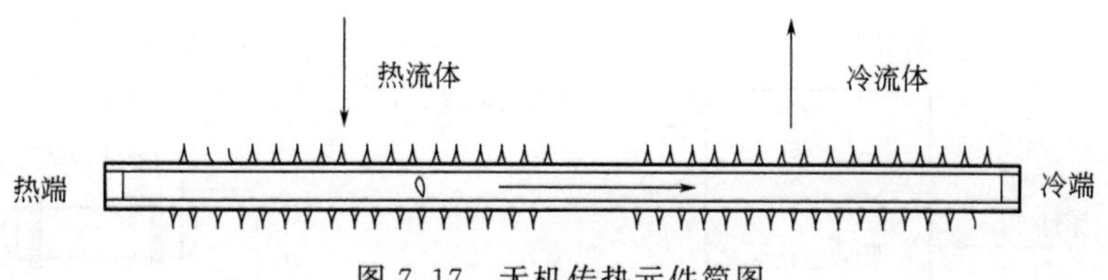


图 7.17 无机传热元件简图

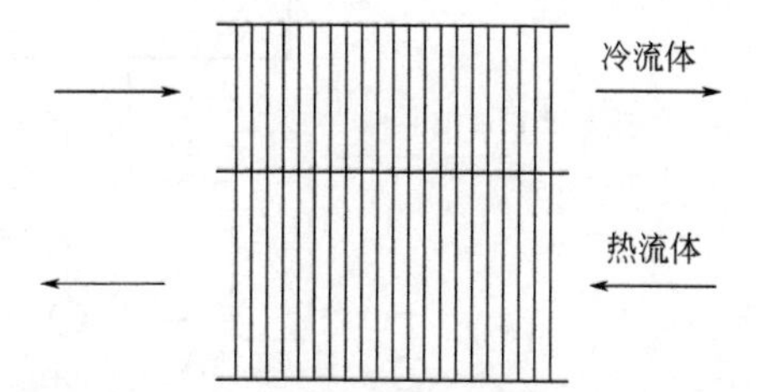


图 7.18 无机传热元件换热器换热原理

**二、应用情况**

石灰窑余热回收利用技术适用于各种类型石灰窑，目前已经在石灰行业部分企业石灰回转窑炉上应用，回收余热用来生产蒸汽、预热入窑所需助燃空气，以及取暖等，节能减排效果显著。

**三、节能减碳效果**

根据部分企业应用经验，采用该石灰窑余热回收利用技术，余热利用率可达石灰窑排出余热总量的25%以上。

某公司20万吨/年石灰回转窑采用该余热回收技术实施改造，利用石灰回转窑预热器出口的余热资源，其烟气温度为260～300℃，配套建设两台余热回收系统，替代原有石灰回转窑系统配冷风的工艺，通过回收预热器出口烟气中的余热，产生1.25MPa、230℃的过热蒸汽，并入公司主蒸汽管道使用。改造后每台余热回收系统的产汽量达5t/h左右，单位石灰能耗由148kgce/t降至132kgce/t，单位石灰实现减碳量41.6kg$CO_2$/t，单位石灰成本由480元/吨降至462元/吨。

**四、技术支撑单位**

洛阳新翔重型机械有限公司。

## 7-20 油田采油污水余热综合利用技术

**一、技术介绍**

油田采油污水余热综合利用技术主要是利用油田伴生气或者原油作为驱动热源，采用热泵技术，回收污水中的热量制取中温热水，用于外输原油加热器和油管道伴热，或者采油区的生活供暖。其典型工艺如图7.19所示。

**二、应用情况**

油田采油污水余热综合利用技术应用于油田开采行业，目前已经在国内多家油田联合站污水处理系统成功实践，有效回收污水余热，降低油田生产运行所需燃料消耗。

以中石化某联合站污水余热回收利用项目为例，该联合站建有10台燃气加热炉，主要加热负荷为外输原油加热、掺水加热、稠油加热及建筑采暖等。联合站污水量为13000$m^3$/d，温度为46℃，采用热泵技术回收污水余热，增加8500kW蓄能式高温水源热泵机组，主要设备包括制热量8500kW高温热泵1台、制热量1500kW高温热泵1台、换热量2500kW换热器4台、换热量3370kW换热器3台、换热量500kW换热2台等。其工艺流程为：污水通过低温热源泵增压后与低温循环水换热，温度由46℃降低到36℃，然后回注。低温循环水吸收污水中的余热，温度从32℃升高到42℃。高温热泵系统通过蒸发器吸收低温循环水

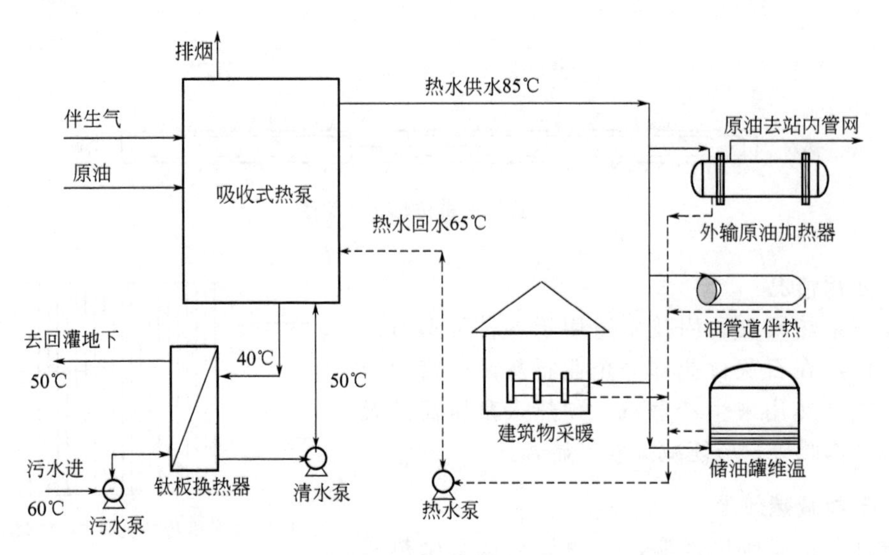


图 7.19　油田采油污水余热综合利用工艺流程图

中的热能，输出温度为77℃的热水，向蓄能水罐、掺水换热器和原油加热换热器供热，经过换热器的热水温度降至67℃，掺水温度从50.9℃升至70℃，原油温度从49℃升至70℃。该项目投用后，减少燃气使用，有效降低了联合站生产能耗，经济环保效益显著。

**三、节能减碳效果**

据统计，油田采油污水余热综合利用技术可使采油废水余热利用率达到30%。

某油田联合站污水处理量为13000$m^3$/d，温度为46℃，采用该污水余热综合利用技术回收污水余热，每年实现节能量2246.4tce，实现减碳量5840.64t$CO_2$，年经济效益622.6万元。

**四、技术支撑单位**

双良节能系统股份有限公司。

## 7-21　矿井乏风和排水热能综合利用技术

**一、技术介绍**

矿井乏风和排水热能综合利用技术为充分利用地热，选用水源热泵机组取代传统的燃煤锅炉。在冬季，利用水处理设施提供的20℃左右的矿井排水和乏风作为热能介质，通过热泵机组提取矿井水中蕴含的巨大热量，提供45～60℃的高温水为矿井建筑、井口保温及防冻、职工洗浴热水制备、工作服烘干等提供热源。在夏季，利用同样的水源通过热泵机组制冷，为矿区建筑供冷，同时也可以通过整体降低进风流的温度来解决矿井高温热害问题。该系统主要包括水处理、热量提取及换热系统、热泵系统和进口换热部分，其工艺流程如图7.20所示。

**二、应用情况**

矿井乏风和排水热能综合利用技术可有效利用矿井乏风和排水的热能，降低一次能源消耗，目前已广泛应用于煤矿矿井，节能减排效果显著。

**三、节能减碳效果**

矿井乏风和排水热能综合利用技术通过回收矿井乏风和排水余热，代替原有燃煤（气）

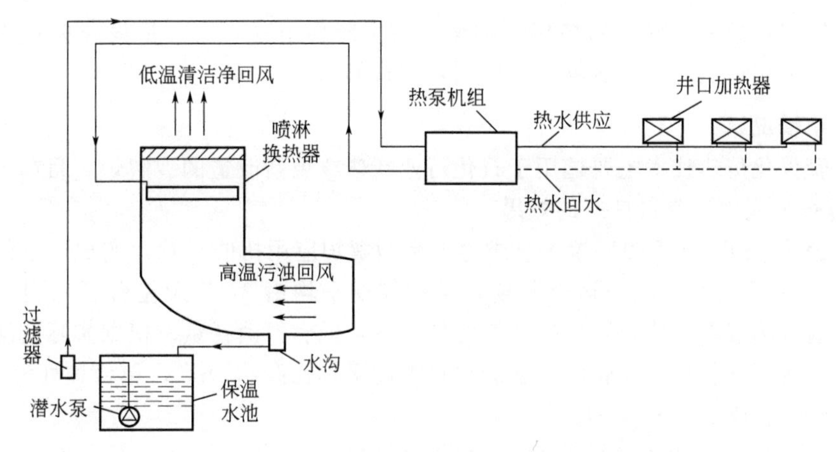


图 7.20　矿井乏风和排水热能综合利用系统流程图

锅炉，满足矿井各种热需求，从而节约大量燃煤（气），并减少环境污染。

山东某公司对所属 8 座矿井采用矿井乏风和排水热能综合利用技术实施改造，取代原有 20 台燃煤锅炉，改造后系统每天可处理矿井水 29500t，制备 45℃洗浴热水 2900t，烘干工作服 8000 套，满足 46 万平方米建筑供暖用热需求和 8 座矿井副井口保温及总计 4.28 万立方米/分副井口进风量用热需求。改造后每年节约运行费用 2255 万元，节约标准煤 2.1 万吨，实现年减碳量 5.46 万吨 $CO_2$。

**四、技术支撑单位**

山东新雪矿井降温科技有限公司。

## 7-22　裂解炉扭曲片管强化传热技术

**一、技术介绍**

裂解炉扭曲片管强化传热技术主要是基于普兰特边界层流动理论，当流体沿固体壁面流动时，紧贴壁面有一层极薄的流速非常缓慢的流体附在炉管壁面形成一个边界层。炉管内流体吸收的热量通过焦炭表面/炉管内壁表面进入该边界层，通过边界层后再进入流体内。该边界层虽然很薄，但在边界层内流体流速非常小，热量主要以热传导进行传递，由于流体热传导系数很小使其热传导阻力很大。而边界层外热量传递以对流传热为主，流体以高速湍流形式行进，其热传导系数较大。因此，裂解炉炉管内热传递最大阻力在于炉管内的边界层，若能够减少边界层的传热阻力，则可以大大提高炉管的传热系数。扭曲片管强化传热技术即依据此而开发。

该技术主要设备为一种扭曲片管（图 7.21），扭曲片管是一种管内带有扭曲片的精密整铸管，炉管加装扭曲片管后，流体通过与炉管等宽的扭曲片管时，强迫流体从原来的活塞流旋转起来，流体的周向流速大幅增加，对炉管管壁产生强烈的横向冲刷作用，使热阻大的边界层厚度大幅减薄，从而增大炉管的传热系数，降低炉管

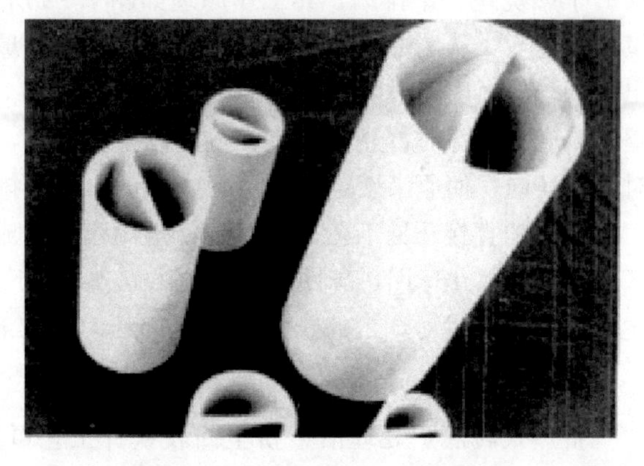

图 7.21　工业裂解炉用的扭曲片管

管壁温度。同时，炉管管壁上的结焦也随壁温的下降而下降，进一步提高炉管的总传热系数，从而达到强化传热、延长裂解炉运转周期的目的。

**二、应用情况**

扭曲片管强化传热技术主要适用于石化行业新建或更新改造的裂解炉，目前已经在国内30余台裂解炉上应用，取得良好的效果。

某石化公司650kt/a乙烯装置3种炉型5台裂解炉应用扭曲片管，实现以下效果：①减少炉管结焦，大幅延长裂解炉运行周期，运行周期平均由37.5天左右延长到70天左右；②提高炉管的传热效率，使裂解炉处理量增加，并降低燃料消耗量。根据实际监测，装有扭曲片管的炉管较未安装扭曲片管的炉管炉出口温度平均提高约16℃，单台炉处理量提高7%以上，燃气量消耗降低0.69%以上。

**三、节能减碳效果**

扭曲片管强化传热技术主要通过强化裂解炉炉内传热效果，减缓结焦，提高热效率，降低燃料气消耗，实现节能增效。

某公司乙烯装置裂解炉设计能力为35～40kt/a，应用扭曲片管后，单台裂解炉在约80%的负荷下连续运行115天，较原来的50～60天一个周期延长近一倍。同时，每年减少三次清焦，节约燃料气120t/a，蒸汽480t/a，实现年减碳量约492.4t$CO_2$，节约能源成本39.84万元。此外，还实现了增产增效，单台裂解炉乙烯产量增加556t/a，每年多产乙烯可创效益约556万元；丙烯产量增加326t/a，每年多产丙烯可创效益约286万元。

**四、技术支撑单位**

北京化工研究院、中国科学院金属研究所。

## 7-23 蓄热式转底炉处理冶金粉尘回收铁锌技术

**一、技术介绍**

蓄热式转底炉处理冶金粉尘回收铁锌技术是将蓄热式燃烧技术应用于转底炉直接还原工艺，并对该工艺进行优化改进，达到对冶金粉尘中的锌、铁资源回收利用，同时实现节能降耗的目的。

蓄热式燃烧是通过放置在烧嘴中的蓄热体完成出炉烟气与入炉助燃空气的热交换，以达到提高炉窑热效率、节能减排的效果。蓄热式烧嘴成对安装在炉子两侧，每对蓄热式烧嘴包括一个燃烧，一个排烟，其工作原理如图7.22所示，烧嘴A处于排烟状态，高温烟气从蓄热室头部进入，从尾部排出，烟气流过蓄热室时热量被蓄热体吸收，并被蓄热体蓄存，从尾部排出的烟气的温度明显降低。烧嘴B处于燃烧状态，助燃空气从蓄热室尾部进入，从头部排出，空气流过蓄热室时蓄热体放热，热量被空气吸收，将空气加热到高温后参与燃烧。然后每对定时进行换向，使原来燃烧的烧嘴变成排烟，原来排烟的烧嘴变成燃烧，不断循环。

转底炉直接还原工艺是将冶金粉尘等固废制成含碳球团，在转底炉内1200～1300℃的还原区还原为金属化球团，球团中被还原的Zn高温下挥发进入烟气被脱除，Zn蒸气在烟气中再氧化成ZnO，通过对烟尘的收集得到富含ZnO的二次粉尘。其工艺流程如图7.23所示。

**二、应用情况**

蓄热式转底炉处理冶金粉尘回收铁锌工艺可替代回转窑工艺和普通转底炉工艺，目前已经在国内多家钢铁企业得到应用，节能环保效益显著。

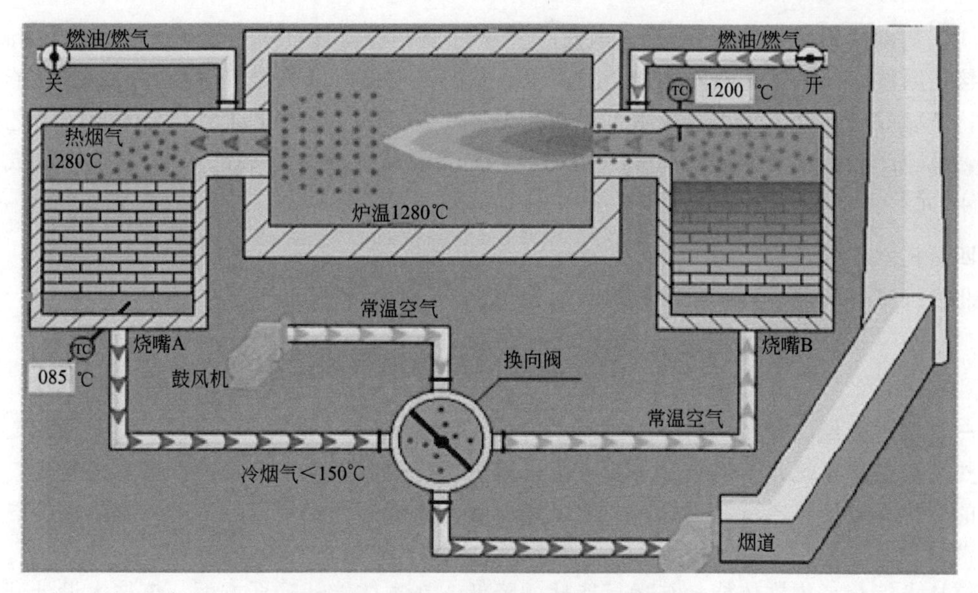


图 7.22 蓄热式燃烧技术原理示意图

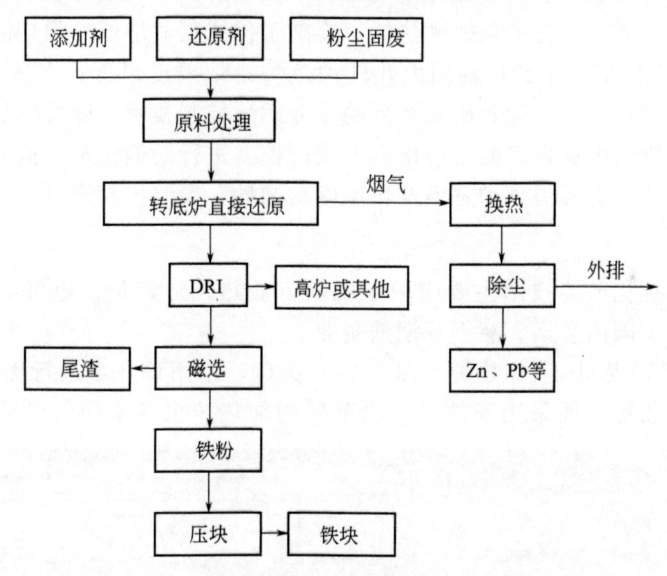


图 7.23 蓄热式转底炉处理含锌粉尘工艺流程图

## 三、节能减碳效果

蓄热式转底炉处理冶金粉尘回收铁锌工艺比回转窑工艺节能约 70kgce/t 产品，节能率约为 25%；比普通转底炉工艺节能约为 40kgce/t 产品，节能率约为 16%。该工艺与其他工艺技术参数对比见表 7.9。

表 7.9 蓄热式转底炉工艺与其他工艺技术参数对比

| 项目 | DRI 金属化率 | 脱锌率 | 作业率 | 规模 | 单位产品能耗 |
|---|---|---|---|---|---|
| 蓄热式转底炉工艺 | 72%～96% | 94%～97% | >90% | 30 万吨/年 | 约 209.3kgce |
| 回转窑工艺 | 约 85% | 75%～90% | <85% | <10 万吨/年 | 约 279.8kgce |
| 普通转底炉工艺 | 60%～86% | 91.35%(最大值) | 约 80% | 20 万吨/年 | 约 250.0kgce |

江苏某钢铁集团年处理30万吨钢铁厂含锌粉尘工程项目，采用蓄热式燃烧技术和转底炉直接还原技术，基于蓄热式燃烧，提高了入炉空气温度，降低排烟温度，进而提高能量利用率，节能效果显著。该工艺技术工序能耗为209.3kgce/t金属化球团，与回转窑工艺能耗相比，每吨产品实现节能量约70kgce，每吨产品实现减碳量约182kg$CO_2$，每吨产品成本下降约42元。

### 四、技术支撑单位

北京神雾环境能源科技集团股份有限公司。

## 7-24 热轧加热炉系统化节能技术

### 一、技术介绍

热轧加热炉系统化节能技术主要是通过对炉型优化、工艺装备及控制技术的研发，形成独有的炉膛高效传热、低温排烟、极限余热回收，先进燃烧控制等技术，大大降低加热炉的燃料消耗和氮氧化物排放水平。

该技术综合考虑本体能耗与运行能耗的降低。在本体能耗降低方面，该技术设计开发了单控双通道拓展火焰烧嘴，取消炉膛压下及延长不供热的热回收段的长度，设计了预热段和热回收段独特的扰流墙，开发了高效预热器，突破了传统工业炉低温排烟的技术瓶颈，将排烟温度降低到250℃以下，达到目前国内热轧加热炉排烟温度最低；在运行能耗降低方面，该技术采用脉冲燃烧技术，并配套研发系列的脉冲燃烧控制技术，脉冲燃烧宽温度场自动调节装置使用时，燃烧器根据设定温度与检测温度的偏差进行两侧供热比例分配，从而实现炉宽温度场的自动调节，有效提高炉宽温度场温度均匀性，最终提高产品质量。

### 二、应用情况

热轧加热炉系统化节能技术主要应用于钢铁行业热轧加热炉，也可应用于各类工业炉窑，目前已经应用于国内宝钢、韶钢等钢铁企业。

以宝钢股份2050热轧3#加热炉（图7.24）为例，采用该技术进行优化改造，在燃烧、炉型结构、余热回收等方面采用新技术，改造后的加热炉全部采用侧供热的双通道调焰烧

图7.24 宝钢股份2050热轧3#加热炉

嘴，配合脉冲控制技术、汽化冷却技术，以此来优化炉型结构，改善工作环境。改造后加热炉排烟温度由350℃降至230℃，有效提高烟气余热回收效率，同比业内领先的节能改造减少吨钢能耗约10%。

### 三、节能减碳效果

以宝钢股份2050热轧3#加热炉为例，主要改造包括采用脉冲燃烧工艺、优化炉膛结构、更换高效换热器、采用汽化冷却代替原循环水冷却等。改造后加热炉排烟温度由350℃降至230℃，实现节能率11.7%。改造后与改造前及同厂其他加热炉在同生产条件下的燃耗对比分别见表7.10、表7.11。

表7.10　3#加热炉改造前后吨钢燃耗对比

| | 改造前 | 改造后 |
|---|---|---|
| 吨钢燃耗/(MJ/t) | 1214.13 | 1071.96 |
| 节能量/(MJ/t) | 142.17 | |

表7.11　3#加热炉改造后与同厂其他加热炉的吨钢燃耗比较

| 月份 | 1#炉 | 2#炉 | 3#炉 | 4#炉 |
|---|---|---|---|---|
| 2010.6～2011.6吨钢燃耗/(MJ/t) | 1125.50 | 1132.16 | 1071.96 | 1181.75 |

根据统计对比，在相同生产条件下，3号加热炉改造后实现吨钢能耗在同等条件下相同生产线最低的目标。与改造前相比，吨钢实现节能量142.17MJ/t，吨钢实现减碳量约12.6kg$CO_2$。

### 四、技术支撑单位

宝钢工业炉工程技术有限公司。

## 7-25　碳素环式焙烧炉燃烧系统优化技术

### 一、技术介绍

碳素环式焙烧炉燃烧系统优化技术是采用新型的燃烧器，煤气自上而下进入火井，与自下而上的烟气及助燃空气混合，使燃烧更加充分，提高燃烧效率；同时，根据炉室温度和升温曲线自动调节煤气流量，使炉子温控更精确，减少燃料浪费；通过使更多的沥青烟参与燃烧，最大限度地节省燃料，减少沥青烟的产生和排放量；通过新型连通罩的自动调节，降低炉室负压，减少烟气量，降低烟气流速，提高传热效率，减少热损失；通过提高炉盖的密闭性和保温效果，减少热损失。其工艺流程如图7.25所示。其关键技术主要包括：

(1) 采用先进的煤气燃烧器、可移动式燃烧架和烟气连通罩，通过采集炉室温度和系统压力参数，自动调节煤气用量和烟气量，实现对炉室温度的精确控制，提高煤气及沥青烟的燃烧效率，提高产品成品率。

(2) 通过改变炉盖的部分结构及耐火材料，减轻炉盖重量、提高保温和密封效果，延长使用寿命。

### 二、应用情况

碳素环式焙烧炉燃烧系统优化技术主要应用于碳素环式焙烧炉节能改造，目前已在国内30多台碳素环式焙烧炉上使用，节能效果显著。

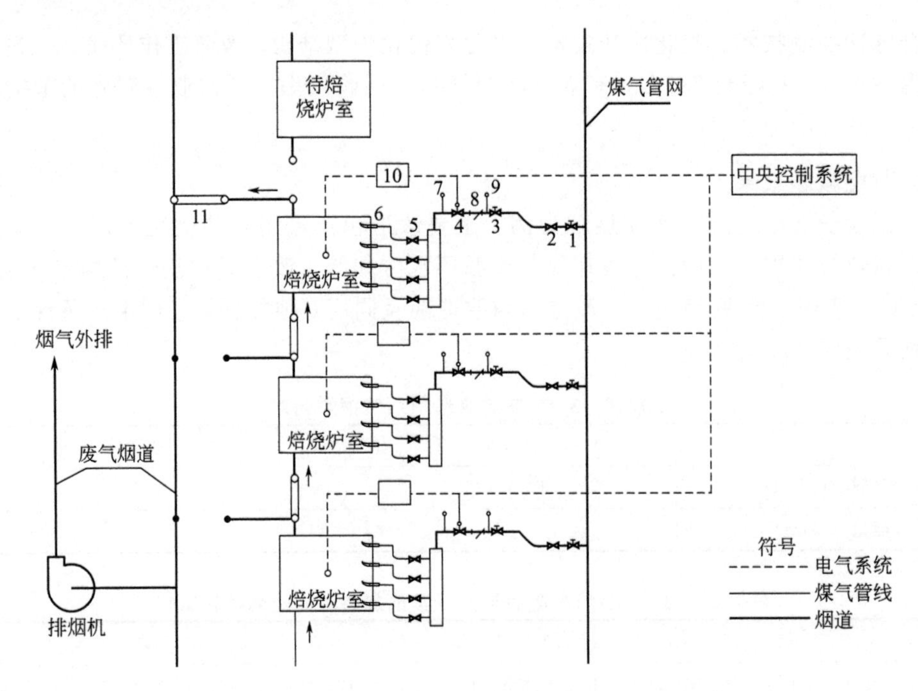


图 7.25 碳素环式焙烧炉燃烧系统优化工艺流程图

1,3—手动球阀；2—快速接头；4—自动球阀；5—手动调节阀；6—燃烧器；7—压力表；8—过滤器；9—压力开关；10—现场控制箱；11—连通罩

**三、节能减碳效果**

根据实际应用经验，碳素环式焙烧炉燃烧系统优化技术可使焙烧品单位能耗（包括新增的蒸汽及电力消耗）降低 30%以上。

某公司对其年产 1.32 万吨石墨电极焙烧品的新型碳素焙烧炉的燃烧系统进行优化改造，拆除原有焙烧炉燃烧装置，对部分燃气管道进行改造，将原有固定式燃烧装置改造为可移动、自动控制的燃烧装置，新建计算机自动控制系统，改变炉盖的局部结构，更换耐火保温材料。改造后每年节能 1950tce，实现年减碳量 5079t$CO_2$，年节能经济效益 310 万元。

**四、技术支撑单位**

北京西玛通科技有限公司、河北联冠电极股份有限公司。

## 7-26 三相工频感应电磁锅炉技术

**一、技术介绍**

三相工频感应电磁锅炉结构如图 7.26 所示，其主机是一种特殊结构的水冷干式“短路变压器”，主机直接设置在循环水中，利用主机的副边外壳作为第一主发热体。设备主机副边受到电磁感应产生短路电流，进而产生热量，其漏磁又使循环水箱感应产生较大的涡流与磁滞，使循环水箱成为第二发热体。由于主机可产生极大电流，因此可使效能达到最高，几乎可以将全部电能转化为热能。同时由于该设备回收漏磁进行加热，又可将电网中无功功率充分利用，使其效能进一步提高。其关键技术主要包括：

（1）特殊结构的电磁感应发热技术。利用主机外壳作为主发热的副边，使设备获得极高

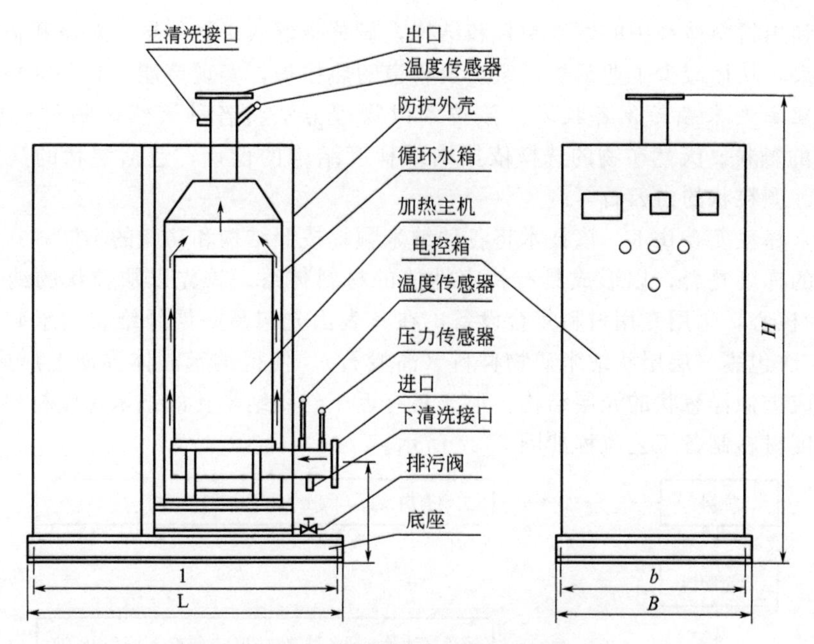


图7.26 三相工频感应电磁锅炉结构示意图

的加热效率，并保持良好的散热性能，同时有效降低制造成本。

(2) 高效电磁感应技术。副边感应电流达到极大状态（短路状态），使电流发热量最大，同时可有效控制短路电流。

(3) 无功功率利用技术。利用电磁原理加热，其电能中的有功和无功都得到高效利用。

(4) 流体磁化技术。由于使用电子感应加热，使其周围的介质水在被加热的同时被磁化，可有效解决水体结垢问题。

## 二、应用情况

三相工频感应电磁锅炉适用于工业锅炉预热，民用及商用行业用于生活热水、饮用、采暖等，目前已应用于国内200多家企业，累计达500多台。

## 三、节能减碳效果

三相工频感应电磁锅炉设备有功功率转化热效率≥99%；功率因数 $\cos\varphi \geqslant 0.98$；终端效率（即系统效率）≥0.9。

常州某公司职工用热水系统改造项目采用2台三相工频感应电磁锅炉取代原有2台燃煤锅炉，利用谷电蓄热供全天使用，改造后实现年节能量1692tce，年减碳量4399.2t$CO_2$，年节能经济效益91.43万元。

## 四、技术支撑单位

常州市三利电器有限公司。

# 7-27 纳米梯度结构保温材料节能技术

## 一、技术介绍

纳米梯度结构保温材料是基于纳米颗粒的表面与界面特性，通过物理加工将不同成分的纳米微粒形成梯度结构，并进一步形成微米尺度的颗粒团，使材料具有良好的加工特性和环境友好性。利用材料体系中的纳米颗粒和结构，显著降低热量的传导、对流和辐射，起到绝热保温的效果，从而减少工业锅炉、窑炉及管道的热损失，实现节能。其关键技术包括：

(1) 物理法纳米颗粒制备技术。该技术以物理方法将各种天然矿物材料破碎加工为100nm以下的颗粒。天然矿物的选择依据纳米梯度结构的设计，包括层状的高岭石、纤维状的硅灰石、颗粒状的白云石等。

(2) 纳米梯度复合技术。该技术将各种纳米颗粒按照结构和功能的不同，在纳米尺度上实现结构上的梯度复合，以形成具有特定性能的材料体系。首先以颗粒状的纳米矿物材料（白云石）为核心，采用专用材料复合设备，在其表面先包裹一层纤维状纳米矿物材料（硅灰石），再二次包裹一层层状纳米矿物材料（高岭石），使得纳米晶体界面上形成梯度结构，并进一步构成类似洋葱状的壳层结构，形成具有近于封闭纳米孔的纳米梯度材料体系。

纳米梯度材料制备工艺流程如图7.27所示。

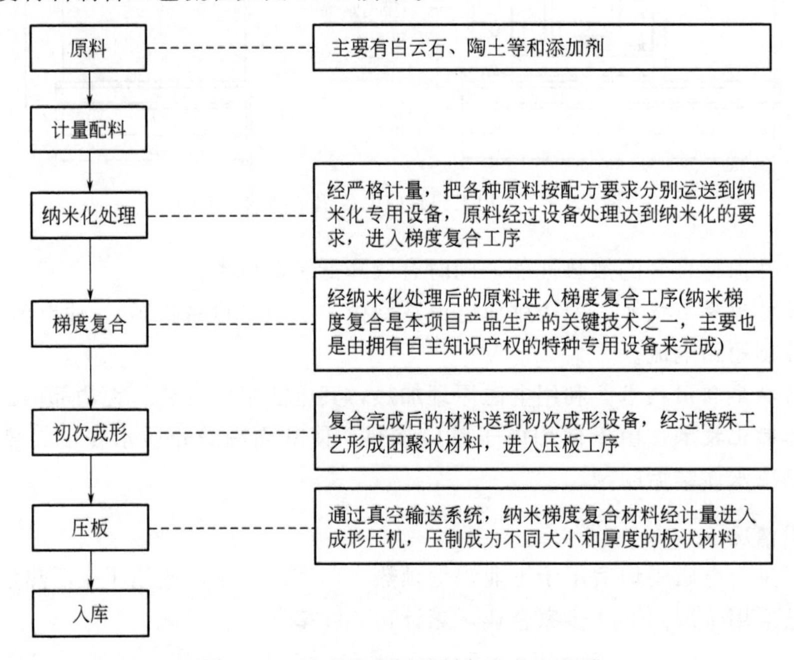


图7.27 纳米梯度材料制备工艺流程图

## 二、应用情况

纳米梯度结构保温材料可应用于冶金、化工等行业，适用于工业锅炉、窑炉、城市热力管道保温等领域，目前已在燃煤锅炉、造纸干燥机、燃油金属熔炼炉、箱式电炉、台车式电炉、高压热力管道等领域应用，隔热效果明显。

## 三、节能减碳效果

目前常用的保温材料大部分为隔热材料，热导率为0.11～0.15W/(m·K)（热面温度600℃)，纳米梯度结构保温材料热导率为0.025～0.031W/(m·K)（热面温度200～1000℃)，远小于传统保温材料，从而有效减少热工设备热损失。

江苏某公司50台220kW台车式电阻炉采用纳米梯度结构保温材料替换原炉的陶瓷纤维保温棉进行保温改造，改造后项目实现年节能量2251tce，年减碳量5853t$CO_2$，年节能经济效益1373万元。内蒙古某公司38.5m高压蒸汽管道采用纳米梯度结构保温材料更换原保温材料，改造后实现年节能量47tce，年减碳量122t$CO_2$，年节能经济效益9528元。

## 四、技术支撑单位

北京德重节能科技有限公司。

# 7-28　锅炉防腐阻垢及相平衡热回收节能技术

## 一、技术介绍

锅炉防腐阻垢及相平衡热回收节能技术是依据腐蚀与防腐蚀化学原理研发的氧化性水工况及其防腐阻垢技术，采用专利药剂在锅炉水汽系统表面形成保护膜，保证锅炉无须除氧也不腐蚀，降低除氧器能耗；杜绝凝结水对回收系统的腐蚀，保证凝结水品质，并回收高温凝结水及其显热；利用系统平衡装置，回收锅炉排污热、排污水；并利用物联网技术对蒸汽系统及回水系统管网节点进行控制及优化，降低管网输送过程中的热损耗。该技术是一种新型中低压锅炉循环水处理技术，可以减少传统的软化（除盐）、除氧和排污环节，并能够保证锅炉各项运行指标满足规范要求，显著提高锅炉的实际运行效率，降低锅炉能耗及水耗，大幅降低运营过程中的能耗与水耗。与传统锅炉运行工艺的对比详见图 7.28。

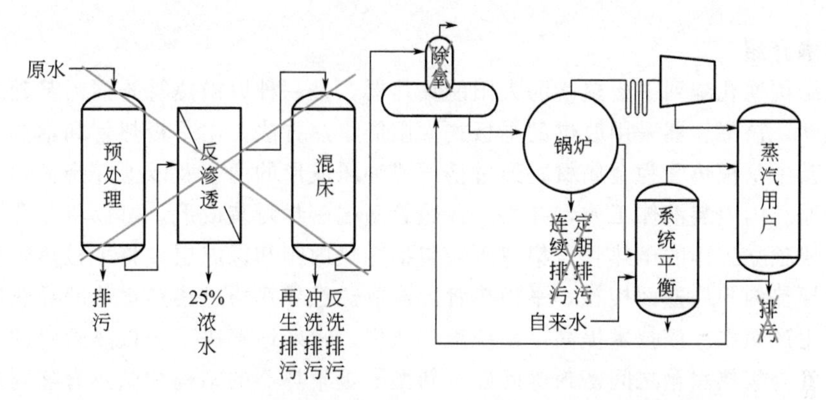


图 7.28　锅炉防腐阻垢及相平衡热回收节能技术

## 二、应用情况

锅炉防腐阻垢及相平衡热回收节能技术主要适用于中低压蒸汽锅炉及其附属水汽系统，目前，已在化工、烟草、供热、煤化工等行业建成一批示范工程，并得到用户的肯定。

## 三、节能减碳效果

根据原系统能耗高低，节能量有所不同，锅炉防腐阻垢及相平衡热回收节能技术可实现节能 5%～10%，凝结水回收率＞90%，吨蒸汽废水量≤0.01m³，锅炉排污率≤1%，阻垢率≥99.9%。

山西某公司 3 台 35t/h、3.82MPa 中温中压锅炉采用锅炉防腐阻垢及相平衡热回收节能技术实施改造，该厂尿素车间凝结水采用该技术直接回收，去掉水制水系统、除氧系统、连续排污、定期排污，增加系统平衡装置，回收排污热、排污水，锅炉在接近零排污工况下运行。项目投运后实现年节能量 5000tce，年减碳量 13000t$CO_2$，年节能经济效益为 500 万元。

## 四、技术支撑单位

北京国华金源科技有限公司。

第8章

# 低碳能源技术

## 8-1 基于微结构通孔阵列平板热管的太阳能集热器技术

### 一、技术介绍

基于微结构通孔阵列平板热管的太阳能集热器，是一种以微热管阵列为基础的新型太阳能平板集热器，该集热器采用改进的平板式太阳能集热方法，用平板热管和集热水箱进行太阳能集热，其中平板热管为金属材料经过挤压或冲压成形的两个及以上并排排列的通孔阵列平板结构，通孔内灌装液体工质，并将平板热管两端密封封装成形，可以将通孔两端也密封封装从而形成独立工作的微热管；集热水箱包括导热内胆和保温层，将平板热管的冷凝段与集热水箱的导热内胆外壁面接触，平板热管冷凝放热经导热通过集热水箱的导热内胆外壁传给集热水箱生产热水。该技术提高了系统集热效率，较好地解决了平板热管腐蚀、表面结垢以及平板热管与集热水箱之间密封等问题。新型平板集热器的结构和微热管阵列结构分别如图 8.1、图 8.2 所示。

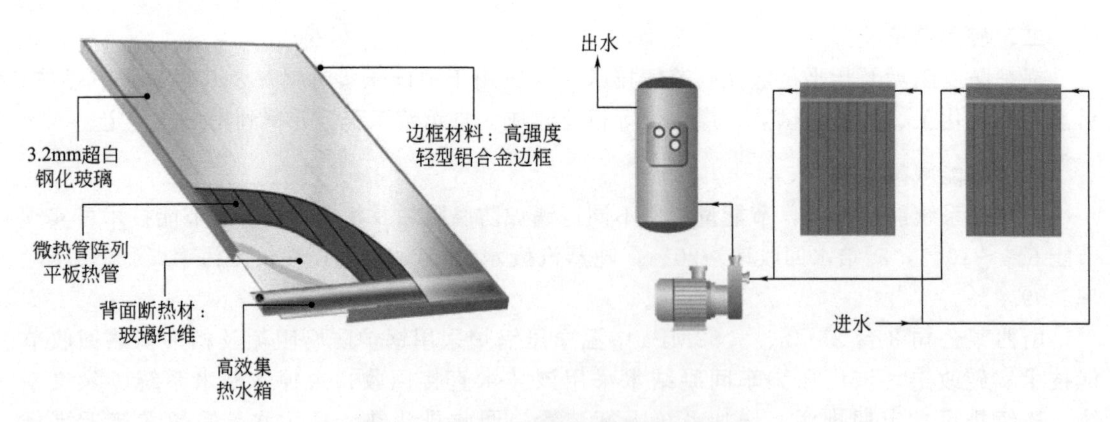


图 8.1 新型平板集热器的结构示意图

### 二、应用情况

微热管阵列平板太阳能集热器主要将太阳能转化为热能利用，目前在国内应用达 6 万多台，节能环保效益显著。

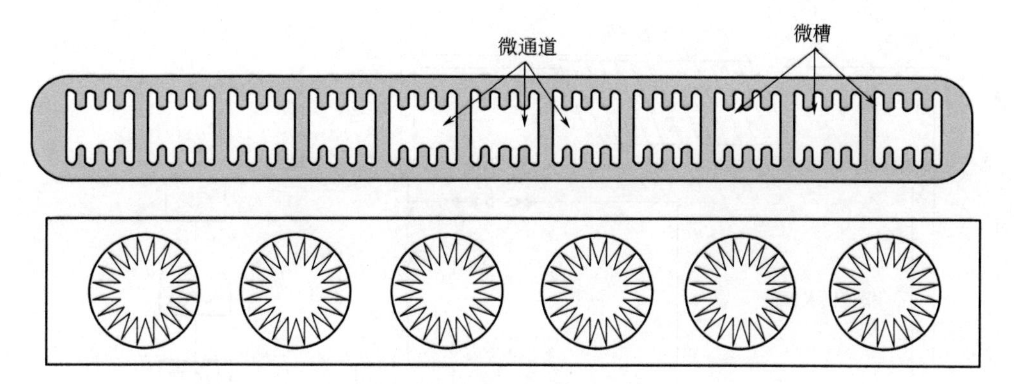


图 8.2 微热管阵列结构示意图

### 三、节能减碳效果

微热管阵列平板太阳能集热器主要指标为：日有用热量 11.2MJ/$m^2$；热损系数≤4.7W/($m^2$·℃)。

江苏某公司 12t 太阳能热水工程项目，通过安装微热管阵列平板太阳能热水系统，主要为 65 套平板太阳能集热器及 12t 水箱，项目投运后实现年减碳量约 70t$CO_2$，年节电产生经济效益 9.2 万元。

### 四、技术支撑单位

光威能源科技有限公司。

## 8-2 中低温太阳能工业热力应用系统技术

### 一、技术介绍

中低温太阳能工业热力应用系统应用绿色清洁的太阳能，实现节约化石能源。其基本原理为：自来水经过软化处理后进入冷水箱，通过循环泵进入中温集热器，太阳照射到中温集热器上，由中温真空管将太阳辐射转化为热能，再由真空管内的铜管把热能传递给冷水，将水加热，热水通过循环泵输送到储热水箱，再经过蒸汽锅炉加热成高温蒸汽输送到厂区热力管网，其流程见图 8.3。其关键技术包括：

(1) 高效的太阳能集热技术。该技术的核心部件——中温太阳能集热器，具有真空管集热性能优、热量损失少、产生能量多、产品寿命长等特点，与普通集热器相比，太阳热能利用效率更高。

(2) 合理的能量传输阵列技术。作为大规模安装应用的太阳能工业热力系统，通过集热器阵列布置和管路系统的分配技术，达到将热能全部传输至锅炉水箱使用，避免热量在集热器内损失。

(3) 系统节能控制技术。通过温度、压力的多点分布式监测分析，实现系统节能运行，减少系统运行能耗，并将太阳能量及时转移至使用或存储终端。

### 二、应用情况

中低温太阳能工业热力应用系统可应用于造纸、纺织、食品、烟草、木材、化工、塑料、医药等工业领域，与燃煤、燃气、燃油工业锅炉结合使用。目前该技术在山东省得到大力推广应用，在山东省政府的支持下，自 2013 年以来，已经建设了数十个太阳能锅炉节能改造项目，总推广面积接近 10 万平方米，年节约标煤约 15000t，年减碳量约 39000t$CO_2$。

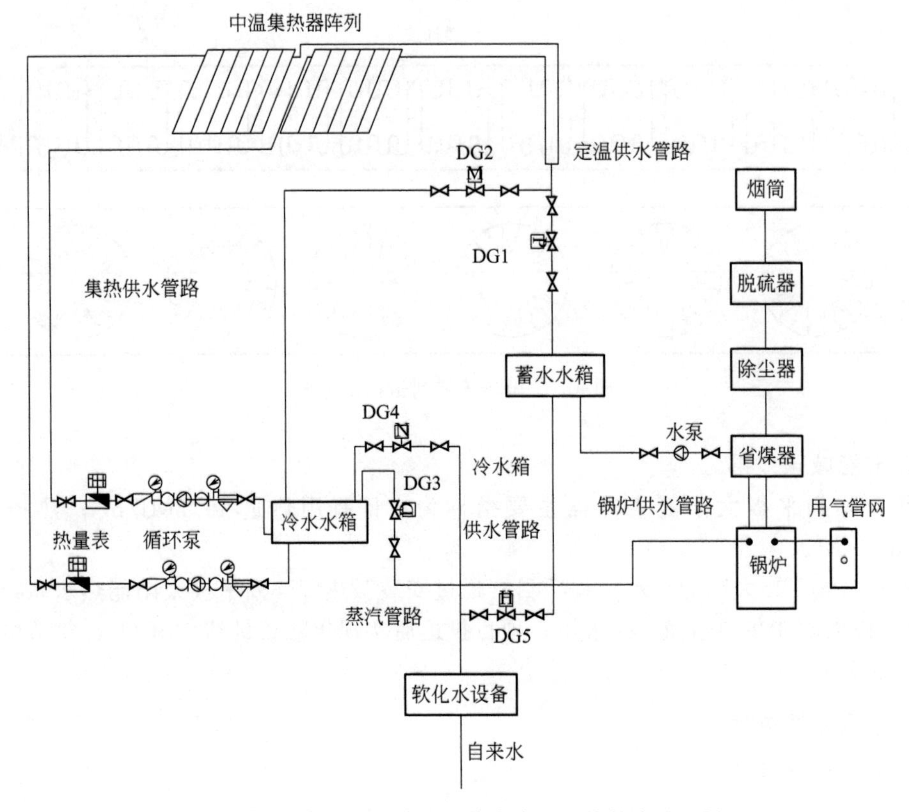


图 8.3 中低温太阳能工业热力应用系统技术流程图

## 三、节能减碳效果

低温太阳能工业热力应用系统采用的中温太阳能集热器瞬时效率截距达 0.691，高于普通集热器 8%，150℃时瞬时效率高于普通集热器 20%左右；整体节能量高于普通集热器 15%。

以 60t/h 热电锅炉系统改造为例，安装太阳能集热器总面积 3557m$^2$，利用太阳能将进锅炉的软化水升温后进入除氧设备，然后利用高温增压水泵将高温水泵入锅炉，再利用煤进行二次升温，加热至饱和蒸汽后输送到热力管网的系统。改造后年节约标准煤 328t，实现年减碳量 852.8t$CO_2$，年节能经济效益 46 万元。

## 四、技术支撑单位

山东力诺瑞特新能源有限公司。

# 8-3 光伏直驱变频空调技术

## 一、技术介绍

光伏直驱变频空调技术是把光伏发电与高效直流变频制冷设备相结合，将光伏直流电直接接入机载换流器直流母线，形成光伏电直驱空调的运行模式，以新能源电力替代常规化石能源电力，减少二氧化碳排放。光伏直驱变频空调系统如图 8.4 所示。其关键技术包括：

(1) 光伏直驱变频空调技术。将光伏直流电直接并入变频空调机载换流器的直流母线，相比传统的光伏发电+变频空调模式省去上网和供电时进行交/直流电变换的能量损耗，提升系统效率 5%～8%。

(2) 三元换流技术。建立光伏发电系统、变频空调负载和公用电网三者之间的三元换流模型，实现电能在直流侧双向流动、多路混合。系统可实时切换五种运行模式，电能动态切换时间小于10ms。保证系统在任何能量变化的情况下都能稳定运行。

(3) 动态负载跟踪MPPT控制技术。针对光伏发电的不稳定变化，提出新型动态负载跟踪MPPT控制技术，集成MPPT控制功能和DC/AC稳压功能，实时跟踪并控制光伏发电为功率最大化状态，并使空调主机对光伏电能优先利用。

(4) PAWM交错控制技术。PAWM交错控制技术能实时响应光伏电压的快速变化和变频空调负载的动态需求，实现变频压缩机调频调压的自适应控制，保障系统的稳定和可靠运行。

(5) 发用电一体化管理技术。通过光伏微网及暖通控制发用电一体化管理系统，实现了对光伏发电系统以及空调暖通系统的一体化智能管理，达到最优化运营目标，同时可监控系统的自发自用匹配度及光伏能直驱利用率。

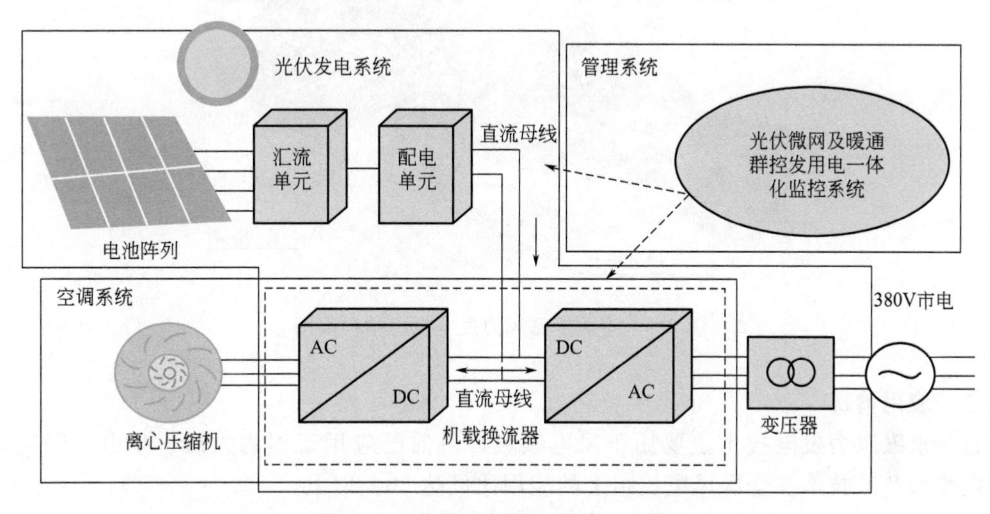


图8.4　光伏直驱变频空调系统示意图

## 二、应用情况

光伏直驱变频空调技术将分布式光伏与高效变频空调机组相结合，实现太阳能就地消耗，有效提高能源利用效率，目前已在我国各个地区进行推广，并出口菲律宾、马来西亚等地。

## 三、节能减碳效果

光伏直驱变频离心机系统直接利用光伏板所发电能驱动空调，省去并网/取电、稳压、换流等环节，节省电能转换设备，电能利用率可达99.04%，比普通光伏发电上网再利用效率提高5%～8%。同时，在发电多于用电或空调不工作时，多余光伏电回馈电网，系统相当于一个小型的光伏电站，能够实现光伏电利用的最大化。

广州某公司采用光伏直驱变频离心机系统为建筑供冷，选用1台光伏直驱变频离心机组，光伏发电系统总装机容量为255kW，厂房建筑面积1.2万平方米，供冷面积0.73万平方米。项目投用后实现年减排量约184t$CO_2$，年经济效益37万元。

## 四、技术支撑单位

珠海格力电器股份有限公司。

## 8-4 直驱永磁风力发电技术

### 一、技术介绍

直驱永磁风力发电实现直驱、永磁和全功率变流技术的系统集成，三者相辅相成，以电流的快速变化适应风速变化，可有效减轻机组的机械磨损，适应风速脉动变化和电网需求。由于采用直驱永磁技术，无齿轮增速箱设计，因此单位发电能耗较双馈风力发电机组低。直驱永磁风力发电机组结构简图如图 8.5 所示。

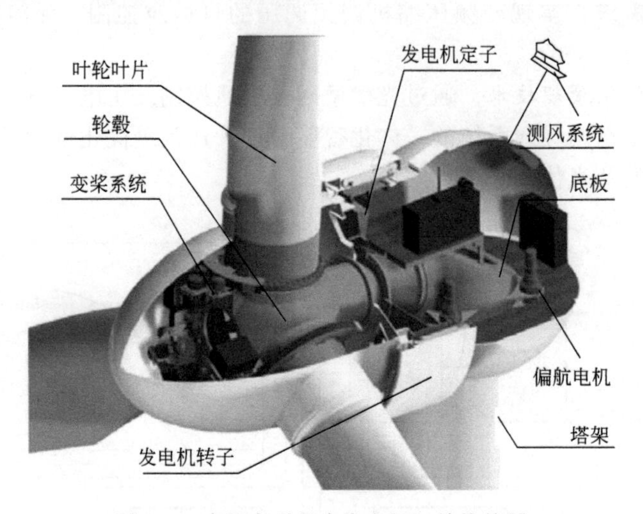


图 8.5　直驱永磁风力发电机组结构简图

### 二、应用情况

直驱永磁风力发电技术主要用于风电领域，目前已应用于国内大唐、华电、国电等集团。据统计，该技术在全国风电机组上的应用比例达 30%以上。

### 三、节能减碳效果

以河北某 4.95 万千瓦风电场项目为例，该地区风资源年平均风速达到 3m/s 以上，安装 33 台 1.5MW 直驱永磁风力发电机组，并配套完善区域电网建设。该机组年有效小时数不低于 1700h，实现年减碳量 7.4 万吨 $CO_2$，年经济效益 5000 万元。

### 四、技术支撑单位

新疆金风科技股份有限公司。

## 8-5 低风速风力发电技术

### 一、技术介绍

低风速风力发电技术针对机组的控制策略进行系列优化，通过加大风轮直径，优化叶片的气动外形，提高机组的效率及寿命；降低额定转速，在保持机组功率等级不变的条件下，可大幅提高机组性能，并突破 2MW 以上低风速大风轮直径型风力发电机组优化设计。低风速风力发电机组流程如图 8.6 所示。

### 二、应用情况

低风速风力技术主要适用于低风速区域风电领域，主要应用于内陆、近海等可开发 IEC

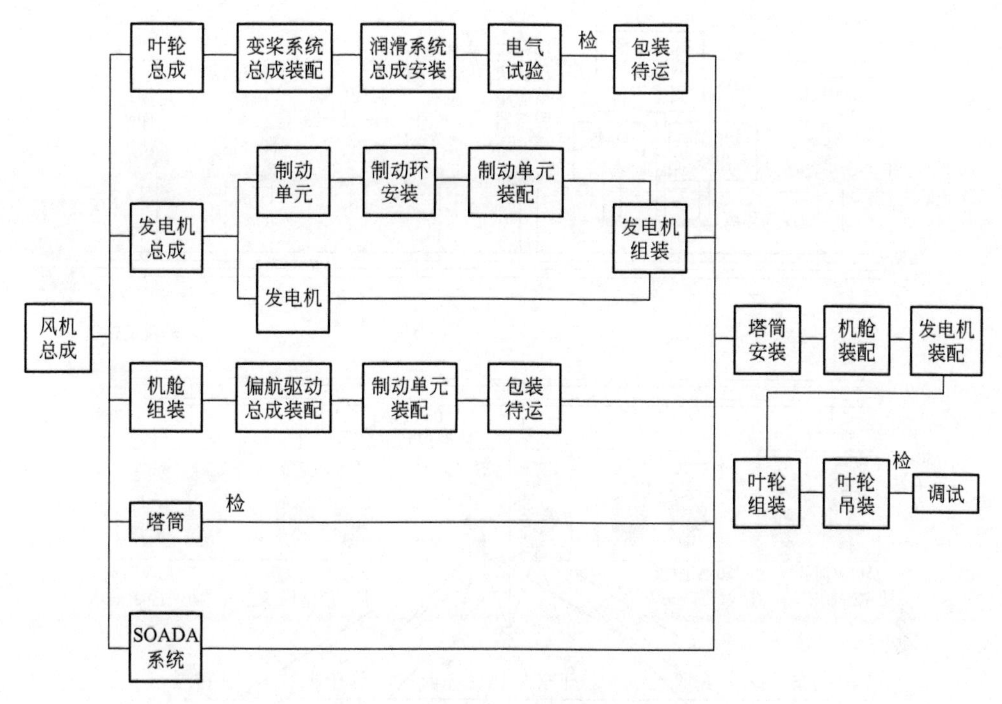


图 8.6 低风速风力发电机组流程图

S类风区，目前在国电、华电、华能等集团均有应用。

### 三、节能减碳效果

以江西某地区50MW风电场为例，该地区年平均风速6m/s，建设风力发电场、变电站等，其主要设备为2MW低风速风力发电机组。项目投运后实现年减碳量7.7万吨$CO_2$，年经济效益6000万元。

### 四、技术支撑单位

中国明阳风电集团有限公司。

## 8-6 风电场、光伏电站集群控制技术

### 一、技术介绍

风电场、光伏电站集群控制技术是通过配合大电网完成风—光—火—水协调调度、紧急控制，对内协调控制各风电场、光伏电站、无功补偿设备等，采取集群内部的在线有功控制、无功电压调整、运行优化和本地安全策略，进而提高系统效率，减少弃风、弃光等现象发生。其应用主要基于以下几种研究和技术：实时监测网络与数据支撑平台研究，联合功率预测及应用支持系统研究，集群运行优化及安全稳定防线研究，风电场、光伏电站集群控制策略研究，风/光电出力特性及建模验证和关键信息提取、可视化与可扩展方面研究等。风光集群控制系统结构如图8.7所示。其关键技术包括：

(1) 基于测风测光网络和实时监测数据平台的风光电源的动态状态估计技术。提出风光电源的动态状态估计方法，为风/光建模、联合功率预测系统开发和风光集群在线控制提供基础数据支持。

(2) 大型风电、光伏集群“机组-场站-集群子网”多颗粒度建模技术。提出大型风电、

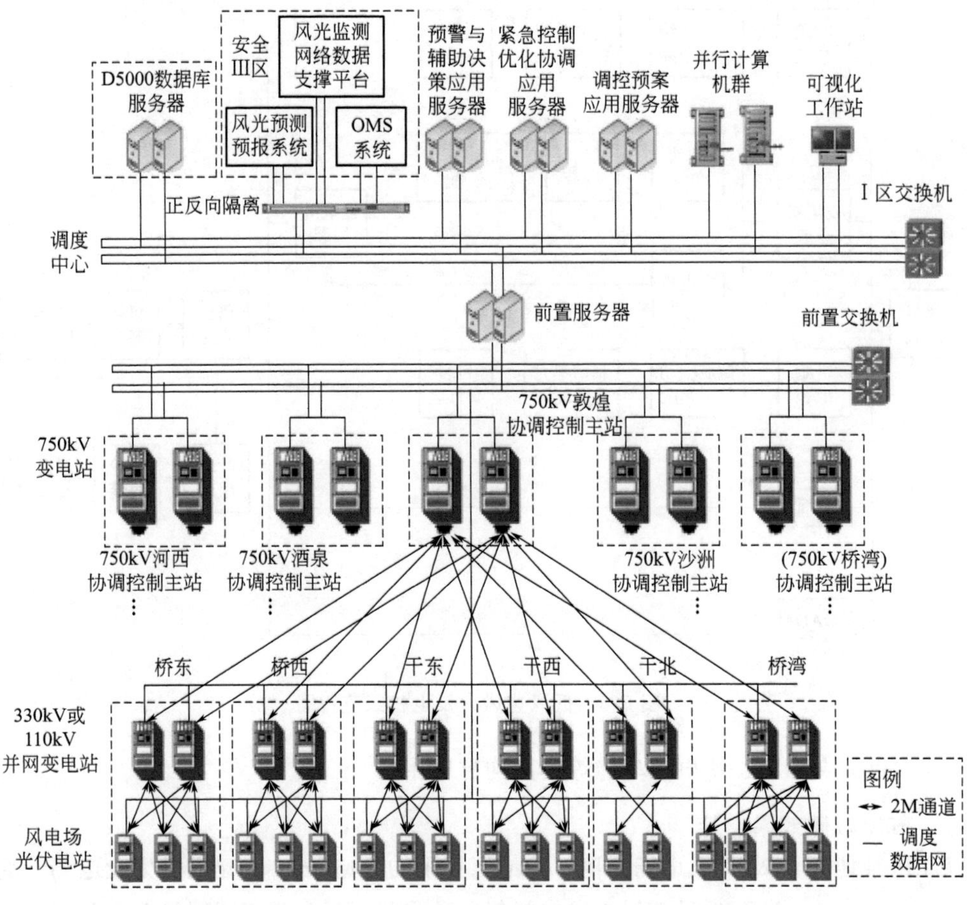


图 8.7 风光集群控制系统结构图

光伏集群“机组-场站-集群子网”多颗粒度建模技术，为分层集群控制奠定模型基础。

(3) 大规模风光集群联合功率预测及其误差综合评估技术。提出大规模风光集群联合功率预测及其误差综合评估技术，为集群控制系统提供关键决策依据。

(4) 风电场、光伏电站集群有功、无功、安稳一体化控制技术。通过集群方法实现内外分层协调控制，可有效提升网源协调能力。

## 二、应用情况

目前，风电场、光伏电站集群控制技术已在甘肃酒泉 800 万千瓦风电场、300 万千瓦光伏电站进行示范应用，每年可减少弃风、弃光发电量 5%左右，相当于甘肃省每年增加发电量 10.4 亿千瓦时。

## 三、节能减碳效果

风电场、光伏电站集群控制技术可有效地平抑单一风场、光伏电站的随机性和波动性出力特性，形成规模和外部调控特性与常规电厂相近的电源，具备灵活响应大电网调度的能力，大幅度提高风电/光电的利用率。

以甘肃酒泉大规模风、光集群控制系统工程为例，建成覆盖 800 万千瓦风电场、300 万千瓦光伏电站的新能源集群控制系统示范工程。该工程为四级控制体系，分别为调度中心站、控制主站、控制子站和执行站，风电场、光伏电站升压站作为控制子站，各个风电场、光伏电站作为执行站。共接入 1 个调度中心站、5 个控制主站、40 个控制子站、75 个执行站（53座风电场、18座光伏电站、4个火电厂），每年可减少弃风、弃光发电量5%左右，相当于甘肃省每年增加发电量10.4亿千瓦时，产生年经济效益6.3亿元，可节约标准煤33万吨，实现年减碳量约85.8万吨$CO_2$。

**四、技术支撑单位**

国网甘肃省电力公司。

## 8-7　多能源互补的分布式能源技术

**一、技术介绍**

多能源互补的分布式能源技术是利用200℃以上的太阳能集热，将天然气、液体燃料等分解、重整为合成气，使燃料热值得到增加，实现太阳能向燃料化学能的转化和储存。通过燃料与中低温太阳能热化学互补技术，可大幅度减小燃料燃烧过程的可用能损失，同时提高太阳能的转化利用效率，实现系统节能20%以上。其流程如图8.8所示。其主要工艺流程为：

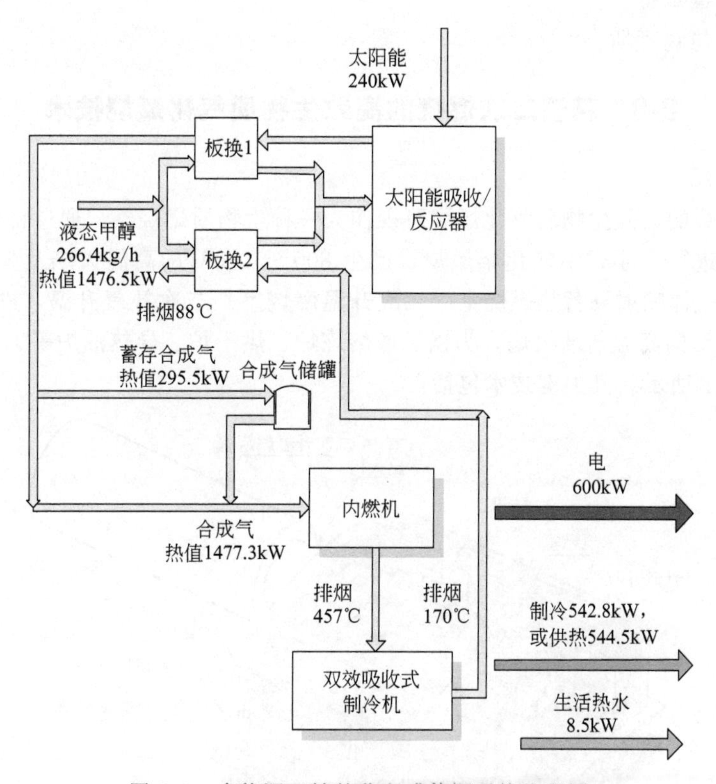


图8.8　多能源互补的分布式能源系统流程图

（1）燃料经过加压和预热进入太阳能吸收/反应器，反应器内填充催化剂，燃料流经吸收/反应器内催化床层发生吸热的分解/重整反应，生成二次燃料气，所需反应热由太阳能直接提供。

（2）经过吸收/反应器充分反应后的二次燃料气经过冷凝器冷却，未反应的燃料与产物气体分离。

（3）产生的二次燃料气经过加压进入储气罐，作为燃料进入内燃机发电机组发电。

（4）来自储气罐的燃料驱动富氢燃料内燃发动机发电，烟气和缸套水余热联合驱动吸收式制冷机制冷，通过换热器回收系统的低品位余热，生产采暖和生活热水。

### 二、应用情况

多能源互补的分布式能源技术可应用于电力、化工、冶金、建筑等行业分布式能源利用领域，目前已建成社区、机场、医院、工业园区等各类分布式能源项目 59 项，电力装机容量达到 176 万千瓦。

### 三、节能减碳效果

与传统集中式供能方式相比，多能源互补的分布式能源技术具有燃料利用率高、污染物排放低等优势。该技术一次能源利用率达 80%～89%，太阳能所占份额为 15%～20%，太阳能发电效率在 20%以上（常规太阳能发电技术效率<15%）。

广东某工业园分布式冷热电联供项目，建设工业园区兆瓦级内燃机冷热电联供系统，为工业园区建筑面积为 18580m$^2$ 的厂房、宿舍和办公区提供全面能源服务。项目投运后实现年减碳量 1330t$CO_2$，年经济效益达 400 万元。

### 四、技术支撑单位

中科院工程热物理所。

## 8-8 基于二次燃烧的高效生物质气化燃烧技术

### 一、技术介绍

基于二次燃烧的高效生物质气化燃烧可视作为一种生物质燃烧器，通过将生物质成形燃料在第一燃烧室内进行悬浮式半气化半燃烧，产生 800～1000℃的高温火焰及少量的颗粒烟尘，经一次燃烧后的气体喷射到蓄热燃烧室（二次升温燃烧室）二次补氧升温，进一步充分燃烧，产生 1200～1300℃的高温清洁火焰，为锅炉或熔炼炉、烘干炉、导热油炉等工业窑炉供热。其技术原理如图 8.9 所示。其关键技术包括：

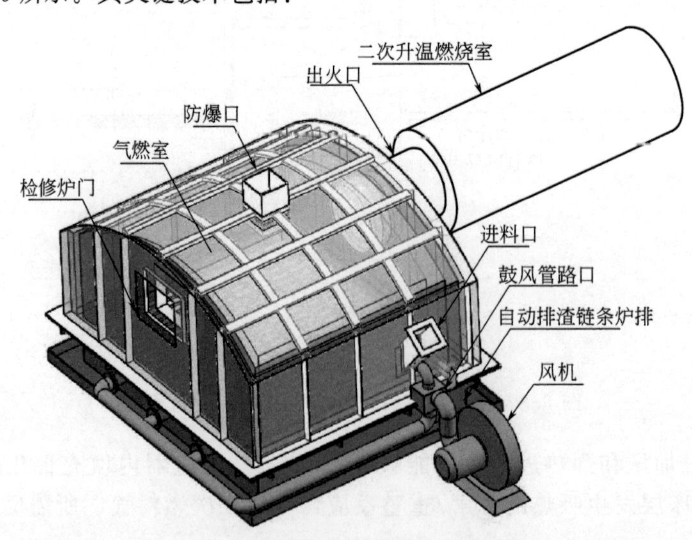


图 8.9 基于二次燃烧的高效生物质气化燃烧技术原理图

（1）悬浮气化技术。采用双层结构燃烧器，炉膛上层对生物质成形燃料进行鼓风悬浮半气化半燃烧，热效率达到 90%以上。

（2）自动化分级控温技术。通过温度、风量分级控制，避免焦油等物质对设备的堵塞和腐蚀，提高锅炉燃烧效率，同时减少氮氧化物的排放。

（3）烟气余热回收技术。采用热交换装置回收尾气热能，可降低单位产出能耗达10%以上。

（4）耐高温蓄热装置。在二次燃烧室外包裹蓄热耐火材料，使二次燃烧室内恒定高温，避免局部冷却产生结焦问题。其耐火材料抗酸性能好，使用寿命长，性能稳定。

### 二、应用情况

基于二次燃烧的高效生物质气化燃烧技术利用生物质热能产生高温火焰和气体用于锅炉和工业炉窑加热，目前已在我国广东、浙江等省得到应用，具有广泛的适用性和较大的推广潜力。

### 三、节能减碳效果

浙江某公司生物质气化供热项目，对10t/h燃煤锅炉进行改造，增加一台生物质成形燃料气化燃烧设备，年利用生物质成形燃料1万吨。改造后实现年减碳量约1.3万吨$CO_2$，年经济效益570万元。

### 四、技术支撑单位

湖州环清环保科技有限公司。

## 8-9　生物质气化燃气替代窑炉燃料技术

### 一、技术介绍

生物质气化燃气替代窑炉燃料技术是采用生物质空气气化技术，生物质在一定的温度、压力条件下，将组成生物质的碳氢化合物转化为含有CO、$H_2$、$CH_4$等组分的可燃气体，可燃气体通过输送至窑炉燃烧设备进行充分燃烧，将化学能转化为热能提供给窑炉。其核心设备是混流式固定床气化炉，原料从设备顶部进入气化炉后，在高温和气化剂作用下转化为含有一氧化碳、氢气和甲烷等成分的可燃气。气化剂可从气化炉的上部和下部同时进入，产生的可燃气体经炉体中部排出，而炉渣由炉底炉排输送到灰渣池。由炉体中部排出的可燃气净化除尘后送往工业燃烧设备。该气化气可用于不锈钢退火炉、熔铜炉、熔铝炉等工业窑炉，可实现对燃煤、重油、天然气等传统化石燃料的替代。其技术原理如图8.10所示。

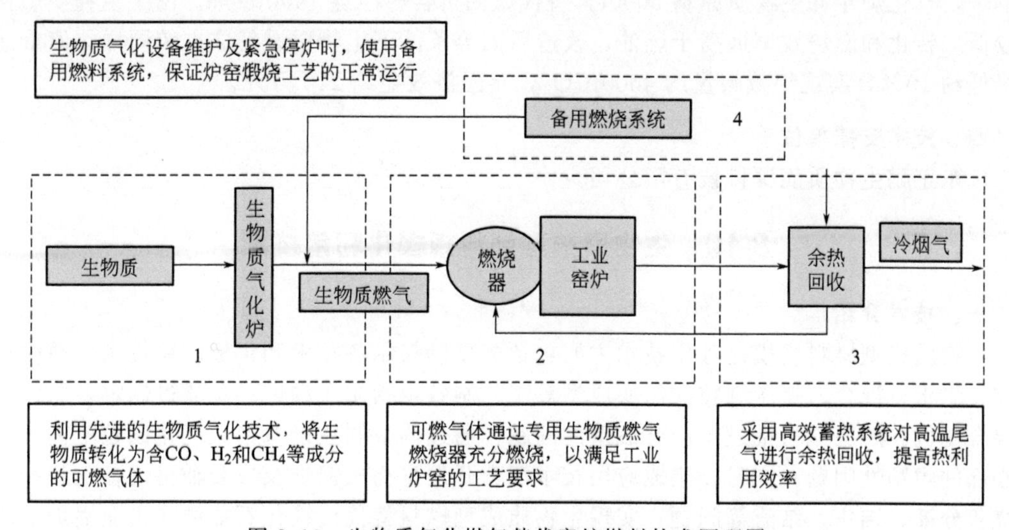


图8.10　生物质气化燃气替代窑炉燃料技术原理图

该技术是由生物质原料气化到用气设备端的完整工艺，以熔铝炉为例，如图 8.11 所示，工艺系统由原料储存、上料设备、固定床气化炉、灰渣处理装置、燃气输送、熔铝炉蓄热燃烧系统、熔铝炉烟风系统及主辅设备控制系统构成。

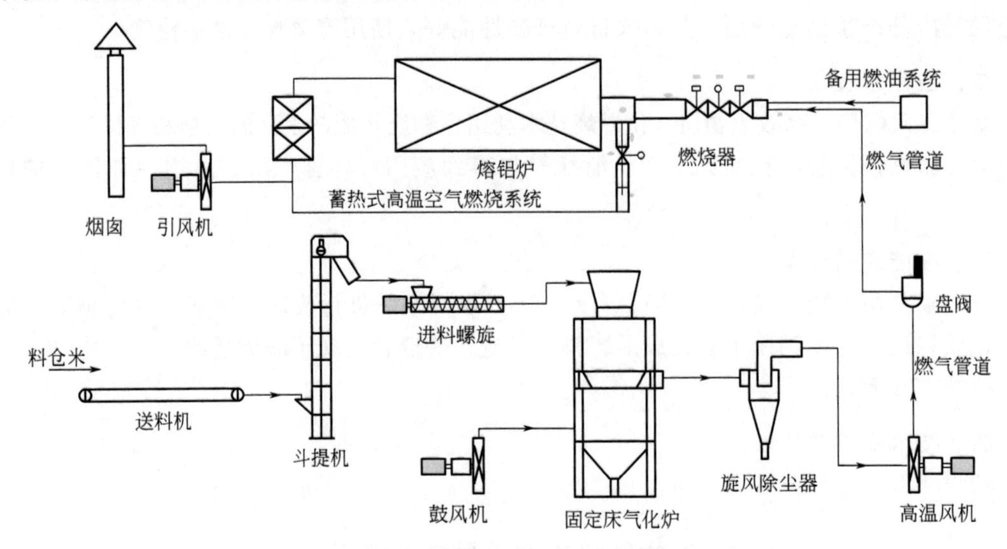


图 8.11　生物质燃气替代化石燃料工艺流程图（熔铝炉）

### 二、应用情况

生物质气化燃气替代窑炉燃料技术目前已在广东汕头、深圳、佛山、肇庆等地进行推广应用，建立了示范工程，涉及行业包括钢铁、有色金属熔炼等，采用生物质气化燃气替代传统的煤、重油和天然气等化石能源，清洁低碳，具有良好的经济和社会效益。

### 三、节能减碳效果

该固定生物质气化炉燃气产率 1.8～2m³/kg；气化效率（热燃气）≥85%，通过采用生物质能替代传统的煤、重油和天然气等化石能源，实现减碳的目的。

广东某公司生物质燃气有色金属熔炼炉供热改造项目，采用固定生物质气化炉代替燃油熔铜炉，气化炉年耗生物质原料 5000t，替代燃油折合标准煤 1900tce/a。由于生物质燃料价格较低，转化和燃烧效率远高于燃油，改造后同等条件下生物质燃气成本较同样热值重油成本降低约 10%，实现年减碳量约 4600t$CO_2$，年经济效益约 210 万元。

### 四、技术支撑单位

广东正鹏生物质能源科技有限公司。

## 8-10　生物质成型燃料规模化利用技术

### 一、技术介绍

生物质成型燃料规模化利用技术主要包括成型燃料制备技术和集成应用技术。原材料经粉碎、烘干、混合、挤压制粒或压块成型等工艺制备生物质成型燃料；通过制定各原料合理的混合比例，解决原料批量生产难成型的问题；通过调节制粒设备参数优化制粒工艺，解决核心部件耐磨性问题。同时，集成应用技术配套开发生物质锅炉及成套辅机设备，解决燃料燃烧灰分高、结焦、结渣等问题，实现生物质成型燃料替代传统化石能源在工业锅炉上的成功应用。生物质成型燃料生产工艺及应用流程分别如图 8.12、图 8.13 所示。

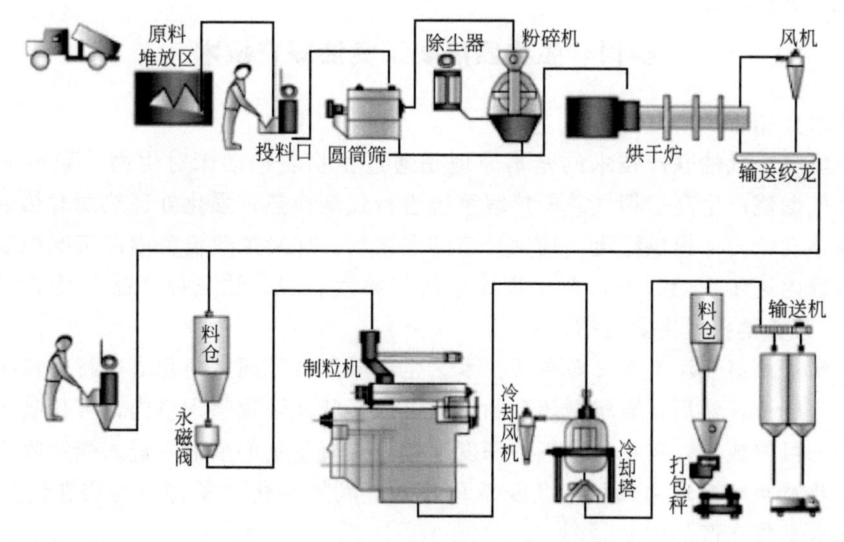


图 8.12 生物质成型燃料工艺流程图

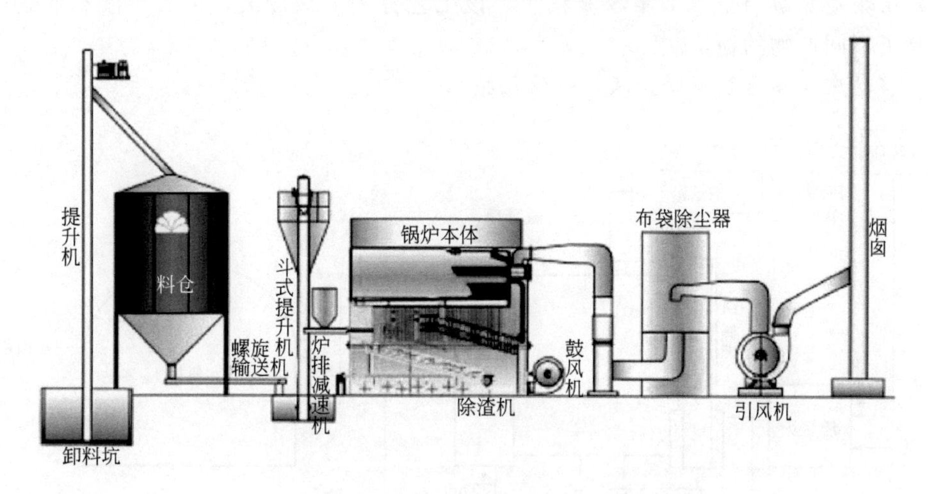


图 8.13 生物质成型燃料在生物质锅炉上应用的流程示意图

## 二、应用情况

生物质成型燃料规模化利用技术应用领域覆盖造纸印刷、纺织印染、食品饮料、五金塑胶、医药化工等 20 多个行业，已经在北京、河南、安徽、河北、山东、浙江、江苏、吉林等省市推广应用，成功运行项目近百个，规模化应用的年产量超过 100 万吨。

## 三、节能减碳效果

采用生物质成型燃料规模化利用技术制备的生物质成型燃料低位发热量≥13.4MJ/kg，采用的生物质成型燃料专用锅炉热效率为 80%～85%。

广东某造纸公司燃重油锅炉改燃生物质成型燃料改造项目，采用生物质成型燃料（BMF）的循环流化床锅炉来替代燃油锅炉为造纸生产提供蒸汽，年利用生物质成型燃料 10 万吨。改造后项目实现年减碳量 12 万吨 $CO_2$，年经济效益为 4000 万元。

## 四、技术支撑单位

河南省科学院能源研究所有限公司、北京奥科瑞丰新能源股份有限公司。

## 8-11 生物质热解炭气油联产技术

### 一、技术介绍

生物质热解炭气油联产技术的基本原理是通过生物质移动床对生物质原料进行高温热解，通过燃气燃烧产生高温烟气冲刷热解系统进行强制换热，强化外部热源对热解系统的传热效果，为移动床内部提供稳定、均匀分布的温度场，保障加热设备内部工况稳定。生物质原料在热解管内逐步受热分解，产生高质量的热解气、炭、油三种产品。其工艺流程如图8.14所示 。其关键技术主要包括：

(1) 生物质热解气深度净化与提质技术。生物质热解气通过净化塔进行初步净化，除去焦油、酸类等成分，然后在高压循环泵的作用下以雾状从塔顶喷入塔内，雾化吸热，深度冷凝热解气中的可凝成分，实现热解气的深度净化，冷凝富集的醋液则进入醋液收集池。

(2) 生物质热解炭定向调控与复合活化技术。利用炭化设备将生物质在高温下深度热解，使碳元素富集在产品中。

(3) 生物质热解油分组富集冷凝技术。该工艺分为7级冷凝，可实现液态产物分段富集，提高了不同产物的稳定性。

(4) 移动床生物质热解联产联供一体化技术。

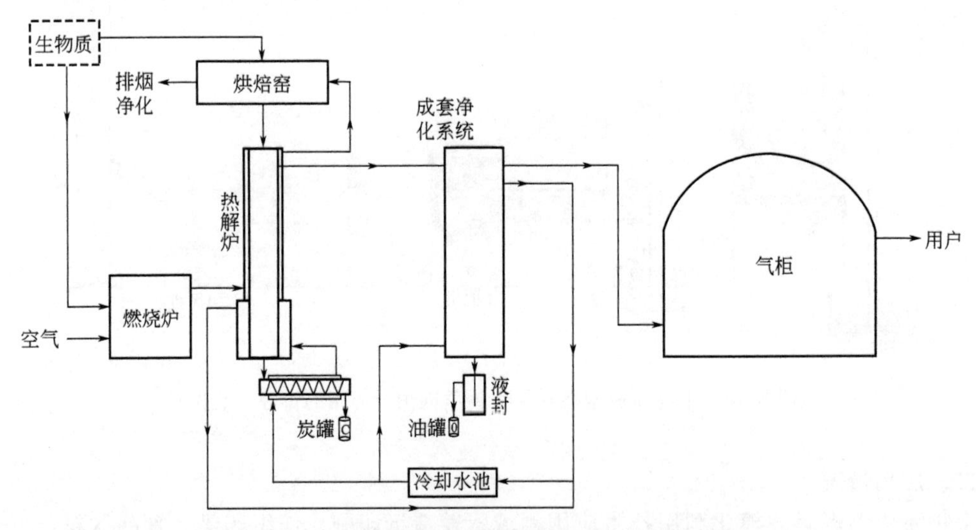


图8.14 生物质热解炭气油联产技术工艺流程图

### 二、应用情况

生物质热解炭气油联产技术主要是对生物质能废弃物进行处理实现资源化利用，目前已建成年处理生物质万吨级的热解联产联供分布式能源站6个，应用效果良好。

### 三、节能减碳效果

生物质热解炭气油联产技术工艺热解炭热值达26～28MJ/kg，燃气热值为12～17MJ/$m^3$；碳的综合转化率达80%～85%，能源利用效率达55%～60%；与传统干馏釜技术相比，系统能耗降低50%左右。

湖北某生物质热解联产联供示范项目，采用生物质热解炭气油联产工艺，新建热解多联产生产线及配套管网，年处理生物质秸秆4万吨，生产生物质燃气约1051万立方米，优质炭 10512t，热解油 10512t。项目实现年减碳量 3 万吨 $CO_2$，年经济效益 836 万元。某工业园炭、气、油三联产项目，新建炭化制气生产线，年处理生物质秸秆 1825t，年生产燃气 46 万立方米，竹炭 608t，竹焦油 73t，竹醋液 456t。项目实现年减碳量 1700t$CO_2$，年经济效益 153 万元。

**四、技术支撑单位**

鄂州蓝焰生物质能源有限公司。

## 8-12 工业生物质废弃物能源化（热解）利用集成技术

**一、技术介绍**

工业生物质废弃物能源化（热解）利用集成技术的基本原理是通过破碎系统将原料破碎，使其粒径均匀，保证下一步脱水的连续稳定性；通过机械脱水系统将其含水率降至 50%～60%以下，利用机械方式最大限度地去除水分，降低预处理能耗；采用非接触式封闭干燥，避免物料挥发出的水气直接向空气中排放、污染环境；通过改进生物质循环流化床气化炉的结构提高原料的适应性及气化效率，利用热解气化系统产生的高温燃气在不经过降温的情况下直接通入燃气蒸汽锅炉进行高效燃烧，实现工业废弃物能源化利用，减少企业化石能源消耗。其工艺流程如图 8.15 所示。其关键技术主要包括：

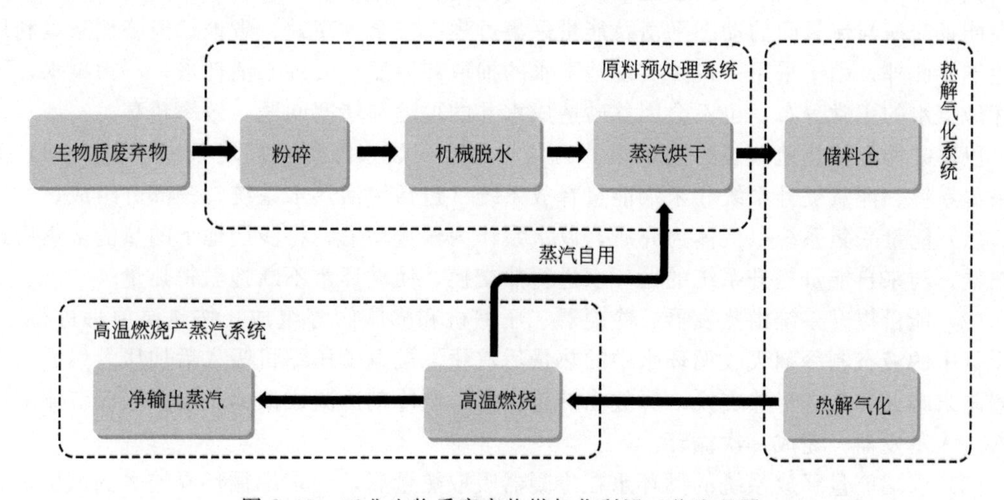


图 8.15 工业生物质废弃物燃气化利用工艺流程图

（1）湿基工业生物质废弃物的预处理技术。采用集破碎、脱水、干燥于一体的全自动连续预处理系统、差速定转子技术等多种预处理技术实现，有效解决湿基工业生物质废弃物处理过程中的缠绕、团聚及异味散发问题，并可实现废弃物高效脱水。

（2）工业生物质废弃物热解气化技术。采用创新性的循环流化床结构和水蒸气重整转化技术，实现工业生物质即时、高效地热解气化。

（3）生物质燃气直燃技术。该技术集焦油裂解、超焓燃烧、自动控制等为一体，实现燃烧过程的主动控制，提高设备的燃烧效率和自动化程度。

**二、应用情况**

工业生物质废弃物能源化（热解）利用集成技术目前已在河南、山东等地推广示范，具有良好的经济和社会效益。

**三、节能减碳效果**

工业生物质废弃物能源化（热解）利用集成技术可以实现低成本地将工业生物质废弃物转化为清洁燃气和热力，替代部分化石能源再用于企业。采用该技术设备可实现气化效率≥78%，燃气热值≥6500kJ/m³，综合热效率≥85%。

河南某制药厂采用工业生物质废弃物能源化（热解）利用集成技术对中药渣等废弃物能源化利用，新建药渣预处理系统、气化机组、生物质燃气锅炉、气柜建设、水电管网等。项目年处理中药渣2万吨，实现年减碳量约3350t$CO_2$，年产生经济效益254.5万元。

**四、技术支撑单位**

山东百川同创能源有限公司。

## 8-13 单井循环换热地（热）能采集技术

**一、技术介绍**

浅层地能是0～25℃可再生的低品位热能，是在太阳能和地心热的综合作用下，在大地表层（一般为400m以内）形成的相对恒温层中的土壤、砂岩和地下水所蕴含的低温热能。单井循环换热地（热）能采集技术是以水为介质，利用一口井及井内装置，采用半封闭或全封闭式循环回路，实现水与浅层土壤及砂岩的热交换，从土壤、砂岩中取热，实现抽水与回灌在能量交换与流量间的动态平衡及能量采集过程，安全、高效、省地、经济地采集利用浅层地能。此外，由于采用一口井实现地下水的抽取和回灌，实现不消耗水，不污染水，不会破坏地下水的正常分布，也不会因移砂造成水井的塌陷和堵塞问题，效率较高。

以单井循环换热地（热）能采集井为核心的地（热）能热泵环境系统（图8.16）由能量采集系统、能量提升系统和末端能量释放系统（包括生活热水系统）三部分组成。

（1）能量采集系统以液体为介质，以水泵作为输送动力，将浅层地下的热能采集后送入换热器，与来自能量提升系统的循环水进行热交换，使循环水不断地获得热量。

（2）能量提升系统由蒸发器、冷凝器、压缩机和膨胀阀等组成，按热泵原理进行工作。蒸发器中的液态制冷剂吸收循环水中的热量后汽化，被电动压缩机吸入后加压，然后进入冷凝器与末端循环水进行热交换，释放出热量，同时制冷剂冷凝成液体，经膨胀阀节流降压后再次进入蒸发器，完成一次循环。

（3）末端能量释放系统的循环水在冷凝器吸取热量后，经末端循环泵输送到风机盘管等散热设备对建筑物进行供暖或经换热器对自来水进行加热等，供生产生活使用。

**二、应用情况**

单井循环换热地（热）能采集技术具有广泛地域普适性，可广泛应用在城镇特别是北方地区的区域集中供热，目前已经推广应用到北京、上海、天津、西藏、青海、四川、云南、广东、河南、河北、山东、山西、新疆、内蒙古、黑龙江等20多个省市自治区，应用建筑面积超过900万平方米，每年实现替代能源约10万吨标准煤，实现减碳量约26万吨$CO_2$。

**三、节能减碳效果**

单井循环换热地（热）能采集技术换热效率为传统地埋管的20～100倍，占地面积仅为传统地埋管的1/100～1/20，且对地下水零消耗、零污染，实现100%回灌。

北京某总建筑面积23000m² 办公楼改造项目，采用4口单井循环换热地能采集井，1套地能热泵环境系统，满足办公楼采暖、制冷、生活热水。供暖直接能耗成本每平方米15.28

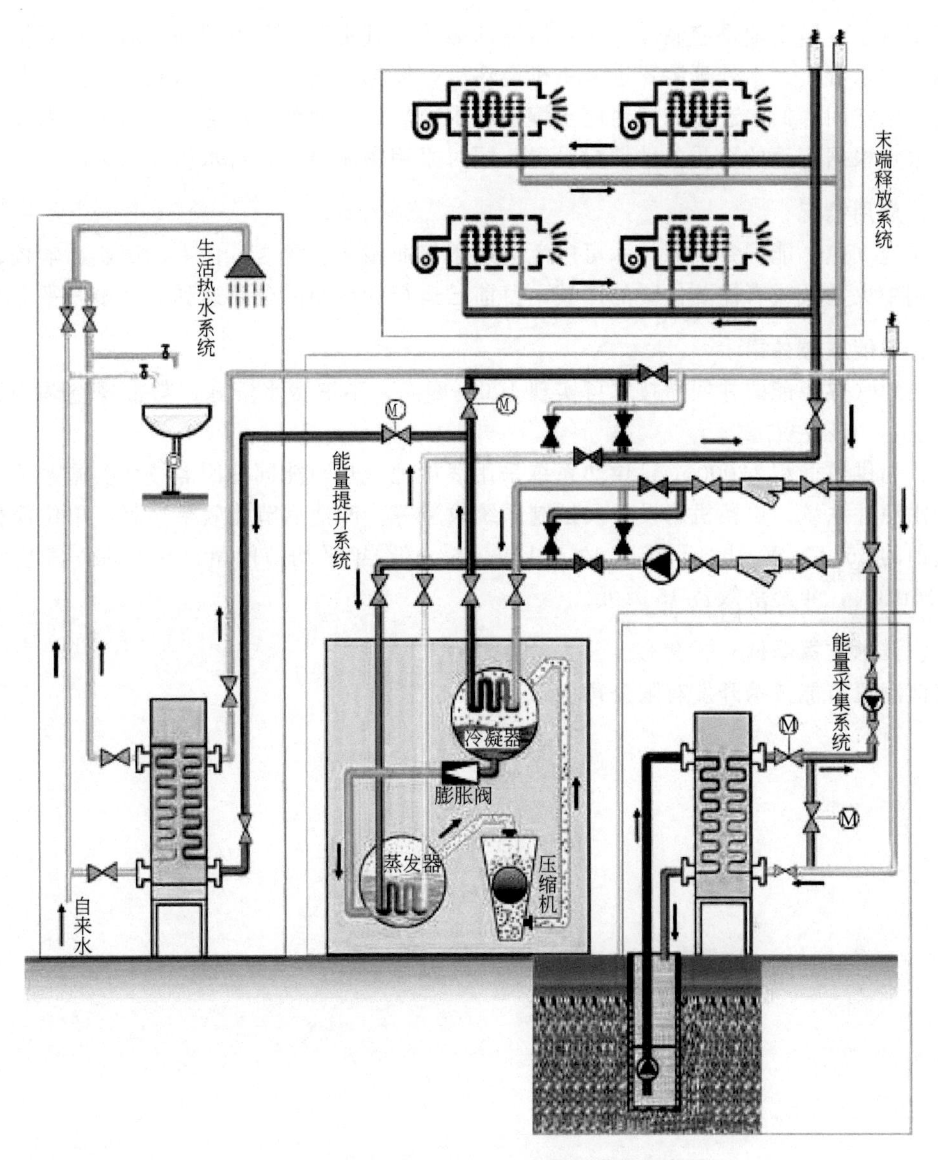


图 8.16　地（热）能热泵环境系统供暖示意图

元，冬季供暖较北京热力非居民供暖收费标准节约 66.8%，实现年节能量约 337tce，年减碳量 876.20t$CO_2$。

**四、技术支撑单位**

恒有源科技发展集团有限公司。

## 8-14　浅层地（热）能同井回灌技术

**一、技术介绍**

浅层地（热）能同井回灌技术是采用先进的钻井成井工艺，在井内安装“浅层地热能同井回灌”装置，抽取地下水后，将水中携带的低位地热能量交换给热泵系统，释放能量以后的水又回到同一口井内。回水通过井内抽灌换热装置，将回灌水按照设计的流量分三到四层回灌到井周围的土壤和滤料层中，水在回灌过程中与土壤进行热交换，使其采集地热能量，从而实现持续、恒定地供应制冷、制热所需的能量。其主要工艺流程为：从潜水泵抽出的地下水通过抽水管，经水处理装置进入主机换热后，换热后的水经过回水装置分流到井下三到四层的回水空间，回水经过和滤料层土壤层和水换热后又回到出水点，该循环周而复始的进行，回水点根据当地的地质条件情况设置，同时采用密闭循环，对水质无污染。

## 二、应用情况

浅层地（热）能同井回灌技术可广泛应用于工业园区、酒店、住宅、商业、学校、医院民用商用中央空调或者需要供暖的区域，目前已运行和在建的项目达到650多万平方米。

## 三、节能减碳效果

浅层地（热）能同井回灌技术可实现100%回灌，不浪费水资源，与常规空调相比，可实现节能达40%左右。

某公司供热面积12000m$^2$，供热系统采用浅层地（热）能同井回灌技术实施改造，主要为改造水源井系统，更换机房设备及控制系统改造等。改造后节能效果显著，单位面积能耗由改造前的55.47kW·h/m$^2$ 降至19.18kW·h/m$^2$，年平均节能量达160tce，实现年减碳排量416t$CO_2$，年经济效益45万元。

## 四、技术支撑单位

河南润恒节能技术开发有限公司。